JN440869

건축구조역학연습

김근덕 박병용 정일영 김용부 김덕재 공저

技文堂

머리말

건축설계에서 구조는 대체로 어렵게 생각하는 선입관을 가지게 되는 경향이 있다. 그러나 구조는 건축의 필수적인 구성요소인 만큼 소홀히 할 수 없으며 오늘날과 같은 산업사회에서는 어떤 건물의 스팬은 대단히 길거나 건물의 높이는 대단히 높다. 이러한 건물의 경우 구조는 그 건물의 설계를 지배한다. 올바르게 설계된 구조는 아름다운 건물을 낳는데 아주 중요하다.

이에 저자 일동은 구조문제의 중요성에 입각하여 공저인 건축구조역학의 장별 문제를 풀어나가는데 쉽게 이해하여 흥미를 느낄 수 있도록 푸는 연습을 목적으로 이 건축구조역학연습을 출간한 것으로 금번 SI단위로 전면 개편하였다.

독자 여러분의 많은 충고를 바라며 이 책으로 구조지식의 이해에 조금이라도 보탬이 되기를 바라는 바이다.

2008.

저자 일동

차례

Chapter 1

힘

힘의 합성과 분해

(1) 도식해법

일반적으로 시력도와 연력도를 이용한다.

1) 힘이 1점에 작용하는 경우

시력도를 그린다. 힘이 2개일 때는 힘의 평행4변형 또는 힘의 3각형을 그린다.

2) 힘이 여러 점에 작용하는 경우

시력도와 연력도를 그린다.

(2) 수식해법

임의의 직교좌표축에 대한 성분 (ΣX), (ΣY)을 이용한다.

1) 힘이 1점에 작용하는 경우

$$R = \sqrt{(\Sigma X)^2 + (\Sigma Y)^2}$$

$$\tan\theta = \frac{\Sigma Y}{\Sigma X}$$

2) 힘이 여러 점에 작용하는 경우

$$R = \sqrt{(\Sigma X)^2 + (\Sigma Y)^2}$$

$$\tan\theta = \frac{\Sigma Y}{\Sigma X}$$

$$r_0 = \frac{\Sigma P \cdot r}{R} \quad \text{또는} \quad \begin{cases} x_0 = \dfrac{\Sigma P \sin\theta \cdot x}{\Sigma Y} \\ y_0 = \dfrac{\Sigma P \cos\theta \cdot y}{\Sigma X} \end{cases}$$

2 힘의 평형조건식

(1) 도식조건

시력도와 연력도가 다같이 닫힐 것. 다만, 1점에 작용하는 힘의 평형조건은 시력도가 닫힐 것.

(2) 수식조건

$$\begin{cases} \Sigma X=0 \\ \Sigma Y=0 \\ \Sigma M=0 \end{cases} \quad \text{또는} \quad \begin{cases} \Sigma M_A=0 \\ \Sigma M_B=0 \\ \Sigma M_C=0 \end{cases}$$

다만, 1점에 작용하는 힘의 평형조건은

$$\begin{cases} \Sigma X=0 \\ \Sigma Y=0 \end{cases} \quad \text{또는} \quad \begin{cases} \Sigma M_A=0 \\ \Sigma M_B=0 \end{cases}$$

1장 연습 문제

[문제] (P.22)

1 **그림 1 · 13에서 합력의 크기와 방향을 도식 및 수식으로 구하여 이를 비교 검토하시오.**

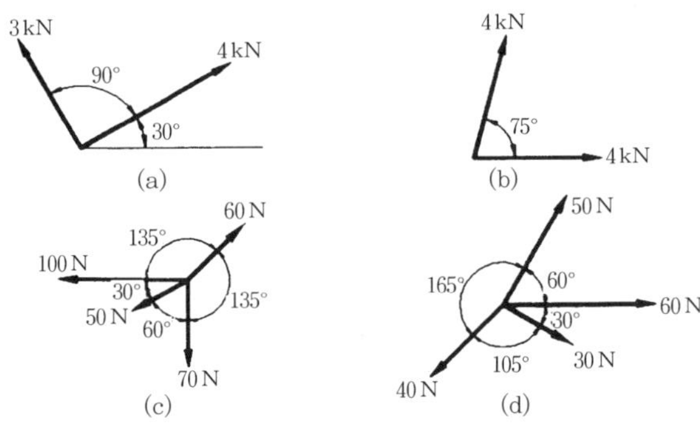

그림 1 · 13

| 풀이 |

(a)

• 도식해법 :

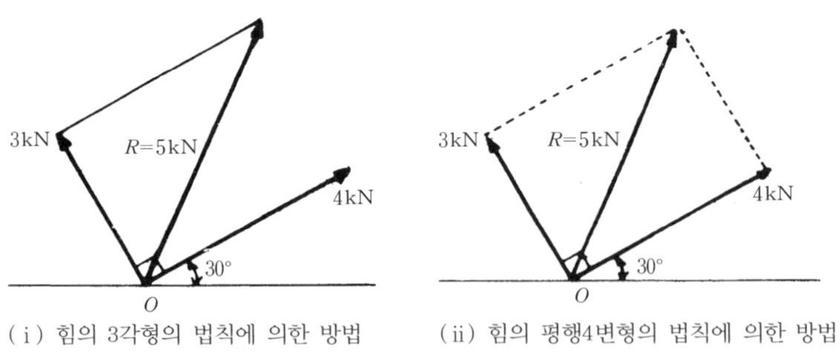

그림해 1 · 1

• 수식해법 :

$$\Sigma X = 4\cos 30° - 3\cos 60° = 3.46 - 1.5 = 1.96$$

$$\Sigma Y = 4\sin 30° + 3\sin 60° = 2.0 + 2.6 = 4.6$$

$$R = \sqrt{(1.96)^2 + (4.6)^2} = 5\ (\text{kN})$$

$$\theta = \tan^{-1}\left(\frac{4.6}{1.96}\right) = \tan^{-1} 2.34 = 66°\ 86'$$

(b)

• 도식해법 :

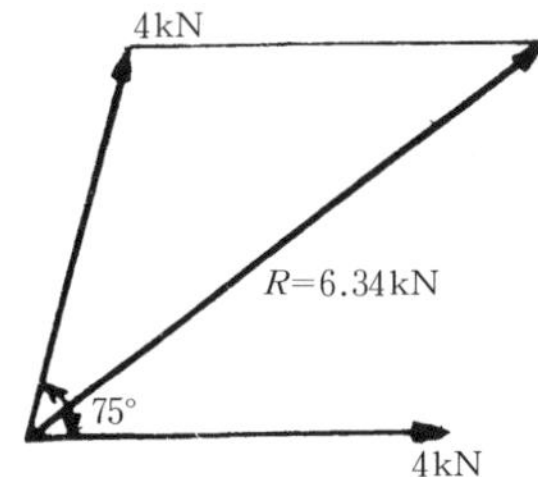

(ⅰ) 힘의 3각형의 법칙에 의한 방법

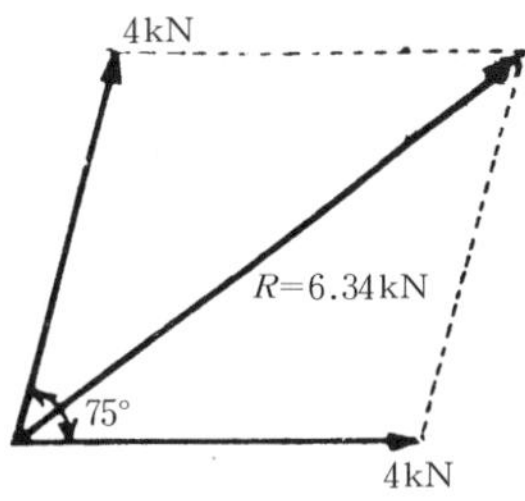

(ⅱ) 힘의 평행4변형의 법칙에 의한 방법

그림해 1 · 2

• 수식해법 :

$$\Sigma X = 4.0 + 4.0\cos 75° = 4.0 + 1.03 = 5.03$$

$$\Sigma Y = 4.0\sin 75° = 3.86$$

$$R = \sqrt{(5.03)^2 + (3.86)^2} = 6.34\ (\text{kN})$$

$$\theta = \tan^{-1}\left(\frac{3.86}{5.03}\right) = \tan^{-1} 0.767 = 37°\ 49'$$

(c)

• 도식해법 :

ⅰ) 힘의 평행4변형법

(1)과 (2)의 합력인 ①을 구하고, ①과 (3)의 합력인 ②를 구한 후 ②와 (4)의 합력인 ③을 구하면 ③이 구하는 합력이 된다.

ii) 힘의 다각형법

힘의 다각형법에 의한 방법을 사용할 때는 힘의 합력을 구하는 순서는 무관하므로 어느 점부터 시작해도 상관없고 한 힘의 종점에 다음 힘의 시점을 일치시켜 작도해 간다.

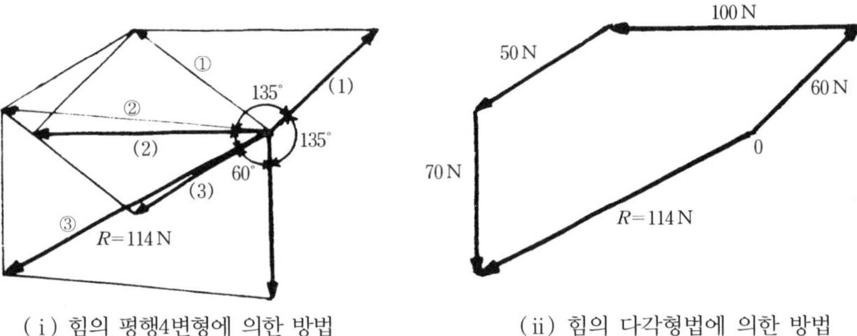

(i) 힘의 평행4변형에 의한 방법 (ii) 힘의 다각형법에 의한 방법

그림해 1·3

• 수식해법 :

계산을 간편하게 하기 위하여 표를 작성하여 풀어 보기로 한다.

표해 1·1

힘의 크기	방 향	$P_x = P\cos\theta$	$P_y = P\sin\theta$
60N	45°	42.4	42.4
100N	180°	−100	0
50N	210°	−43.3	−25
70N	270°	0	−70
계		−100.9	−52.6

$$R = \sqrt{(-100.9)^2 + (-52.6)^2} = 113.8\ (\text{N})$$

$$\theta = \tan^{-1}\left(\frac{-52.6}{-100.9}\right) = \tan^{-1} 0.52 = 27^\circ\ 47'$$

(d)

• 도식해법 :

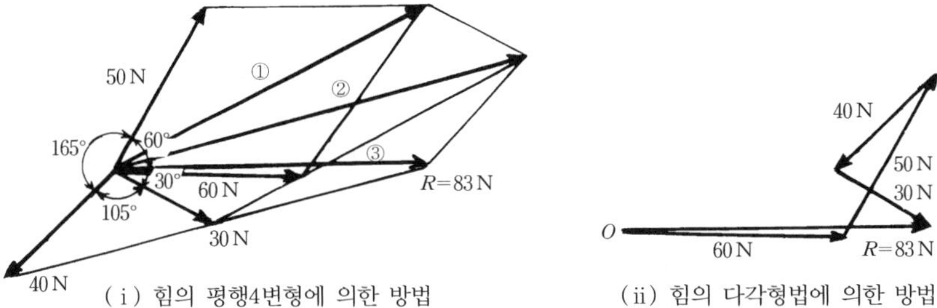

그림해 1·4

• 수식해법 :

계산의 간편을 위하여 표로 작성하여 풀어 보기로 한다.

힘의 크기	방 향	$P_x = P\cos\theta$	$P_y = P\sin\theta$
50N	60°	25	43.3
40N	225°	−28.28	−28.28
30N	330°	25.98	−15
60N	0°	60	0
계		82.7	0.02

$$R = \sqrt{(82.7)^2 + (0.02)^2} = 82.7\ (\mathrm{N})$$

$$\theta = \tan^{-1}\left(\frac{0.02}{82.7}\right) = \tan^{-1} 0.00024 = 0°\ 01'$$

2 **그림 1·14에서 힘을 x, y 2방향으로 분해하시오.**

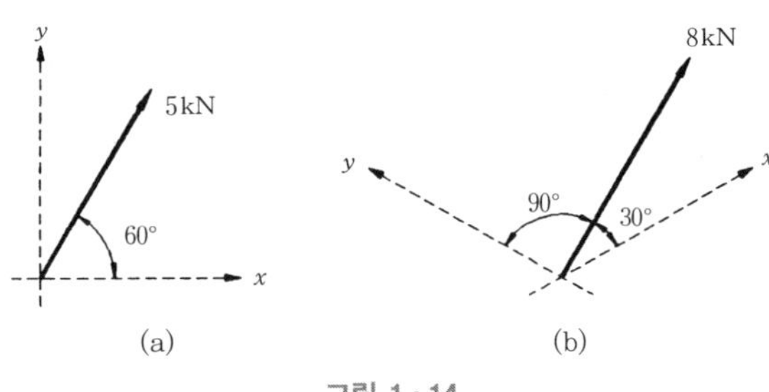

그림 1·14

| 풀이 |

(a) $P_x = 5.0\cos 60° = 2.5\,(\mathrm{N})$

$P_y = 5.0\sin 60° = 4.33\,(\mathrm{N})$

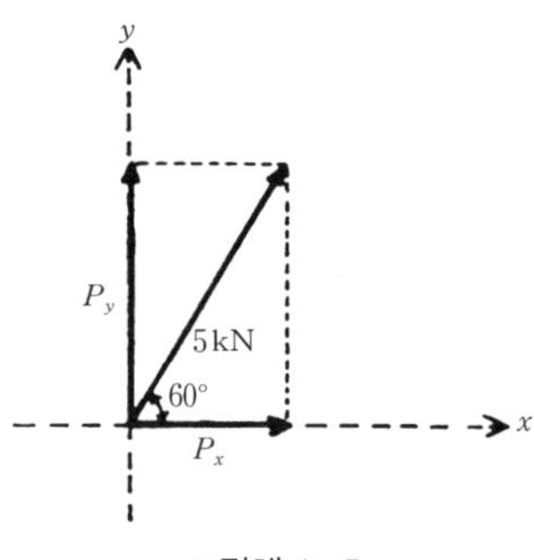

그림해 1·5

(b) $\dfrac{8.0}{P_x} = \cos 30°$ 에서 $P_x = 8.0\dfrac{1}{\cos 30°} = 9.24\,\mathrm{kN}$

$\dfrac{P_y}{8.0} = \tan 30°$ 에서 $P_y = 8.0\tan 30° = 4.62\,\mathrm{kN}$

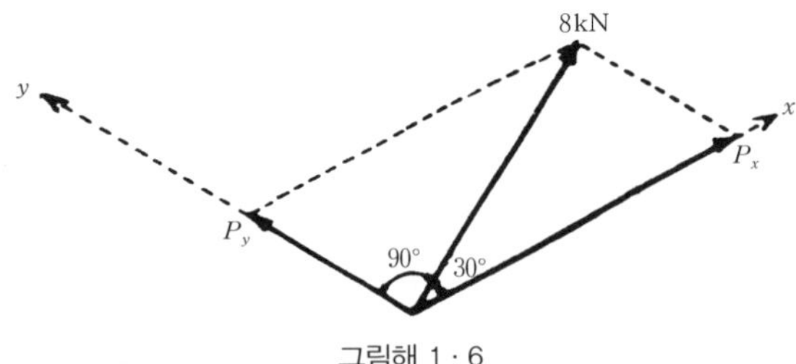

그림해 1·6

[문제] (P.35)

1 다음 그림 1 · 35에서 여러 힘의 합력을 도식적으로 구하시오.

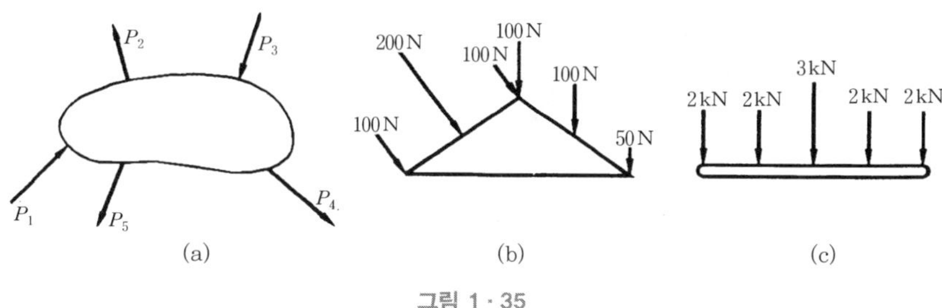

그림 1 · 35

| 풀이 |

(a) 먼저 시력도를 그려 힘의 크기와 방향을 구하고 난 후 극사선 1, 2, 3, …… 에 나란한 선 1′, 2′, 3′, …… 으로 연력도를 그리면 1′와 6′의 교점이 합력 R의 작용점이 된다.

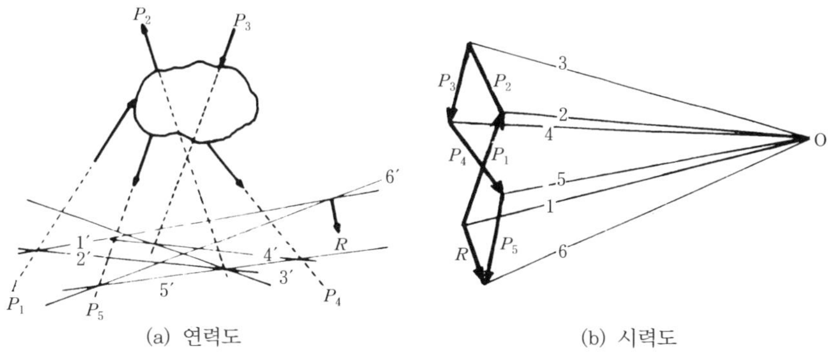

그림해 1 · 7

(b) 시력도로 합력의 크기를 구한다. 작용하는 왼쪽의 세 힘은 가운데 힘에 대해 대칭이고 그 합력은 가운데에 작용하므로 한 힘으로 보고 극사선을 그림과 같이 긋고 연력도상에 이것과 나란한 선을 1′, 2′, 3′, …이라 하면 1′와 5′의 교점이 합력의 작용점이

된다.

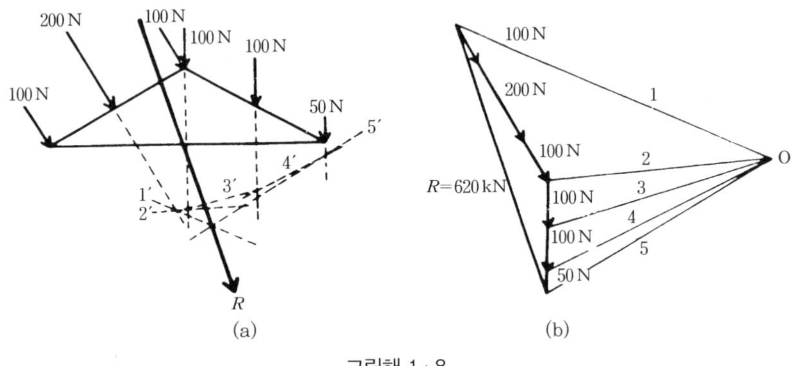

그림해 1 · 8

(c) 모든 힘이 같은 방향으로 작용하므로 합력은 11kN이 되고 그의 작용선은 중앙선에 대해 대칭이므로 3kN이 작용하는 선상에 있게 된다. 일반적으로 두 힘의 합력의 작용점은 각 힘 사이의 거리를 힘의 크기에 반비례로 내분한 점이 된다.

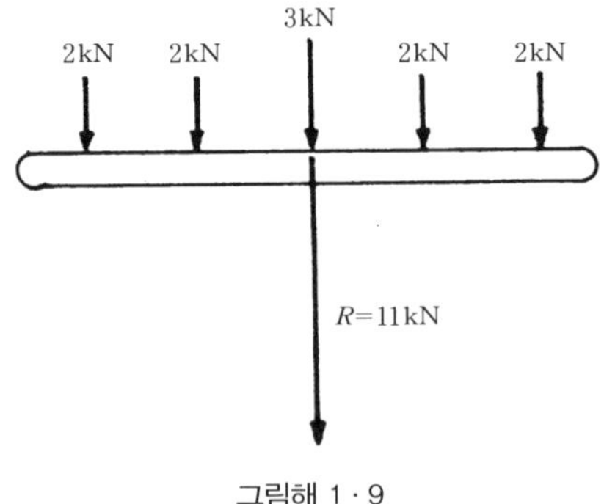

그림해 1 · 9

2 그림 1 · 36에서 합력의 크기와 작용점의 위치를 구하시오.

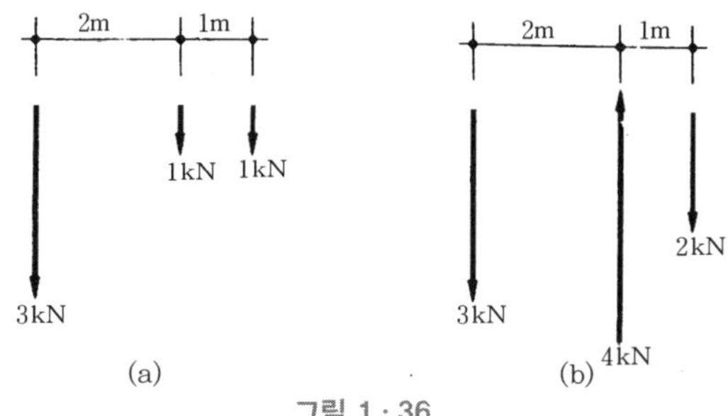

그림 1 · 36

| 풀이 |

(a) $R=-3-1-1=5\,\text{kN}$

$l_0=\dfrac{\Sigma(P\times l)}{\Sigma P}$ 이므로

$l_0=\dfrac{1\times2+1\times3}{5}=1\,\text{m}$

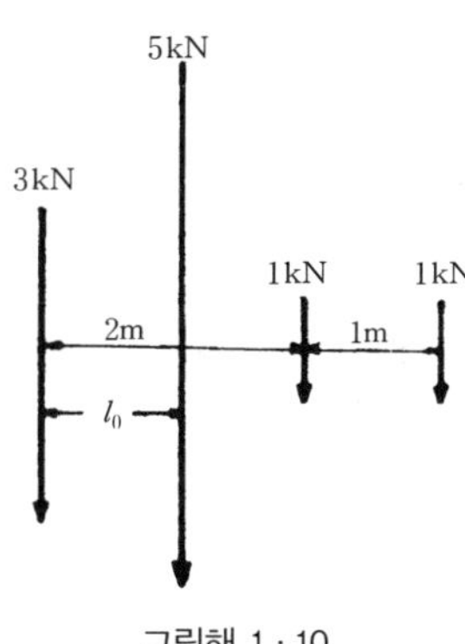

그림해 1 · 10

(b) $R=-3+4-2=-1\,\text{kN}$

$l_0=\dfrac{-4\times2+2\times3}{1}=-2\,\text{m}$

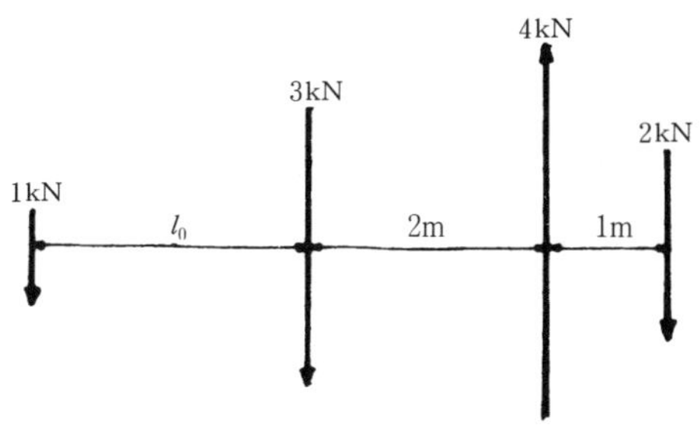

그림해 1 · 11

3 그림 1 · 37에서 P를 A, B, C 3방향으로 분해하시오.

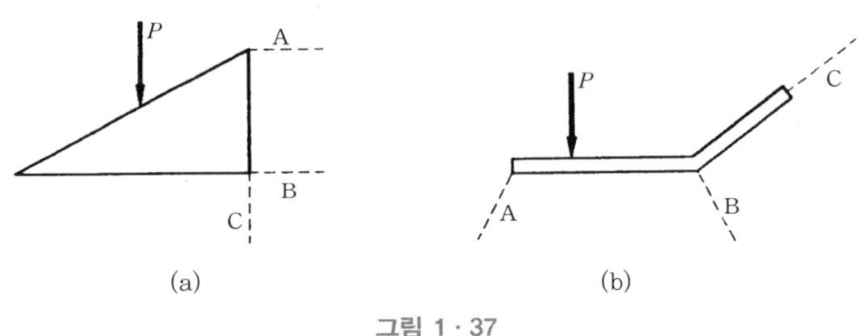

그림 1 · 37

| 풀이 |

(a)

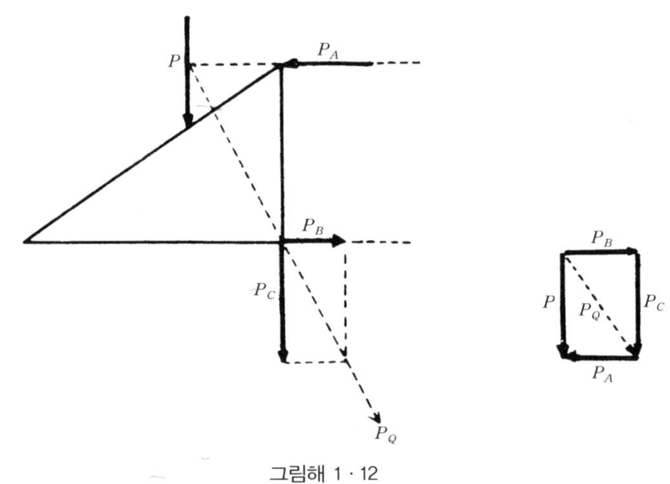

그림해 1 · 12

먼저 A를 P에 연장하여 만나는 점과 B, C가 만나는 점을 연결하는 보조선 를 얻는다.

A와 Q, P는 평형을 이루므로 P를 P_A와 P_Q로 분해한 후 다시 P_Q를 P_B와 P_C로 분해한다.

(b)

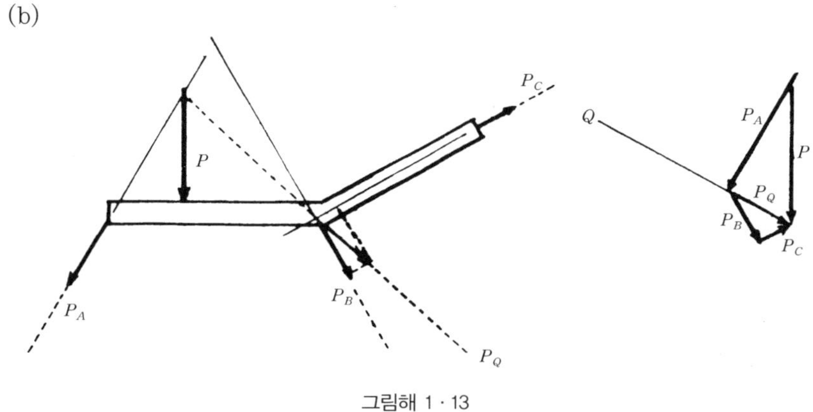

그림해 1 · 13

A와 P의 만나는 점과 B, C가 만나는 점을 연결하는 보조선 Q를 얻는다. A, P, Q는 평행을 이루므로 P를 P_A와 P_Q로 분해한 후 다시 P_Q를 P_B와 P_C로 분해한다.

[문제] (P.42)

1 다음 구조물은 평형을 이루는지 검토하시오.

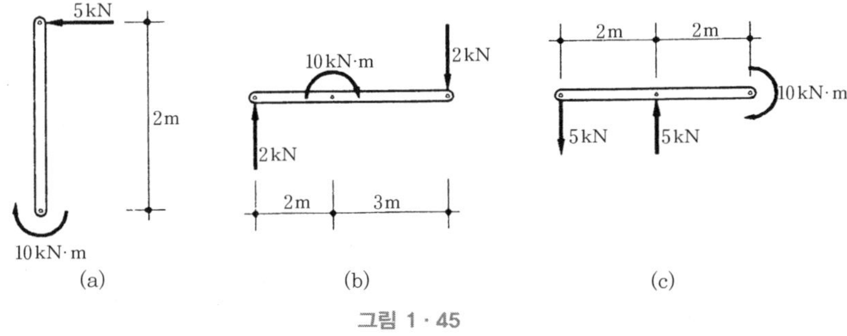

그림 1 · 45

| 풀이 |

(a) Y방향의 힘은 없으므로

$\Sigma Y=0$

$\Sigma X=0$에서 $\Sigma X=-5\neq 0$

$\Sigma M=0$에서 $\Sigma M=10-10=0$

평형을 이루지 못한다.

(b) $\Sigma Y=0$에서

$\Sigma Y=2-2=0$

$\Sigma M=0$에서

$\Sigma M=2\times 2+10+2\times 3=20\,\text{kN}\cdot\text{m}\neq 0$

평형을 이루지 못한다.

(c) $\Sigma Y=0$에서

$\Sigma Y=-5+5=0$

$\Sigma M=0$에서

$\Sigma M=-5\times 4+5\times 2+10=0$

평형을 이룬다.

2 **2개의 공이 그림 1 · 46과 같이 그릇 속에 놓여 있을 때 이들이 평형을 유지하기 위하여 4점 A, B, C, D에 작용하는 힘의 크기를 도식으로 구하시오.**

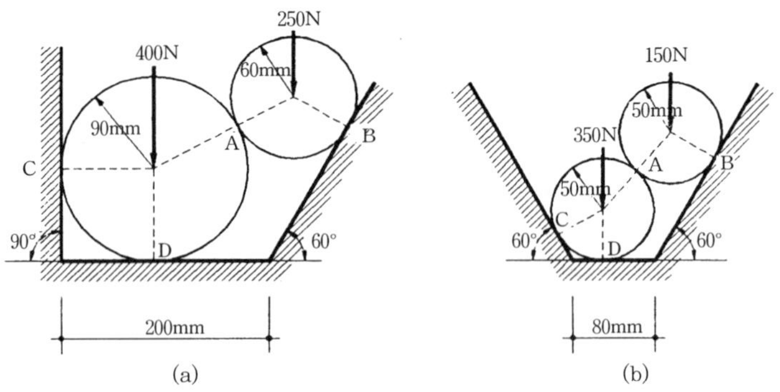

그림 1 · 46

| 풀이 |

(a) 전체 힘은 평형을 이루므로 전체 힘에 의한 시력도를 그린 후 자로 재서 각각의 반력을 구할 수 있다.

$\therefore\ R_A = R_B = 250\,\text{N}$

$R_C = 216\,\text{N}$

$R_D = 515\,\text{N}$

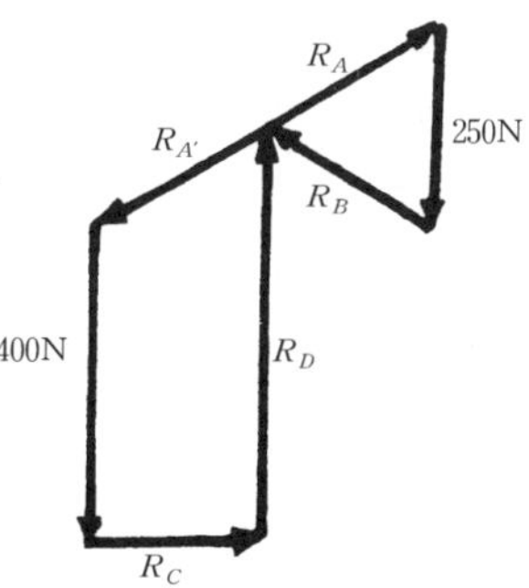

그림해 1 · 14

(b) (a)와 같은 방법으로 반력을 구한다.

$\therefore\ R_A = 130\,\text{N}$

$R_B = 75\,\text{N}$

$R_C = 75\,\text{N}$

$R_D = 425\,\text{N}$

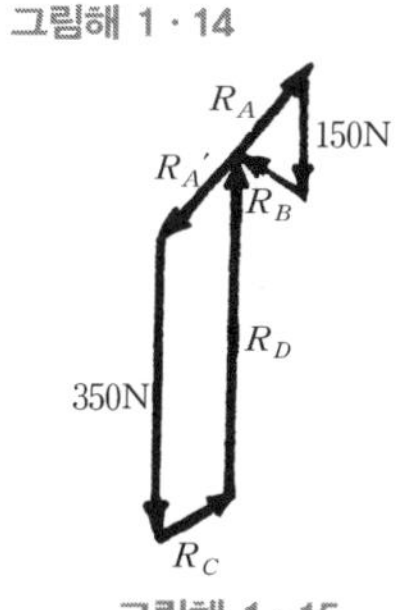

그림해 1 · 15

3 **그림 1 · 47에서 구조물이 평형을 유지하기 위하여 A점에 작용하는 힘의 크기를 구하시오.**

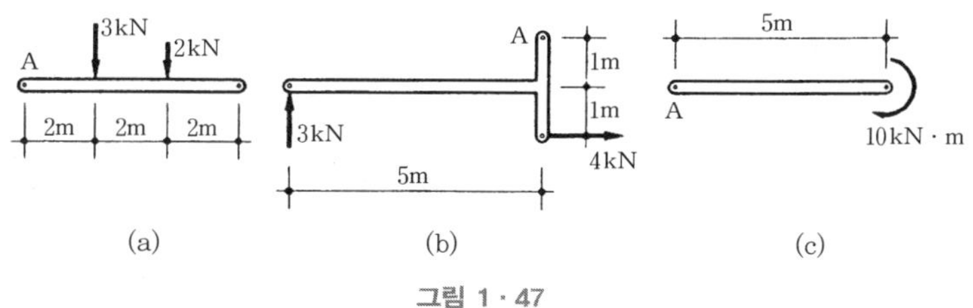

그림 1 · 47

| 풀이 |

(a) $\Sigma Y = 0$에서

$R_A - 3 - 2 = 0 \qquad \therefore\ R_A = 5\,\text{kN}$ (상향)

$\Sigma M=0$에서

$M_A+3\times2+2\times4=0 \quad \therefore\ M_A=-14\,\mathrm{kN\cdot m}$ (반시계방향)

(b) $\Sigma X=0$에서

$H_A+4=0 \quad \therefore\ H_A=-4\,\mathrm{kN}$(좌향)

$\Sigma Y=0$에서

$V_A+3=0 \quad \therefore\ V_A=-3\,\mathrm{kN}$(하향)

$\Sigma M=0$에서

$M_A+3\times5-4\times2=0 \quad \therefore\ M_A=-7\,\mathrm{kN\cdot m}$(반시계방향)

(c) $\Sigma M=0$에서

$M_A+10=0 \quad \therefore\ M_A=-10\,\mathrm{kN\cdot m}$(반시계방향)

4 **그림 1 · 48에서 구조물이 평형을 이루기 위하여 A 및 B점에 작용하는 힘의 크기를 구하시오.**

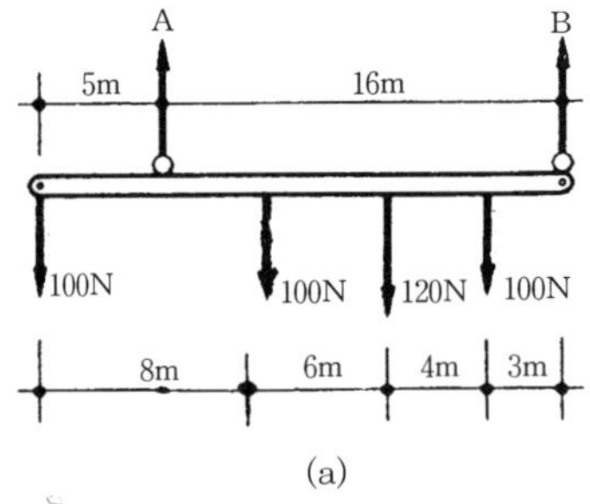

(a)

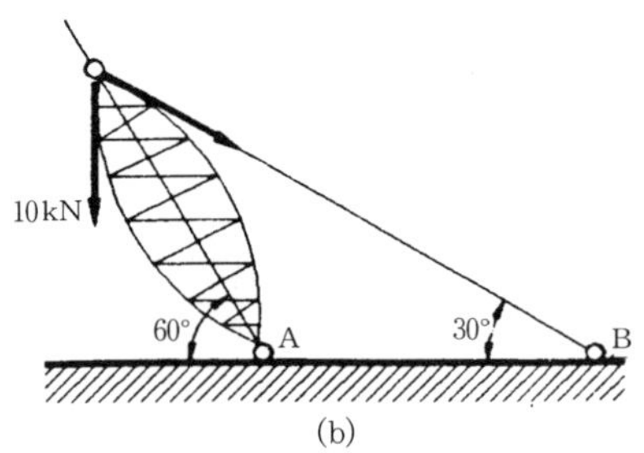

(b)

그림 1 · 48

| 풀이 |

(a) $\Sigma Y=0$에서

$R_A+R_B=100+100+120+100=420$ (N)

$\Sigma M_A = 0$에서

$-100\times5+100\times3+120\times9+100\times13-R_B\times16=0$

$\therefore\ R_B = 136.25$ (N)(상향)

$\therefore\ R_A = 283.75$ (N)(상향)

(b) $\Sigma X = 0$에서

$R_A\cos60^\circ + R_B\cos30^\circ = 0$

$\therefore\ R_A = -\sqrt{3}R_B$

$\Sigma Y = 0$에서

$10 = R_A\sin60^\circ + R_B\sin30^\circ$

$10 = \frac{\sqrt{3}}{2}R_A + \frac{1}{2}R_B$

$20 = \sqrt{3}R_A + R_B$

$R_A = -\sqrt{3}R_B$이므로

$20 = -3R_B + R_B$

$\therefore\ R_B = -10$ kN(하향)

$R_A = 10\sqrt{3}$ kN(상향)

Chapter 2

구조물의 성질

1 반력산정법

(1) 지점과 반력수

지점의 종류	이동단	회전단	고정단
반력수	1개	2개	3개
지점 및 반력기호	 V	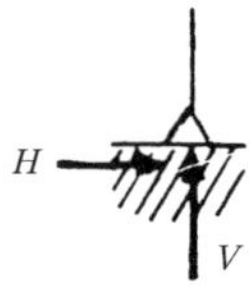 H, V	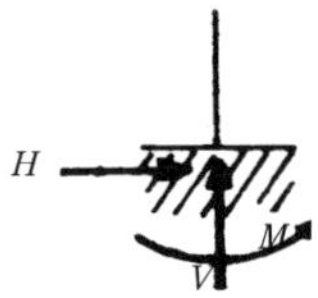 H, M, V

(2) 반력산정

구조물의 반력은 힘의 평형조건(도식 및 수식)으로 구한다.

2 구조물의 판정법

(1) 구조물의 안정과 불안정

구조물이 어떠한 외력을 받더라도

1) 이동과 회전을 하지 않고 원위치를 유지하며
2) 큰 변형이 생기지 않으며
3) 유한한 반력과 부재력으로 힘의 평형을 이룰 때 안정이라 하며 그렇지 못할 때 불안정이라 한다.

(2) 구조물의 정정과 부정정

안정구조물 중에서 힘의 평형조건만으로 지점반력을 구할 수 있을 때 정정이라 하며 그러지 못할 때를 부정정이라 한다.

(3) 판정식

1) 외적 판정식

$r<3$ 불안정

$r=3$ 안정정정

$r>3$ 안정부정정

$n=r-3$ 부정정 차수

2) 내적 판정식

$2j>m+r+\Sigma k$ 불안정

$2j=m+r+\Sigma k$ 안정정정

$2j<m+r+\Sigma k$ 안정부정정

$n=m+r+\Sigma k-2j$ 부정정 차수

다만, 트러스의 경우

$2j \geqq m+r$

2장 연습 문제

[문제] (P.63)

1 **다음 구조물의 반력을 구하시오.**

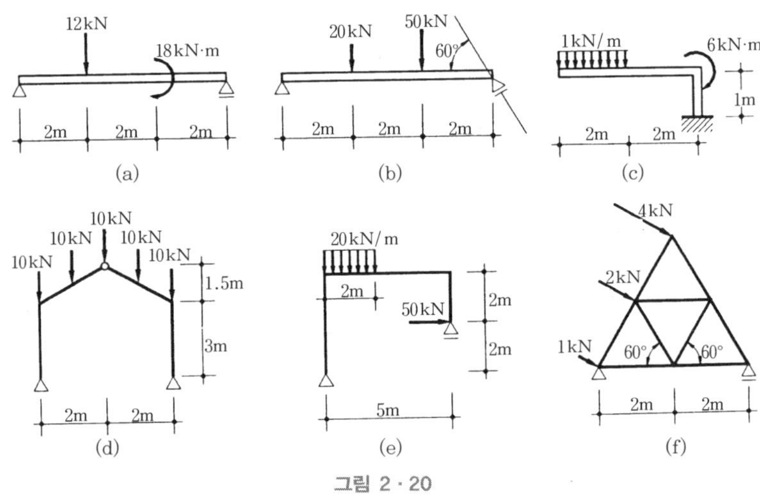

그림 2 · 20

| 풀이 |

(a) $\Sigma M_B = 0$ 에서

$R_A \times 6 - 12 \times 4 + 18 = 0$

$R_A = \dfrac{30}{6} = 5\,\text{kN}$

$\Sigma Y = 0$ 에서

$R_B = 12 - 5 = 7\,\text{kN}$

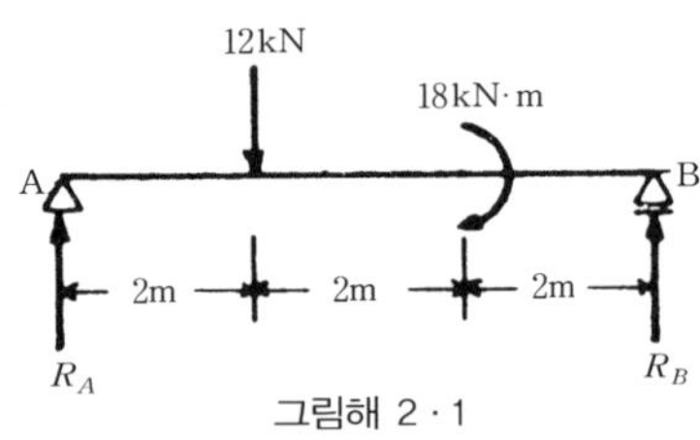

그림해 2 · 1

(b) $\Sigma M_B=0$에서

$V_A\times6-20\times4-50\times2=0$

$V_A=30\,\text{kN}$

$\Sigma M_A=0$에서

$-R_B\times3\sqrt{3}+20\times2+50\times4=0$

$R_B=46.2\,\text{kN}$

$\Sigma X=0$에서

$H_A-R_B\times\dfrac{1}{2}=0,\quad H_A=23.1\,\text{kN}$

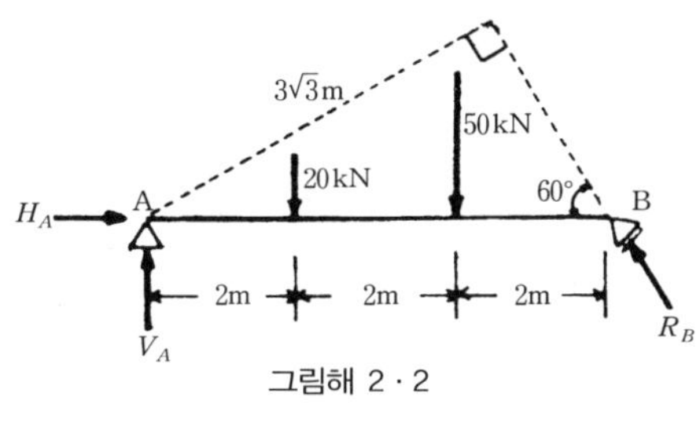

그림해 2 · 2

(c) $\Sigma Y=0$에서

$R_A=1\times2=2\,\text{kN}$

$\Sigma M_A=0$에서

$-1\times2\times3+6+M_A=0$

$M_A=0$

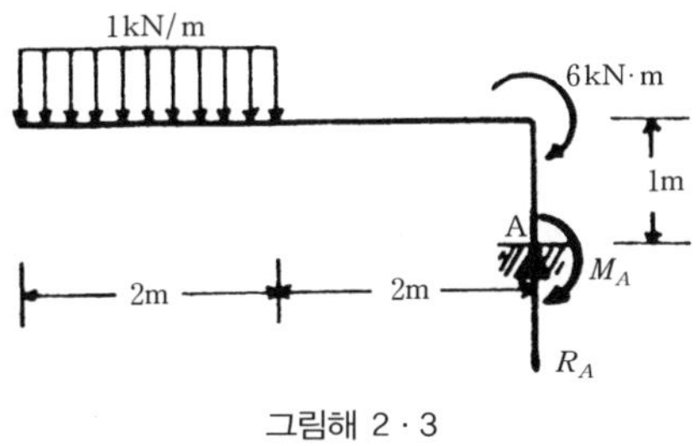

그림해 2 · 3

(d) $\Sigma X=0$에서

$H_A-H_B=0$

$H_A=H_B$

$\Sigma Y=0$에서

$V_A+V_B=50\,\text{kN}$

$V_A=V_B=25\,\text{kN}$

$\Sigma M_C=0$에서

$25\times2-10\times2-10\times1-H_A\times4.5=0$

$\therefore\ H_A=\dfrac{20}{4.5}=4.4\,\text{kN},$

$H_B=4.4\,\text{kN}$

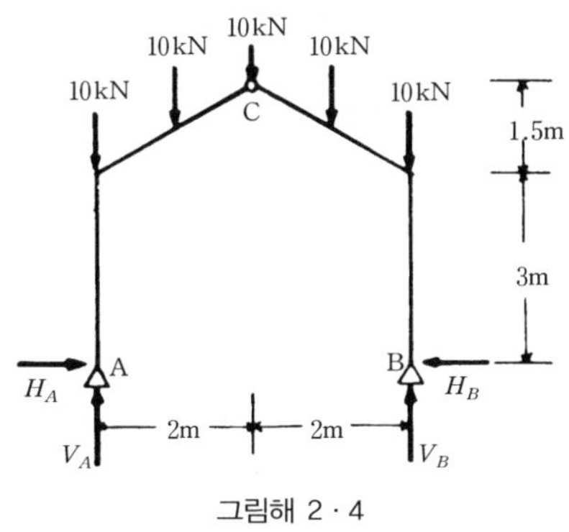

그림해 2 · 4

(e) $\Sigma X=0$에서 $H_A=50\,\mathrm{kN}$

$\Sigma M_A=0$에서

$-V_B\times5+50\times2+20\times2\times2\times1=0$

$V_B=\dfrac{140}{5}=28\,\mathrm{kN}$

$\Sigma Y=0$에서

$V_A=20\times2-28=12\,\mathrm{kN}$

또는 $\Sigma M_B=0$에서,

$V_A\times5-20\times2\times4+50\times2=0$

$V_A=\dfrac{60}{5}=12\,\mathrm{kN}$

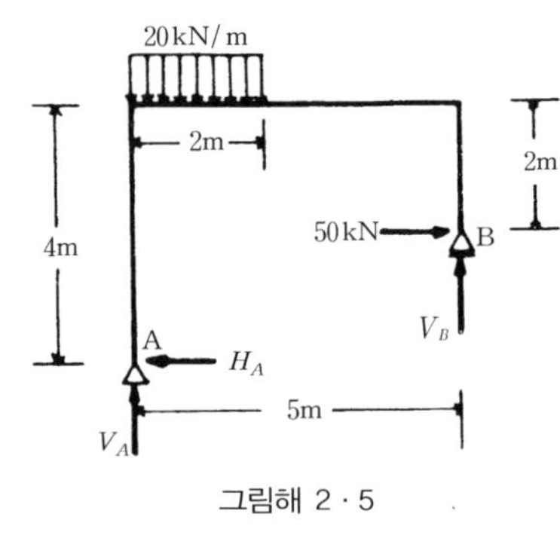

그림해 2 · 5

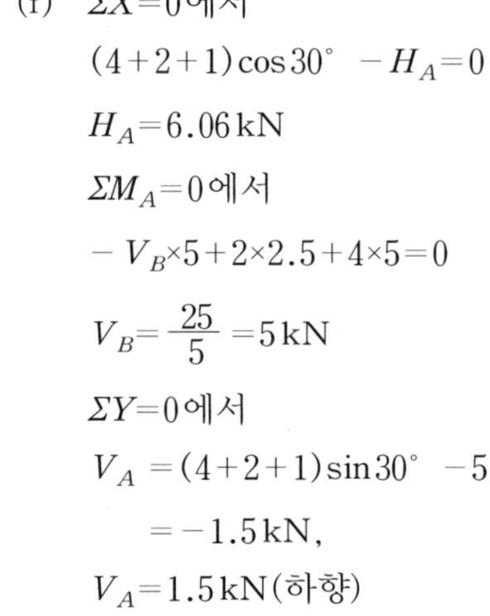

(f) $\Sigma X=0$에서

$(4+2+1)\cos30° -H_A=0$

$H_A=6.06\,\mathrm{kN}$

$\Sigma M_A=0$에서

$-V_B\times5+2\times2.5+4\times5=0$

$V_B=\dfrac{25}{5}=5\,\mathrm{kN}$

$\Sigma Y=0$에서

$V_A=(4+2+1)\sin30° -5$

$=-1.5\,\mathrm{kN},$

$V_A=1.5\,\mathrm{kN}$(하향)

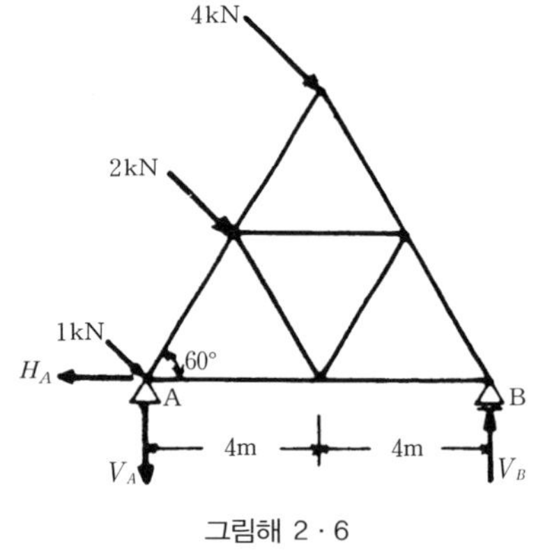

그림해 2 · 6

[문제] (P.75)

1 **다음 구조물의 안정 및 정정여부를 판정하시오.**

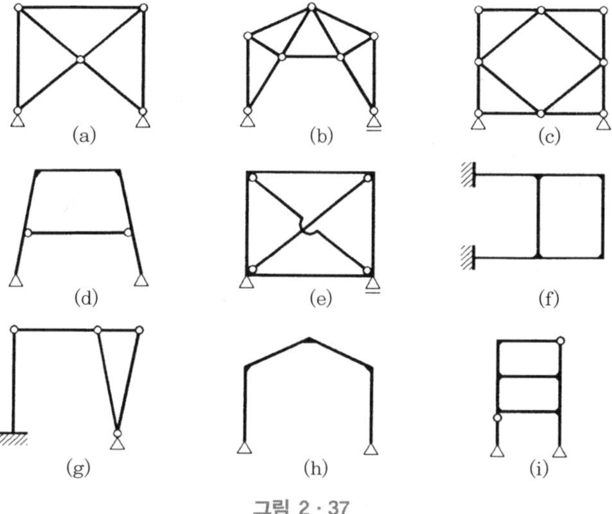

그림 2·37

| 풀이 |

(a) $2j=10$

$m=7$

$r=4$

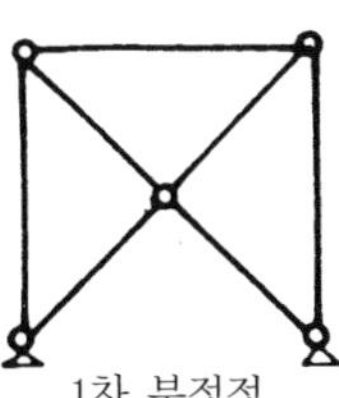

1차 부정정

(b) $2j=14$

$m=11$

$r=3$

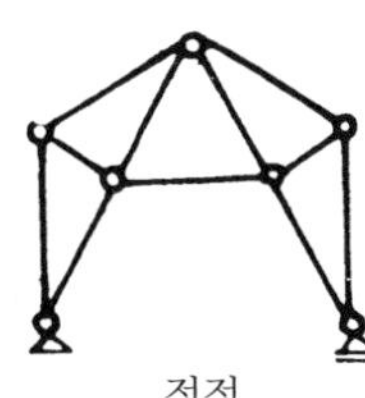

정정

(c) $2j=16$

$m=12$

$r=4$ 이지만

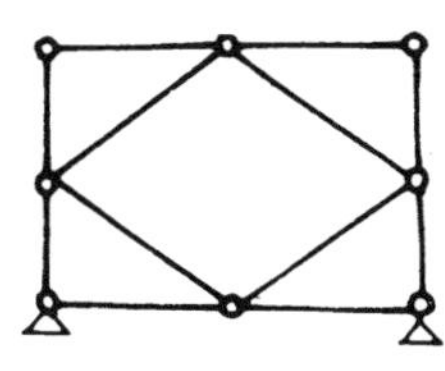

불안정

(d) $2j=12$

$m=6$

$r=4$

$\Sigma k=4$

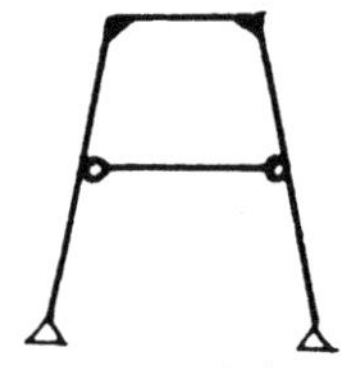

2차 부정정

(e) $2j=8$

$m=6$

$r=3$

$\Sigma k=4$

5차 부정정

(f) $2j=12$

$m=6$

$r=6$

$\Sigma k=6$

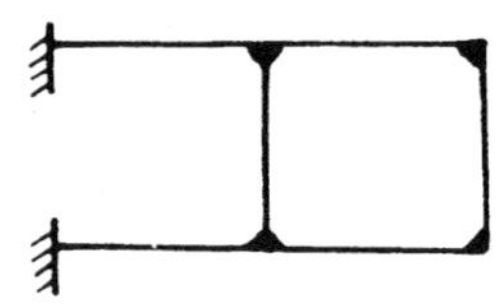

6차 부정정

(g) $2j=10$

$m=5$

$r=5$

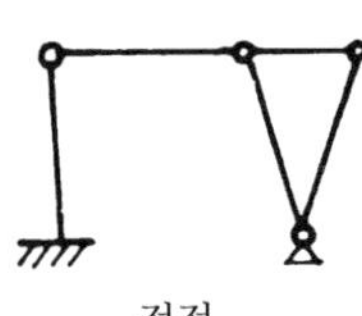

정정

(h) $2j=10$

$m=4$

$r=4$

$\Sigma k=3$

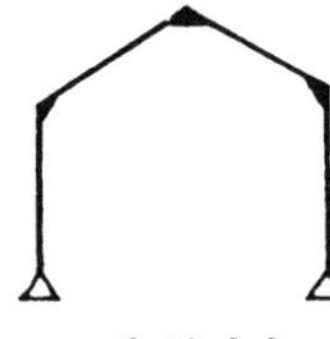

1차 부정정

(i) $2j=16$

$m=9$

$r=4$

$\Sigma k=8$

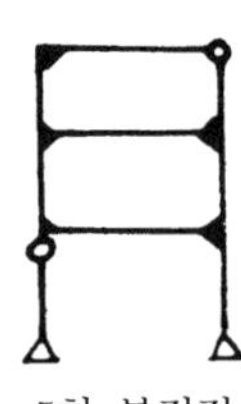

5차 부정정

Chapter 3

정정구조물

부재단면력

(1) 단면력의 종류

축방향력 N	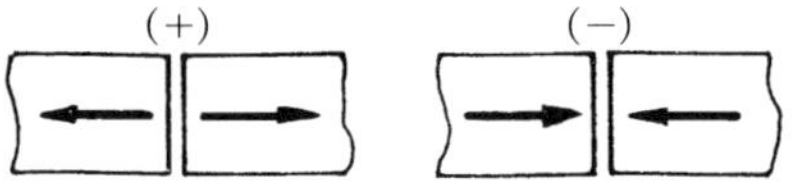
전단력 V	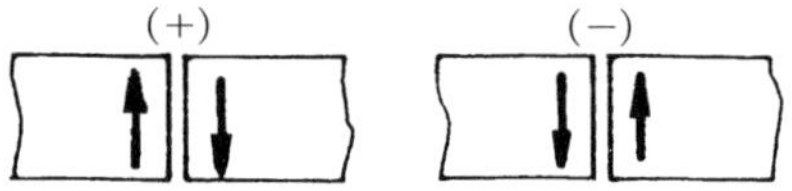
휨모멘트 M	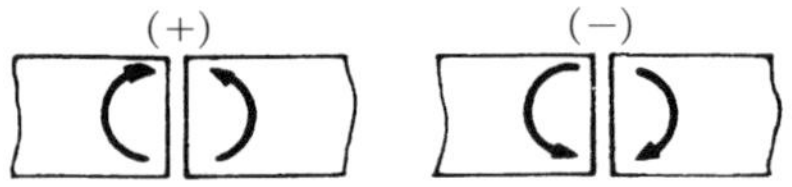

(2) 단면력의 산정

1) **축방향력** : 단면을 경계로 하여 좌측 또는 우측 어느 한쪽 구조물에 가해진 외력의 재축방향의 분력을 총합한 것
2) **전단력** : 단면을 경계로 하여 좌 · 우 어느 한쪽 구조물에 가해진 외력의 재축에 수직인 분력을 총합한 것
3) **휨모멘트** : 단면을 경계로 하여 좌 · 우 어는 한쪽 구조물에 가해진 외력들에 의해 그 단면에 생기는 모멘트를 총합한 것

2 휨모멘트 및 전단력에 관한 성질

(1) M, V, w의 관계식

$$\frac{dV}{dx} = -w \quad \text{또는} \quad w = f(x)$$

$$\frac{dM}{dx} = V \qquad V = \int f(x)\, dx + c_1$$

$$\frac{d^2M}{dx^2} = \frac{dV}{dx} = -w \qquad M = \int \int f(x)\, dx dx + c_1 x + c_2$$

(2) M도와 V도와의 관계

1) M도의 크기는 그 단면까지의 V도의 면적을 총합한 것이다.
2) $V=0$ 또는 V도의 부호가 재축상에서 변하는 점에서 M가 최대가 된다.
3) $M=3$차 곡선일 때 $V=2$차 곡선
   $M=2$차 곡선일 때 $V=$ 직선변화
   $M=$ 직선변화일 때 $V=$ 일정
   $M=$ 일정일 때 $V=0$

3 트러스 부재력

(1) 부재력의 표시 방법

	외력과 부재력의 평형상태	부재력의 표시 방법
인장재	P 외력 부재력 부재력 외력 P	$+P$
압축재	P 외력 부재력 부재력 외력 P	$-P$

(2) 부재력에 관한 성질

1) 절점에 모인 부재가 2개이고 이 절점에 외력이 작용하지 않을 때 이 2부재의 부재력은 0이다.
2) 절점에 모인 3개의 부재 중에서 2부재의 재축선이 일직선이고 이 절점에 외력이 작용하지 않으면 이 2부재의 부재력은 같고 다른 1개 부재의 부재력은 0이다.
3) 절점에 모인 부재 또는 외력이 4개이고 부재의 재축선 또는 외력의 중심선이 서로 2개씩 일직선상에 있을 때 서로 향하고 있는 2부재의 부재력 또는 외력과 부재력은 같다.

3장 연습 문제

[문제] (P.94)

1 다음과 같은 단순보의 단면력도를 구하시오.

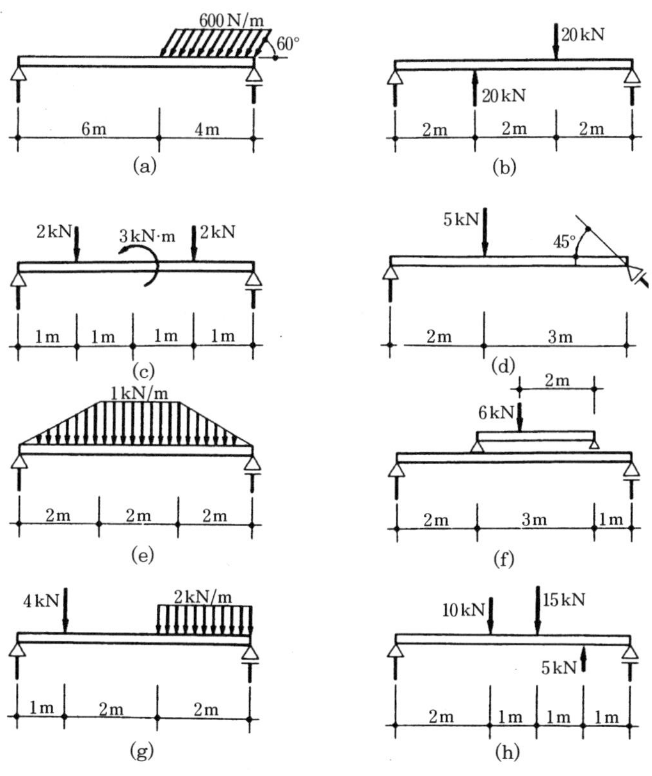

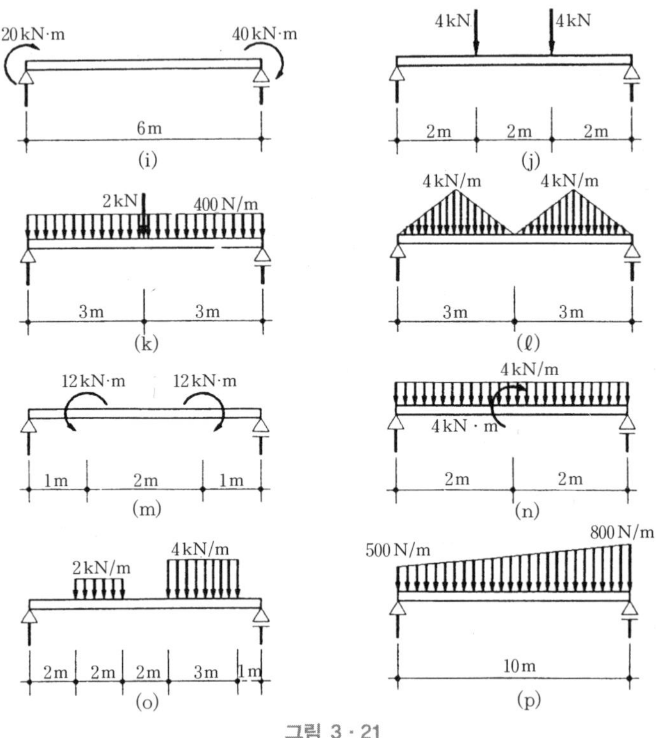

20 kN·m
40 kN·m
6 m
(i)
4 kN
4 kN
2 m
2 m
2 m
(j)
2 kN
400 N/m
3 m
3 m
(k)
4 kN/m
4 kN/m
3 m
3 m
(ℓ)
12 kN·m
12 kN·m
1 m
2 m
1 m
(m)
4 kN/m
4 kN · m
2 m
2 m
(n)
2 kN/m
4 kN/m
2 m
2 m
2 m
3 m
1 m
(o)
500 N/m
800 N/m
10 m
(p)

그림 3 · 21

| 풀이 |

(a) $\Sigma X = 0$에서

$-H_A + 600\cos 60° \times 4 = 0$

$H_A = 1,200\,\mathrm{N}$

$\Sigma M_B = 0$에서

$V_A \times 10 - 600\sin 60° \times 4 \times 2 = 0$

$V_A = \dfrac{2,400\sqrt{3}}{10} = 416\,\mathrm{N}$

$\Sigma Y = 0$에서

$V_B = 600\sin 60° \times 4 - 416$

$= 1,662\,\mathrm{N}$

전단력이 0이 되는 위치 :

$x = \dfrac{1,662}{600\sin 60°} = 3.2\,\mathrm{m}$

휨모멘트

$416 \times 6 = 2,496\,\mathrm{N \cdot m}$

$1,662 \times 3.2 - 600 \times \sin 60°$

$\times 3.2 \times 1.6 = 2,658\,\mathrm{N \cdot m}$

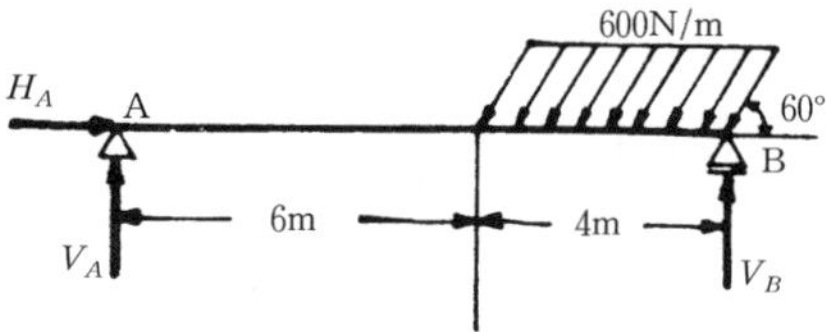

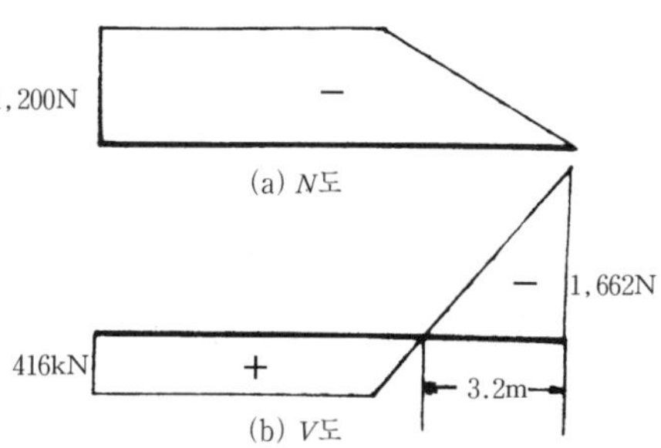

(a) N도

(b) V도

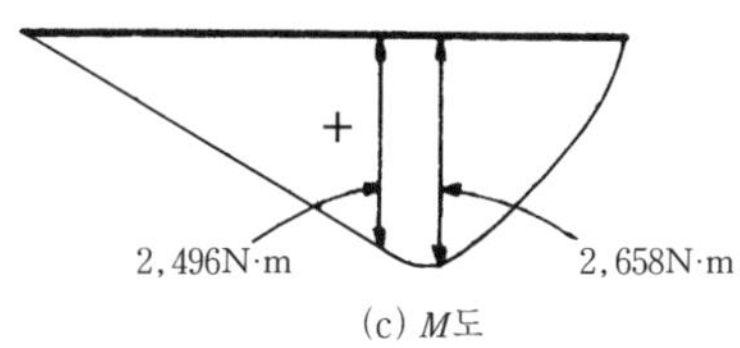

(c) M도

그림해 3 · 1

(b) $\Sigma M_B = 0$에서

$-R_A \times 6 + 20 \times 4 - 20 \times 2 = 0$

$R_A = \dfrac{40}{6} = 6.7\,\mathrm{kN}$(하향)

$\Sigma Y = 0$에서

$R_B = R_A = 6.7\,\mathrm{kN}$(상향)

전단력

$-6.7 + 20 = 13.3\,\mathrm{kN}$

휨모멘트

$6.7 \times 2 = 13.4\,\mathrm{kN \cdot m}$

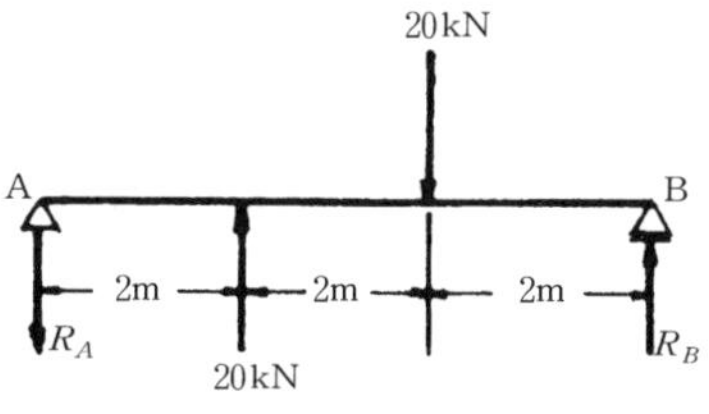

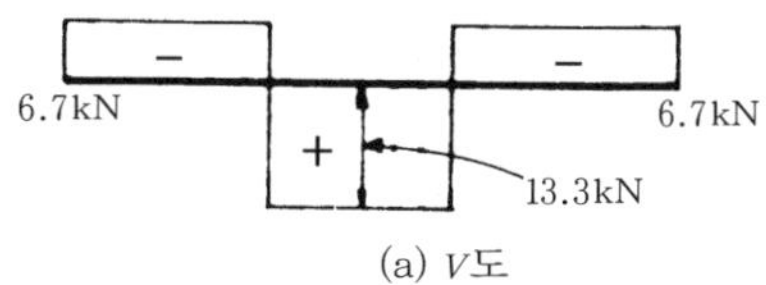

(a) V도

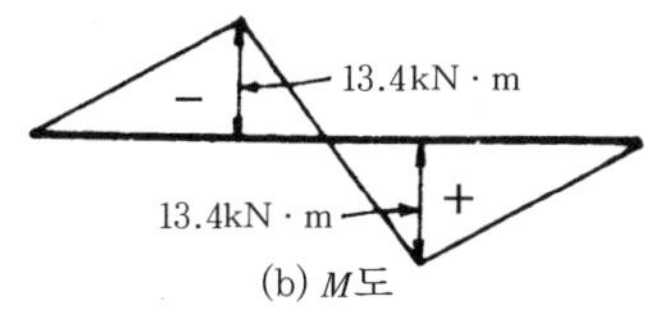

(b) M도

그림해 3 · 2

(c) $\Sigma M_B=0$에서

$R_A\times4-2\times3-3-2\times1=0$

$R_A=\dfrac{11}{4}=2.75\,\text{kN}$

$\Sigma Y=0$에서

$R_B=4-2.75=1.25\,\text{kN}$

휨모멘트

$2.75\times1=2.75\,\text{kN}\cdot\text{m}$

$2.75\times2-2\times1=3.5\,\text{kN}\cdot\text{m}$

$2.75\times2-2\times1-3=0.5\,\text{kN}\cdot\text{m}$

$1.25\times1=1.25\,\text{kN}\cdot\text{m}$

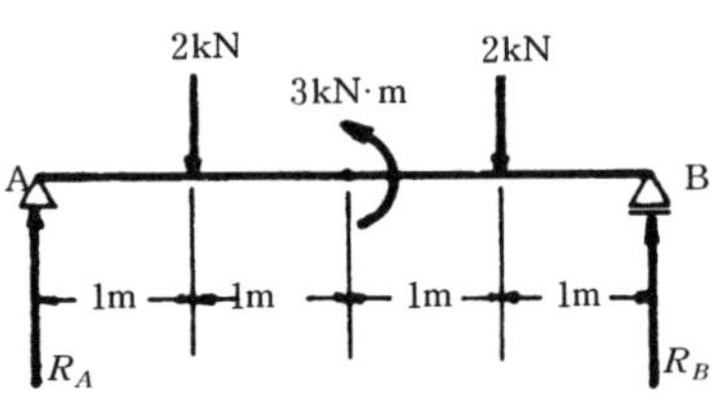

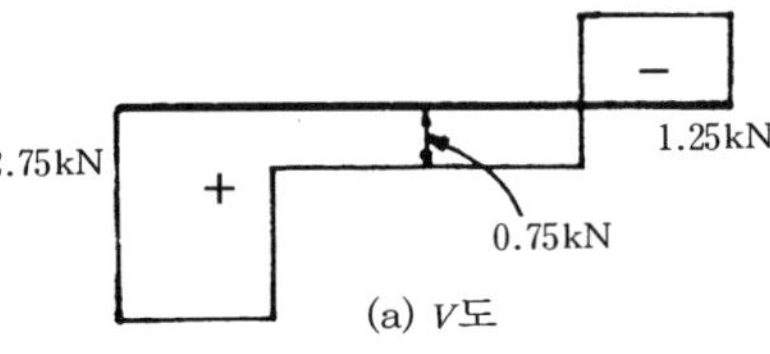

(a) V도

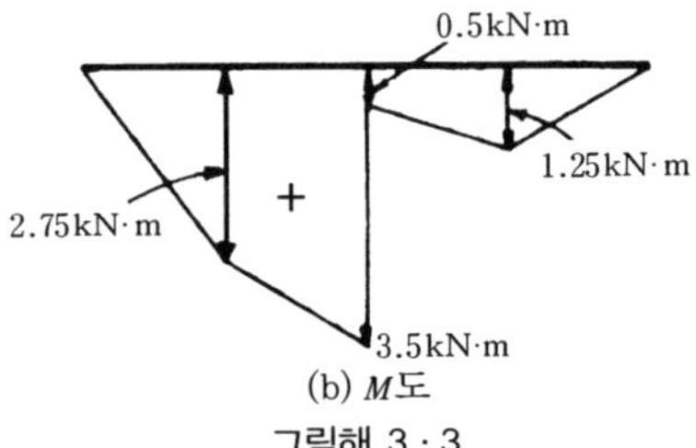

(b) M도

그림해 3 · 3

(d) $\Sigma M_A=0$에서

$-R_B\times5\sin45^\circ+5\times2=0$

$R_B=\dfrac{10}{3.535}=2.83\,\text{kN}$

$\Sigma X=0$에서

$H_A-2.83\cos45^\circ=0$

$H_A=2\,\text{kN}$

$\Sigma Y=0$에서

$V_A=5-2.83\sin45^\circ$

$\quad=5-2=3\,\text{kN}$

휨모멘트

$3\times2=6\,\text{kN}\cdot\text{m}$

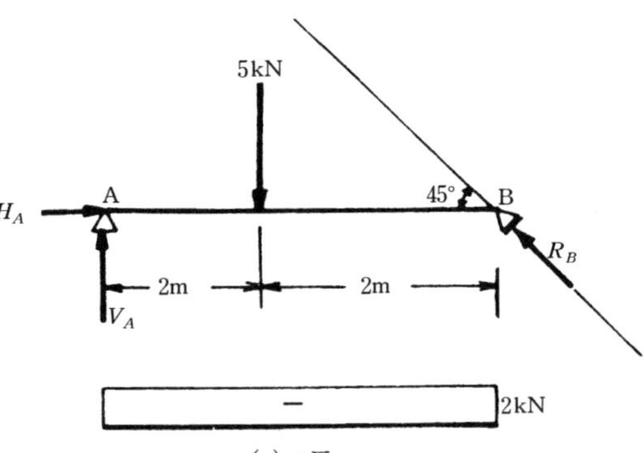

(a) N도

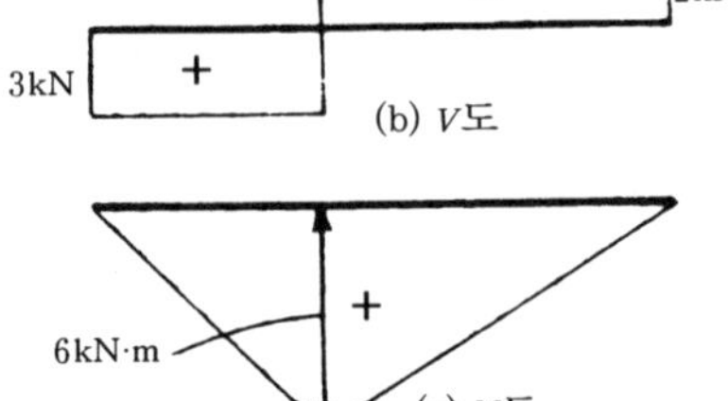

(b) V도

(c) M도

그림해 3 · 4

(e) $\Sigma Y=0$에서

$R_A+R_B-1\times4=0$

$\therefore\ R_A=R_B=2\,\text{kN}$

전단력

$2-\dfrac{1}{2}\times2=1\,\text{kN}$

$2-\dfrac{1}{2}\times2-2=-1\,\text{kN}$

휨모멘트

$2\times2-(1\times2\times0.5)\times\dfrac{2}{3}=3.33\,\text{kN}\cdot\text{m}$

$2\times3-(1\times2\times0.5)\times\dfrac{5}{3}-(1\times1\times0.5)$

$=3.83\,\text{kN}\cdot\text{m}$

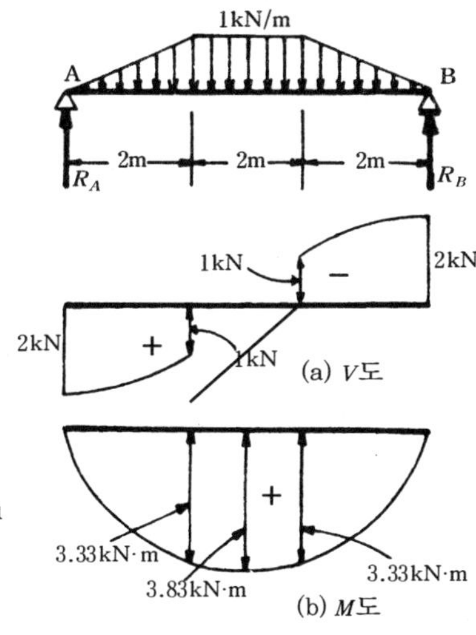

그림해 3 · 5

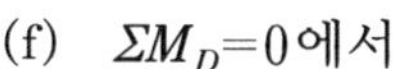
(f) $\Sigma M_D=0$에서

$R_C=\dfrac{12}{3}=4\,\text{kN}$

$\Sigma Y=0$에서

$R_B=6-4=2\,\text{kN}$

$\Sigma M_B=0$에서

$R_A\times6-4\times4-2\times1=0$

$\therefore\ R_A=\dfrac{18}{6}=3\,\text{kN}$

$\Sigma Y=0$에서

$R_B=6-3=3\,\text{kN}$

휨모멘트

$3\times2=6\,\text{kN}\cdot\text{m}$

$3\times1=3\,\text{kN}\cdot\text{m}$

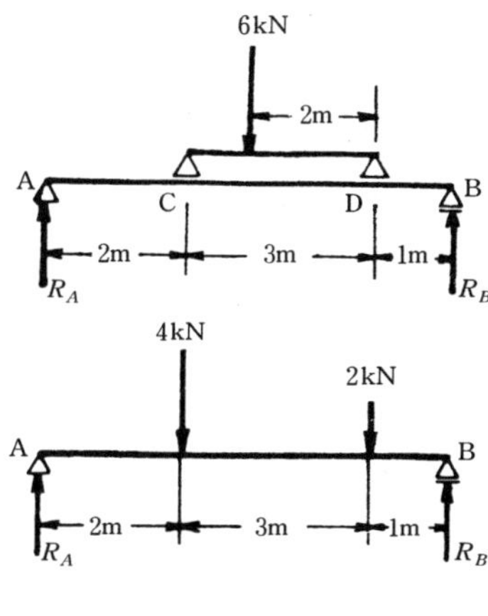

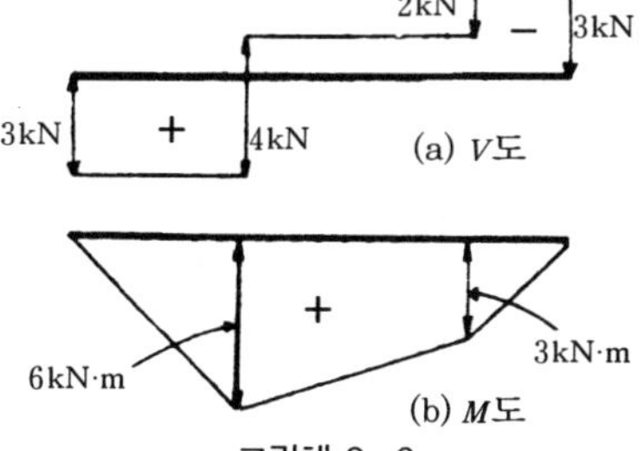

그림해 3 · 6

(g) $\Sigma M_B=0$ 에서

$R_A \times 5 - 4 \times 4 - 2 \times 2 \times 1 = 0$

$\therefore\ R_A = \dfrac{20}{5} = 4\,\text{kN}$

$\Sigma Y = 0$ 에서

$R_B = (4+4) - 4 = 4\,\text{kN}$

휨모멘트

$4 \times 1 = 4\,\text{kN} \cdot \text{m}$

$4 \times 2 - 2 \times 2 \times 1 = 4\,\text{kN} \cdot \text{m}$

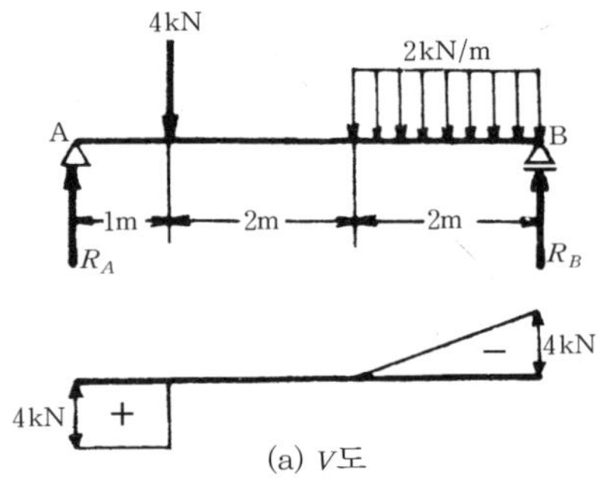

(a) V도

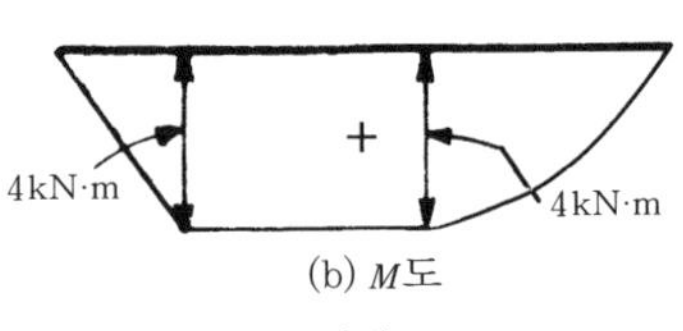

(b) M도

그림해 3 · 7

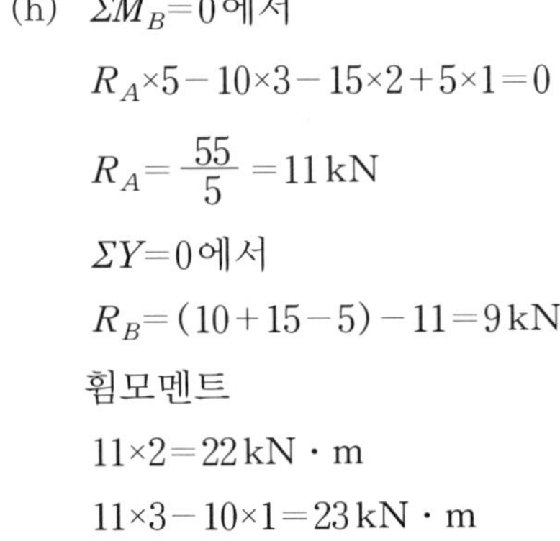

(h) $\Sigma M_B=0$ 에서

$R_A \times 5 - 10 \times 3 - 15 \times 2 + 5 \times 1 = 0$

$R_A = \dfrac{55}{5} = 11\,\text{kN}$

$\Sigma Y = 0$ 에서

$R_B = (10+15-5) - 11 = 9\,\text{kN}$

휨모멘트

$11 \times 2 = 22\,\text{kN} \cdot \text{m}$

$11 \times 3 - 10 \times 1 = 23\,\text{kN} \cdot \text{m}$

$9 \times 1 = 9\,\text{kN} \cdot \text{m}$

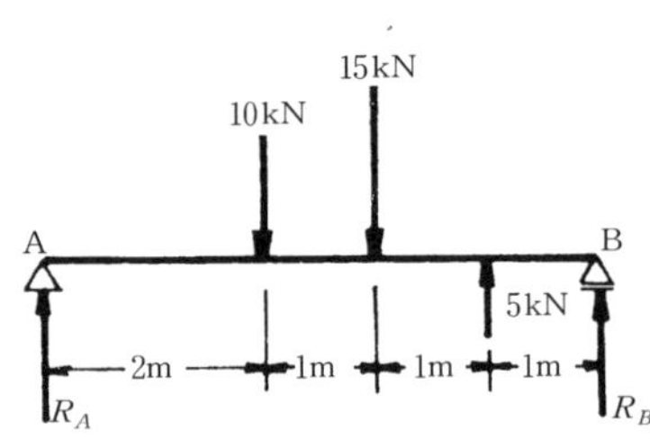

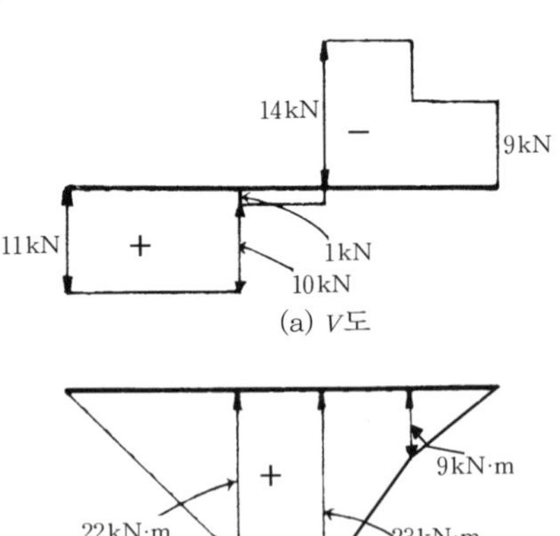

(a) V도

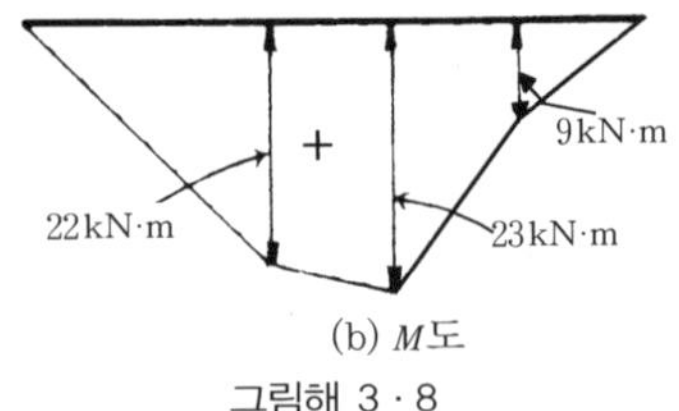

(b) M도

그림해 3 · 8

(i) $\Sigma M_B=0$에서

$-R_A\times6+20+40=0$

$R_A=\dfrac{60}{6}=10\,\text{kN}$(하향)

$\Sigma M_A=0$에서

$-R_B\times6+20+40=0$

$\therefore\ R_B=10\,\text{kN}$(상향)

또는

$\Sigma Y=0$에서

$R_A=R_B=10\,\text{kN}$

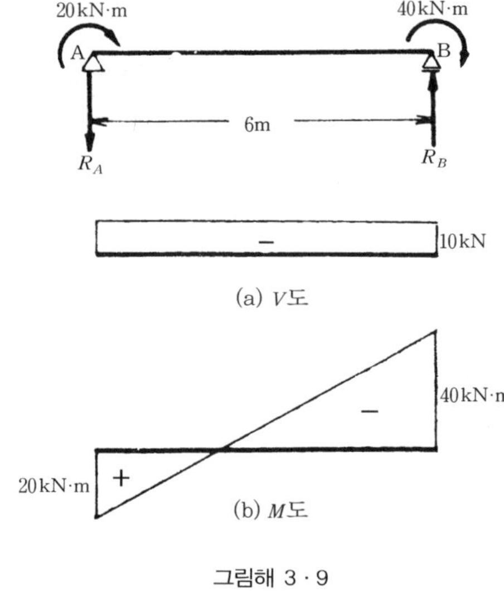

(a) V도

(b) M도

그림해 3 · 9

(j) 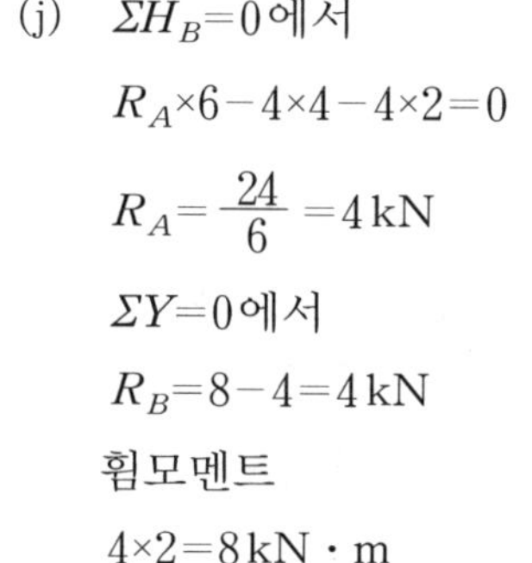

$\Sigma M_B=0$에서

$R_A\times6-4\times4-4\times2=0$

$R_A=\dfrac{24}{6}=4\,\text{kN}$

$\Sigma Y=0$에서

$R_B=8-4=4\,\text{kN}$

휨모멘트

$4\times2=8\,\text{kN}\cdot\text{m}$

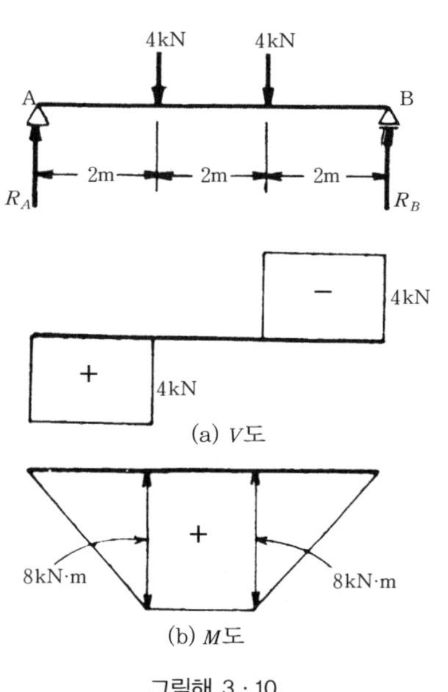

(a) V도

(b) M도

그림해 3 · 10

(k) $\Sigma M_B=0$에서

$R_A \times 6 - 2 \times 3 - 0.4 \times 6 \times 3 = 0$

$R_A = \dfrac{13.2}{6} = 2.2\,\text{kN}$

$\Sigma Y=0$에서 대칭이므로

$R_A = R_B = 2.2\,\text{kN}$

휨모멘트

$\dfrac{wl}{8} + \dfrac{Pl}{4} = \dfrac{0.4 \times 6^2}{8} + \dfrac{2 \times 6}{4}$

$= 4.8\,\text{kN} \cdot \text{m}$

또는

$2.2 \times 3 - 0.4 \times 3 \times 1.5 = 4.8\,\text{kN} \cdot \text{m}$

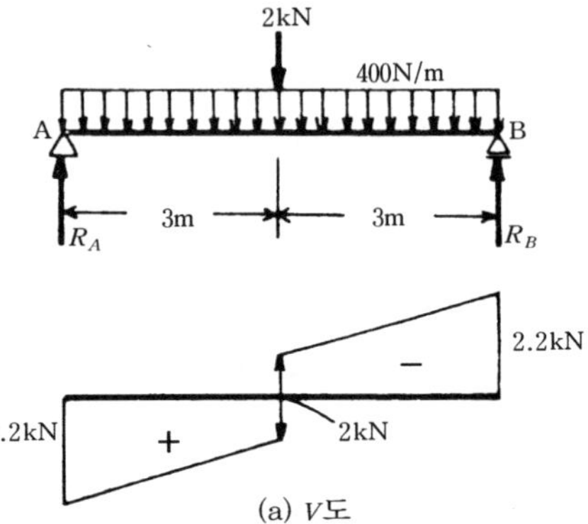

(a) V도

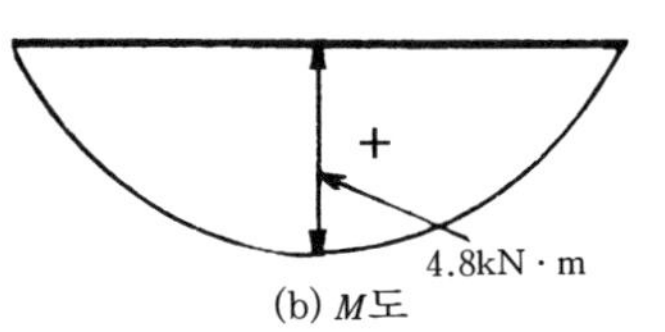

(b) M도

그림해 3 · 11

(l) $\Sigma M_B=0$에서

$R_A \times 6 - (4 \times 3 \times 0.5) \times 4.5$

$- (4 \times 3 \times 0.5) \times 1.5 = 0$

$R_A = \dfrac{36}{6} = 6\,\text{kN}$

대칭이므로

$R_B = 6\,\text{kN}$

휨모멘트

$6 \times 3 - (4 \times 1.5 \times 0.5) \times 0.5 = 7.5\,\text{kN} \cdot \text{m}$

$6 \times 3 - (4 \times 3 \times 0.5) \times 1.5 = 9\,\text{kN} \cdot \text{m}$

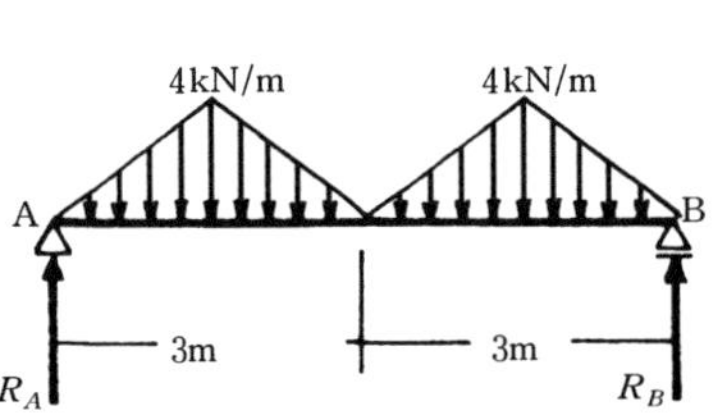

(a) V도

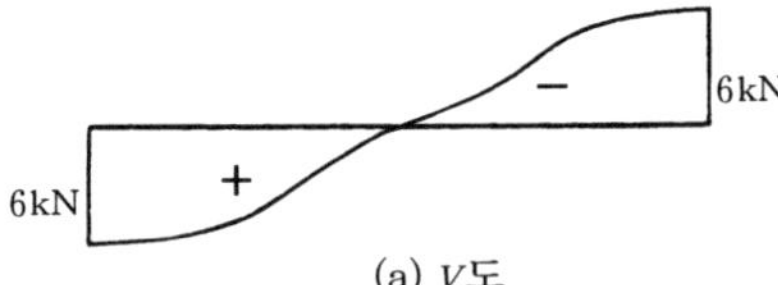

(b) M도

그림해 3 · 12

(m) $\Sigma M_B=0$에서

$-R_A\times4-12+12=0$

$R_A=\dfrac{0}{4}=0$

$\Sigma Y=0$에서 $R_B=0$

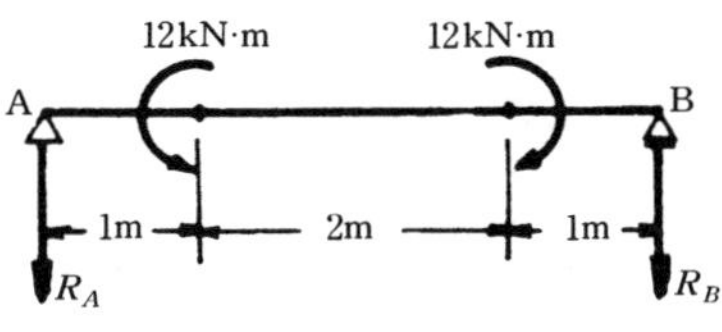

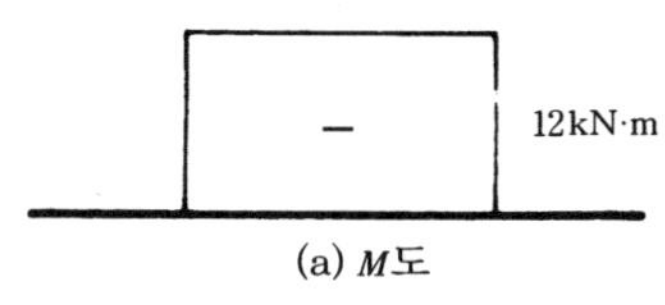

(a) M도

그림해 3 · 13

(n) $\Sigma M_B=0$에서

$R_A\times4-4\times4\times2+4=0$

$R_A=\dfrac{28}{4}=7\,\text{kN}$

$\Sigma M_A=0$에서

$-R_B\times4+4\times4\times2+4=0$

$R_B=\dfrac{36}{4}=9\,\text{kN}$

전단력이 0이 되는 위치

$x=\dfrac{7}{4}=1.75\,\text{m}$

휨모멘트

$7\times2-4\times2\times1=6\,\text{kN}\cdot\text{m}$

$9\times2-4\times2\times1=10\,\text{kN}\cdot\text{m}$

$7\times1.75-4\times\dfrac{(1.75)^2}{2}=6.125\,\text{kN}\cdot\text{m}$

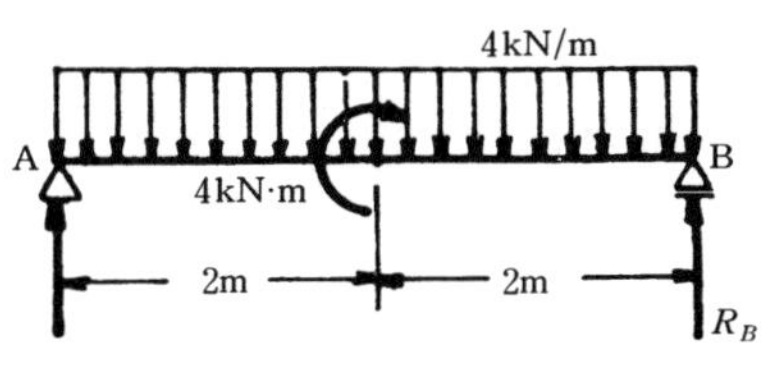

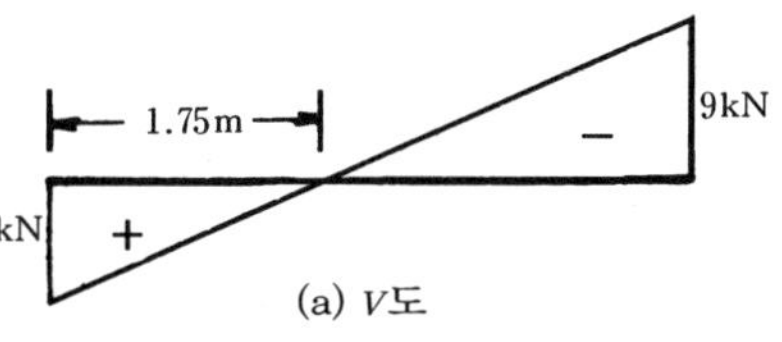

(a) V도

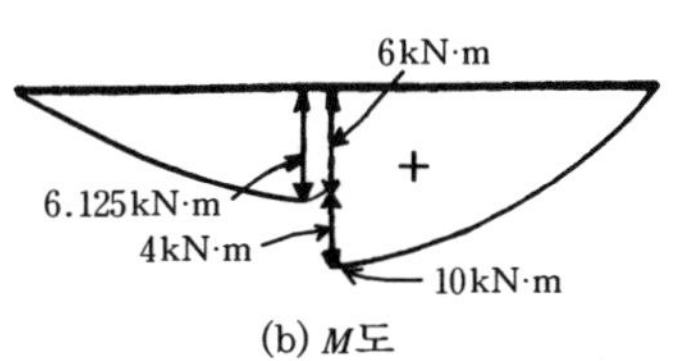

(b) M도

그림해 3 · 14

(o) $\Sigma M_B=0$에서

$R_A\times10-2\times2\times7-4\times3\times2.5=0$

$\therefore\ R_A=\dfrac{58}{10}=5.8\,\text{kN}$

$\Sigma Y=0$에서

$R_B=4+12-5.8=10.2\,\text{kN}$

전단력 $5.8-2\times2=1.8\,\text{kN}$

전단력 0의 위치

$x=1.8\div4=0.45\,\text{m}$

휨모멘트

$5.8\times2=11.6\,\text{kN}\cdot\text{m}$

$5.8\times4-2\times2\times1=19.2\,\text{kN}\cdot\text{m}$

$5.8\times6-2\times2\times3=22.8\,\text{kN}\cdot\text{m}$

$5.8\times6.45-2\times2\times3.45$

$-4\times0.45\times0.225=23.2\,\text{kN}\cdot\text{m}$

$10.2\times1=10.2\,\text{kN}\cdot\text{m}$

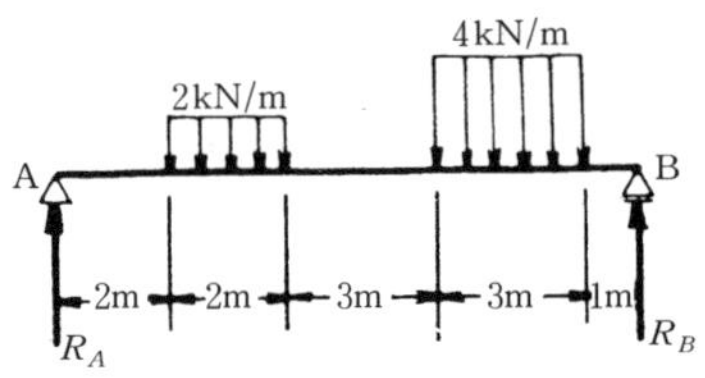

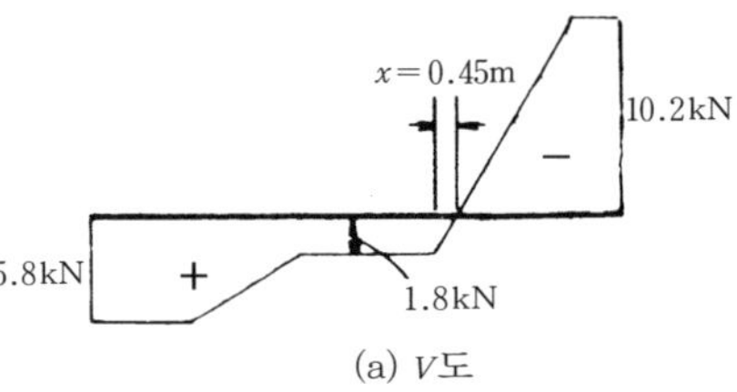

(a) V도

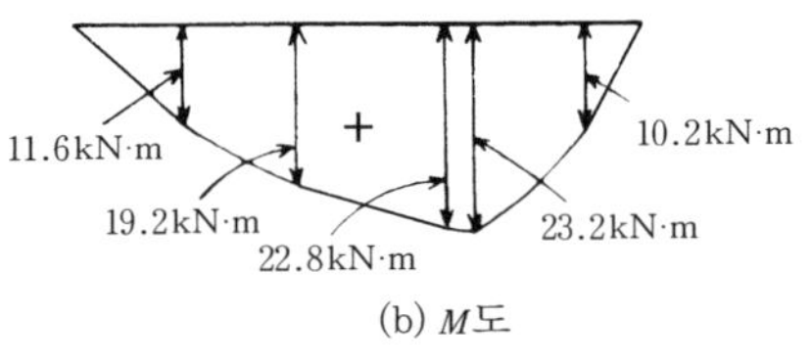

(b) M도

그림해 3 · 15

(p) $\Sigma M_B=0$에서

$R_A\times10-(0.5\times10\times5)-$

$(0.3\times10\times0.5\times\dfrac{10}{3})=0$

$\therefore\ R_A=\dfrac{25+5}{10}=3\,\text{kN}$

$\Sigma Y=0$에서

$R_B=\{(0.5\times10)$

$+(0.3\times10\times0.5)\}-3$

$=3.5\,\text{kN}$

전단력이 0의 위치 :

$w_x : x=300 : 10$에서

$w_x=30\cdot x$이므로

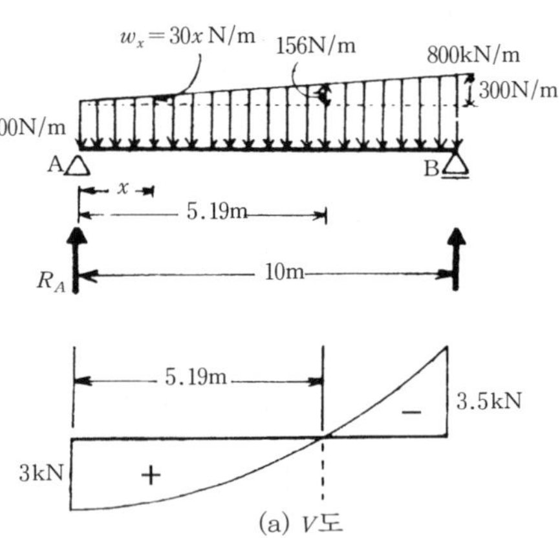

(a) V도

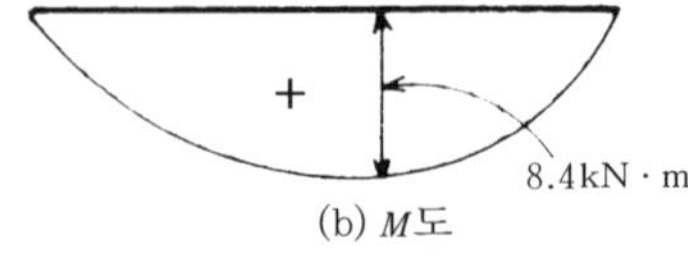

(b) M도

그림해 3 · 16

$$3,000-(500x)-\left(30x\times x\times\frac{1}{2}\right)=0$$

$$3,000-500x-15x^2=0$$

$$15x^2+500x-3,000=0$$

$$x=\frac{-500+\sqrt{500^2+4\times15\times3,000}}{2\times15}=5.19\,\text{m}$$

$$M_{\max}=3\times5.19-0.5\times5.19\times\frac{5.19}{2}-\left(0.156\times5.19\times\frac{1}{2}\times\frac{5.19}{3}\right)$$

$$=8.137\,\text{kN}\cdot\text{m}$$

2 **단순보의 휨모멘트 곡선이 $M=ax^3+bx^2+c$로 표시됐을 때 이 보의 하중 상태를 구하시오.**

| 풀이 |

$$-w_x=\frac{d^2M}{dx^2}=6ax+2b$$

따라서 하중은 직선적으로 변화한다.

보의 스팬을 l이라 하면

$$w_{x=0}=2b$$

$$w_{x=l}=6al+2b$$

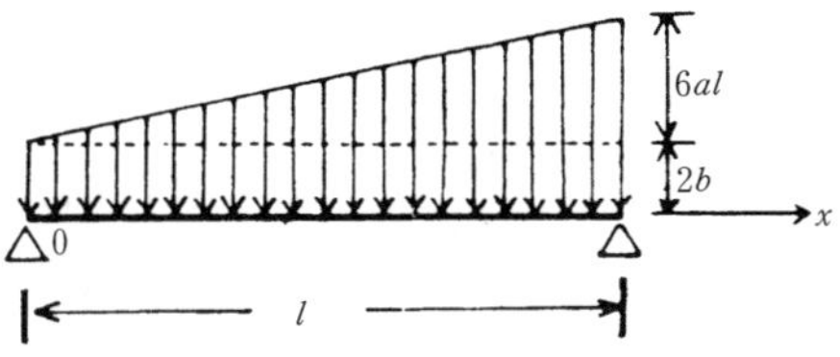

그림해 3 · 17

주 : 휨모멘트 방정식에서 x에 관한 1차항이 포함되면, 이 1차항이 $\frac{d^2M}{dx^2}$ 식에서 소거되므로 하중분포 상태는 불명확하다. 또 $x=0$일 때 $M=c$는 $x=0$되는 단부모멘트의 값으로 연속보에서는 지점의 모멘트가 된다.

3 **그림 3 · 22와 같이 집중하중 P의 작용점을 경계로 하여 좌측에는 등분포하중 w가, 우측에는 $2w$가 작용하고 있다. 이때 P의 작용점에 생기는 휨모멘트가 최대치 M_{max} 이 되는 P의 위치를 구하시오.**

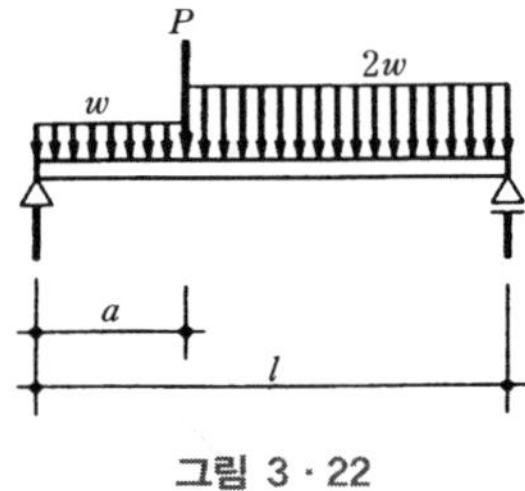

그림 3 · 22

| 풀이 |

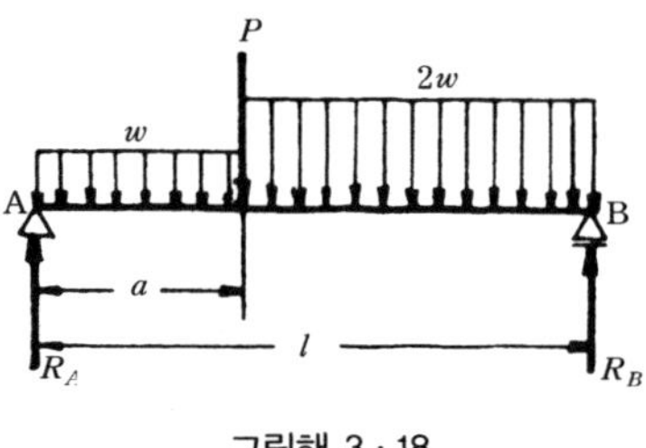

그림해 3 · 18

$\Sigma M_B = 0$에서

$$R_A \cdot l - wa\left(l - \frac{a}{2}\right) - P(l-a) - 2w(l-a)\frac{(l-a)}{2} = 0$$

$$\therefore \ R_A = \frac{1}{l}\left[P(l-a) + w\left(l^2 - la + \frac{a^2}{2}\right)\right]$$

P의 작용점에 생기는 휨모멘트는

$$M = R_A \cdot a - \frac{wa^2}{2} = \frac{a}{l}\left[P(l-a) + w\left(l^2 - la + \frac{a^2}{2}\right)\right] - \frac{wa^2}{2}$$

M가 최대가 되는 a의 값은

$$\frac{dM}{da} = \frac{1}{l}\left[P(l-2a) + w\left(l^2 - 2la + \frac{3}{2}a^2\right)\right] - wa = 0\text{에서}$$

$$a = l + \frac{2P}{3w} \pm \frac{1}{3w}\sqrt{4P^2 + 6Pwl + 3w^2l^2}$$

$a < l$이어야 하므로

$$\therefore \ a = l + \frac{2P}{3w} - \frac{1}{3w}\sqrt{4P^2 + 6Pwl + 3w^2l^2}$$

[문제] (P.100)

1 다음 캔틸레버보의 단면력도를 구하시오.

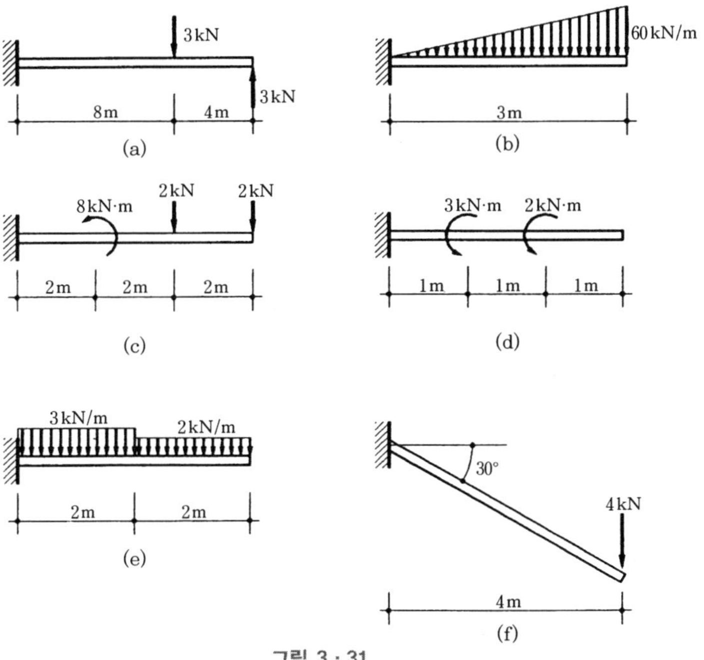

그림 3 · 31

| 풀이 |

(a) $\Sigma Y = 0$에서

$+3 - 3 = 0$

$M_A = 3 \times 12 - 3 \times 8 = 12\,\text{kN} \cdot \text{m}$

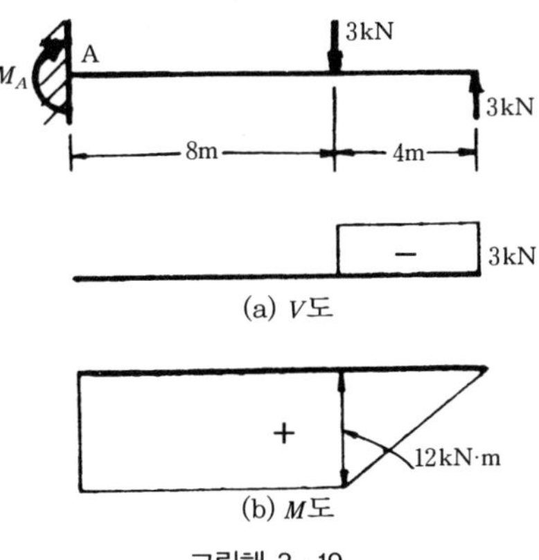

그림해 3 · 19

(b) $\Sigma Y=0$에서

$R_A=60\times3\times0.5=90\text{ N}$

$M_A=60\times3\times0.5\times2=180\text{ N}\cdot\text{m}$

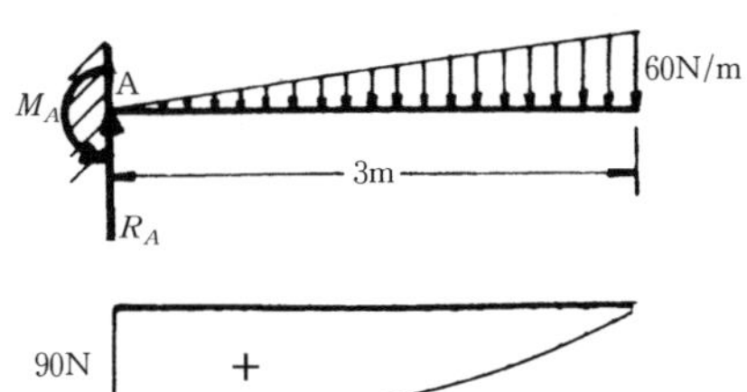

(a) V도

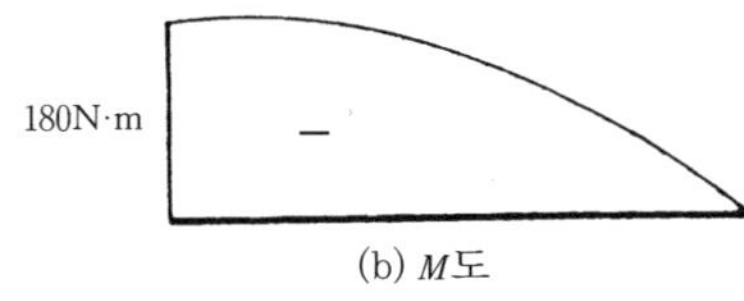

(b) M도

그림해 3 · 20

(c) $\Sigma Y=0$에서

$R_A-2-2=0$

$\therefore\ \ R_A=4\text{ kN}$

$M_A=-8+2\times4+2\times6=12\text{ kN}\cdot\text{m}$

전단력

$4-2=2\text{ kN}$

휨모멘트

$2\times2=4\text{ kN}\cdot\text{m}$

$2\times4+2\times2=12\text{ kN}\cdot\text{m}$

$2\times4+2\times2-8=4\text{ kN}\cdot\text{m}$

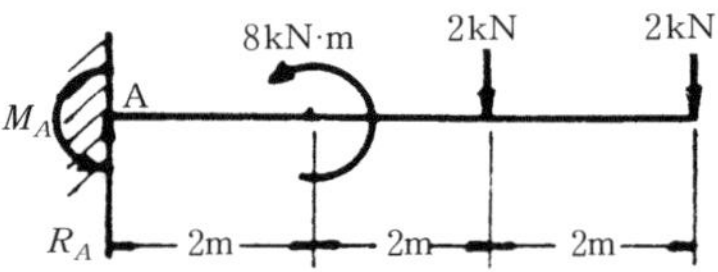

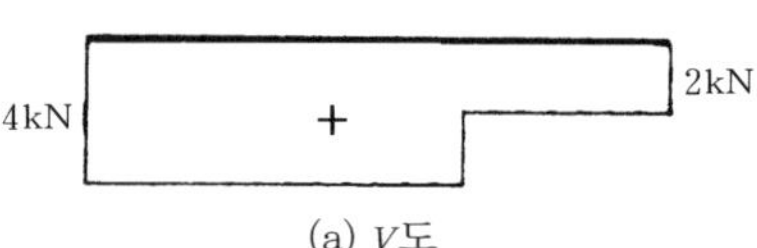

(a) V도

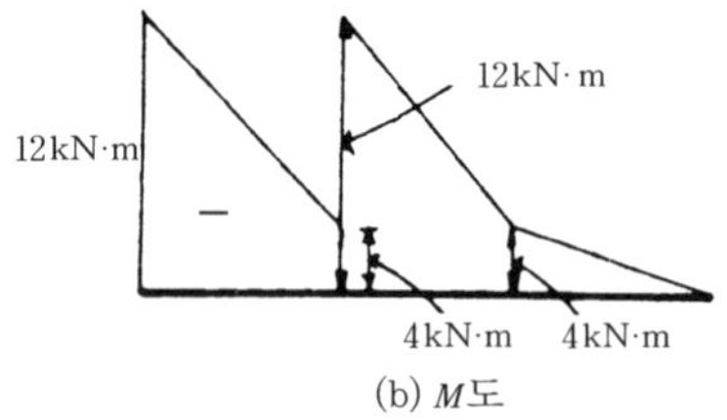

(b) M도

그림해 3 · 21

(d) $\Sigma Y=0$에서

$R_A=0$

휨모멘트

$5-3=2\text{kN}\cdot\text{m}$

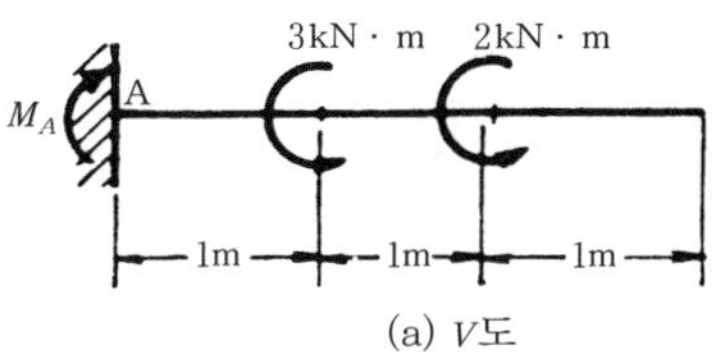

(a) V도

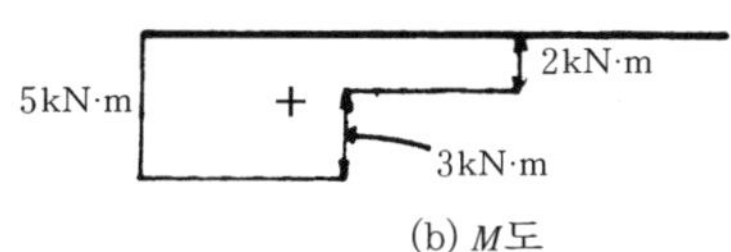

(b) M도

그림해 3 · 22

(e) $\Sigma Y=0$에서

$R_A=3\times2+2\times2=10\text{kN}$

$M_A=3\times2\times1+2\times2\times3=18\text{kN}\cdot\text{m}$

전단력

$10-3\times2=4\text{kN}$

휨모멘트

$2\times2\times1=4\text{kN}\cdot\text{m}$

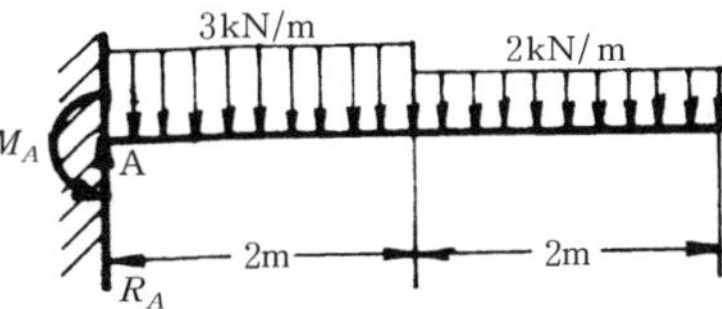

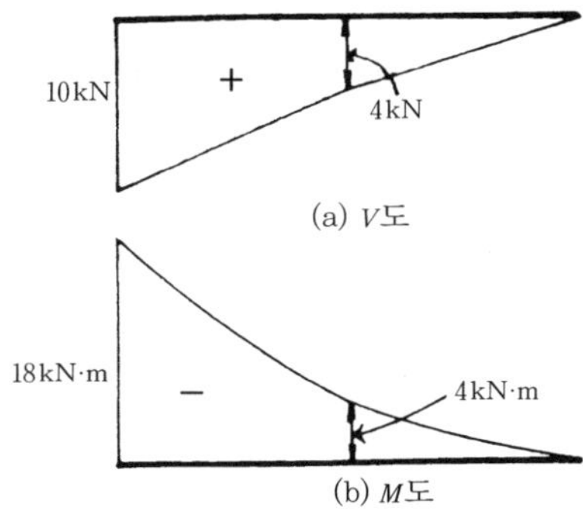

(a) V도

(b) M도

그림해 3 · 23

(f) $\Sigma Y=0$에서

$R_A=4\,\text{kN}$

$M_A=4\times4=16\,\text{kN}\cdot\text{m}$

축방향력

$4\sin30^\circ=2\,\text{kN}$

전단력

$4\cos30^\circ=3.46\,\text{kN}$

(a) N도

(b) V도

(a) M도

그림해 3 · 24

[문제] (P.104)

1 다음 내민보의 단면력도를 구하시오.

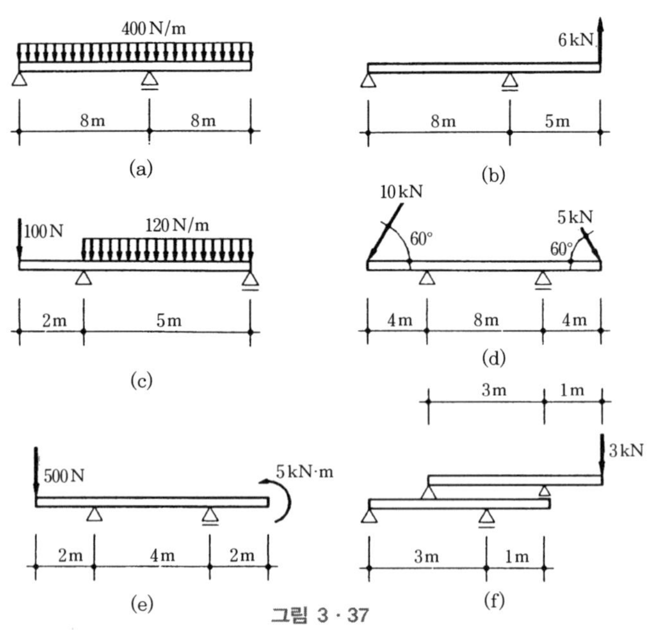

그림 3 · 37

| 풀이 |

(a) $\Sigma M_B=0$에서

$R_A \times 8 - 0.4 \times 14 \times 1 = 0$

$R_A = \dfrac{5.6}{8} = 0.7\,\text{kN}$

$\Sigma Y=0$에서

$R_B = 0.4 \times 14 - 0.7 = 4.9\,\text{kN}$

전단력이 0이 되는 위치 :

$0.7 - 0.4x = 0$

$x = 1.75\,\text{m}$

휨모멘트

$0.7 \times 1.75 - 0.4 \times 1.75 \times \dfrac{1.75}{2}$

$= 0.6125\,\text{kN}\cdot\text{m}$

$-0.4 \times 6 \times 3 = -7.2\,\text{kN}\cdot\text{m}$

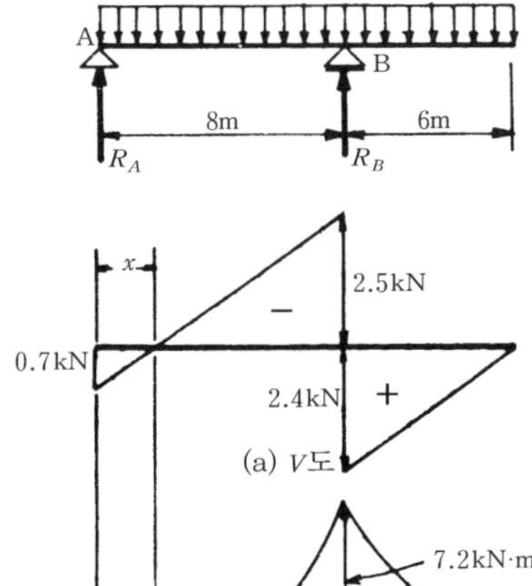

그림해 3 · 25

(b) $\Sigma M_B=0$에서

$R_A \times 8 - 6 \times 5 = 0$

$\therefore R_A = \dfrac{30}{8} = 3.75\,\text{kN}$

$\Sigma M_A=0$에서

$R_A \times 8 - 6 \times 13 = 0$

$\therefore R_B = \dfrac{78}{8} = 9.75\,\text{kN}$

또는 $\Sigma Y=0$에서

$3.75 + 6 - R_B = 0$, $R_B = 9.75\,\text{kN}$

휨모멘트

$3.75 \times 8 = 30\,\text{kN}\cdot\text{m}$

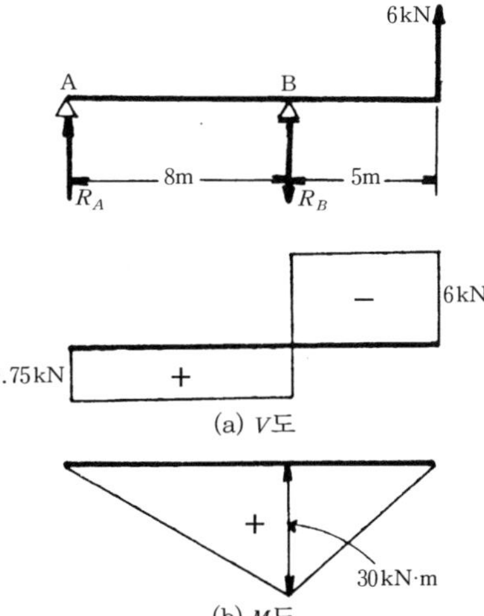

그림해 3 · 26

(c) $\Sigma M_B = 0$에서

$-100\times7 + R_A\times5 - 120\times5\times2.5 = 0$

$\therefore R_A = \dfrac{2200}{5} = 440\,\text{N}$

$\Sigma Y = 0$에서

$R_B = 100 + 120\times5 - 440 = 260\,\text{N}$

전단력이 0이 되는 점 :

$260 - 120x = 0 \quad x = 2.17\,\text{m}$

휨모멘트

$-100\times2 = -200\,\text{N}\cdot\text{m}$

$260\times2.17 - 120\times2.17\times\dfrac{2.17}{2}$

$= 281.67\,\text{N}\cdot\text{m}$

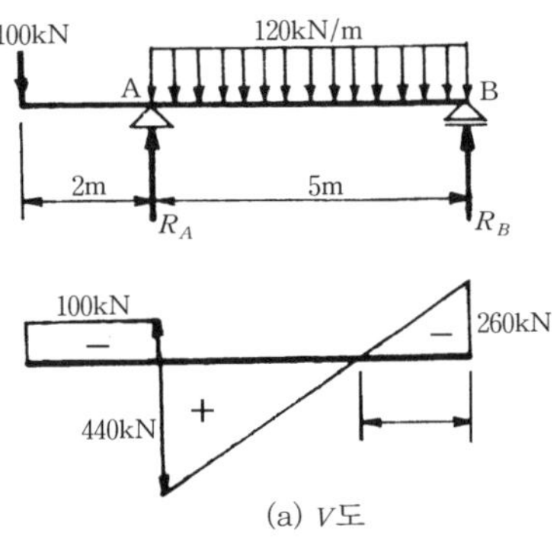

(a) V도

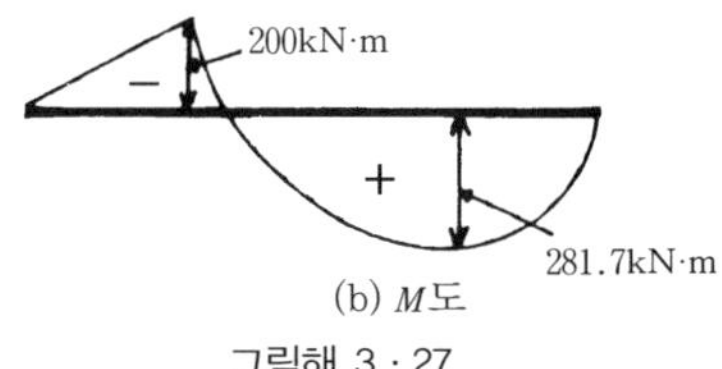

(b) M도

그림해 3 · 27

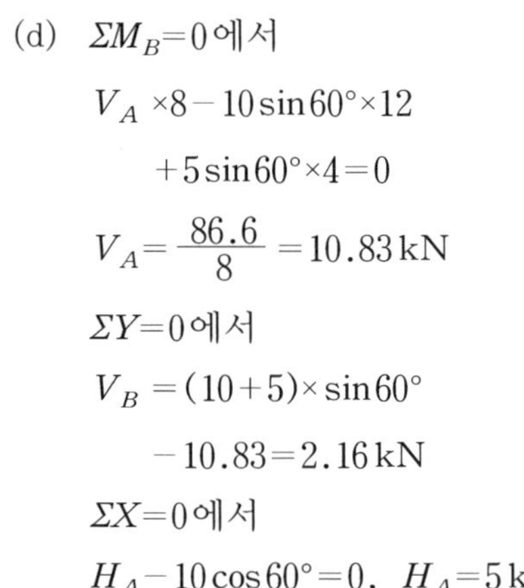

(d) $\Sigma M_B = 0$에서

$V_A\times8 - 10\sin60°\times12$

$+5\sin60°\times4 = 0$

$V_A = \dfrac{86.6}{8} = 10.83\,\text{kN}$

$\Sigma Y = 0$에서

$V_B = (10+5)\times\sin60°$

$-10.83 = 2.16\,\text{kN}$

$\Sigma X = 0$에서

$H_A - 10\cos60° = 0, \quad H_A = 5\,\text{kN}$

축방향력 $5\cos60° = 2.5\,\text{kN}$

전단력 $10\sin60° = 8.66\,\text{kN}$

$5\sin60° = 4.33\,\text{kN}$

휨모멘트

$-8.66\times4 = -34.64\,\text{kN}$

$-4.33\times4 = -17.32\,\text{kN}$

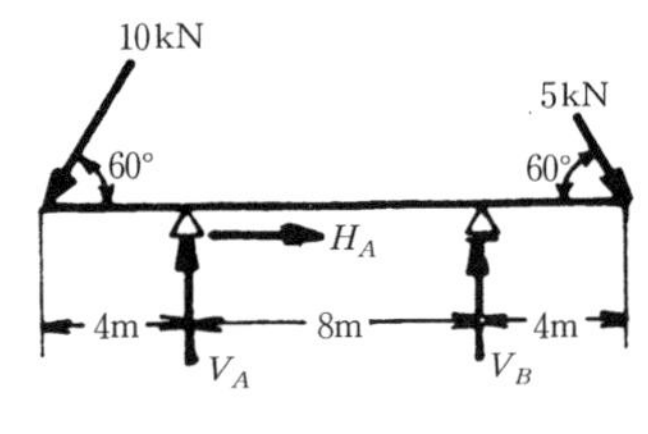

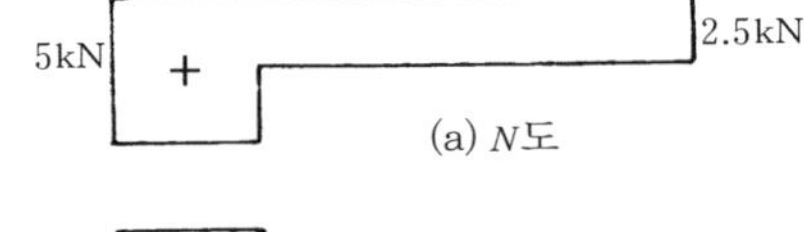

(a) N도

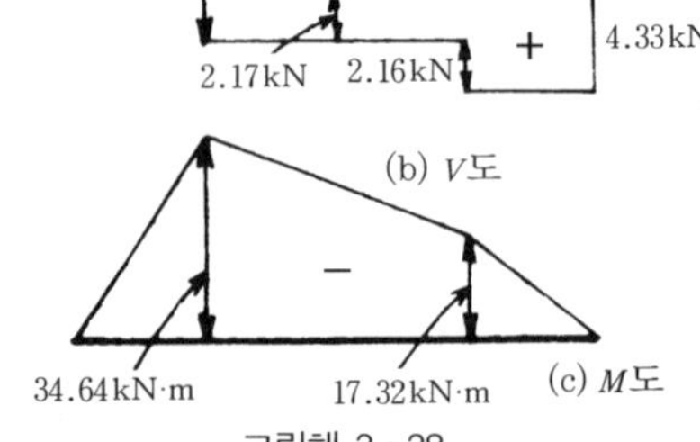

(b) V도

(c) M도

그림해 3 · 28

(e) $\Sigma M_B=0$에서

$R_A\times4-0.5\times6-5=0$

$\therefore R_A=\dfrac{8}{4}=2\text{kN}$

$\Sigma Y=0$에서

$R_B=2-0.5=1.5\text{kN}$(하향)

휨모멘트

$-0.5\times2=-1\text{kN}\cdot\text{m}$

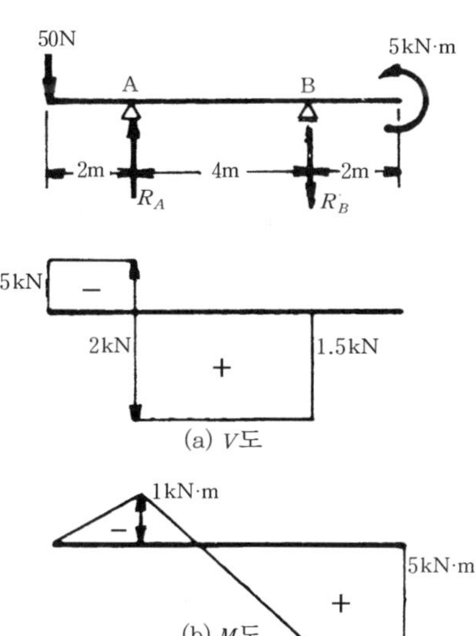

그림해 3 · 29

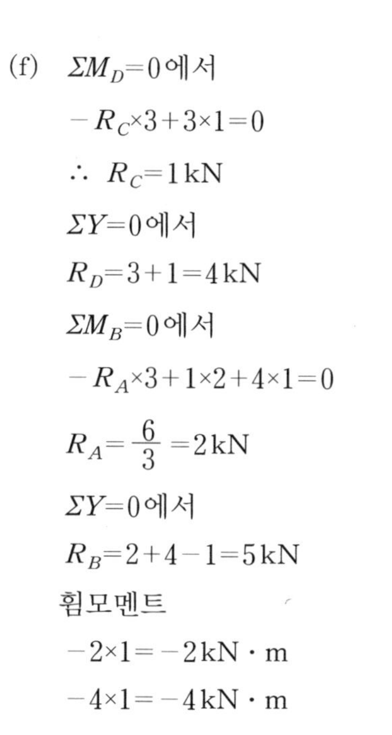

(f) $\Sigma M_D=0$에서

$-R_C\times3+3\times1=0$

$\therefore\ R_C=1\text{kN}$

$\Sigma Y=0$에서

$R_D=3+1=4\text{kN}$

$\Sigma M_B=0$에서

$-R_A\times3+1\times2+4\times1=0$

$R_A=\dfrac{6}{3}=2\text{kN}$

$\Sigma Y=0$에서

$R_B=2+4-1=5\text{kN}$

휨모멘트

$-2\times1=-2\text{kN}\cdot\text{m}$

$-4\times1=-4\text{kN}\cdot\text{m}$

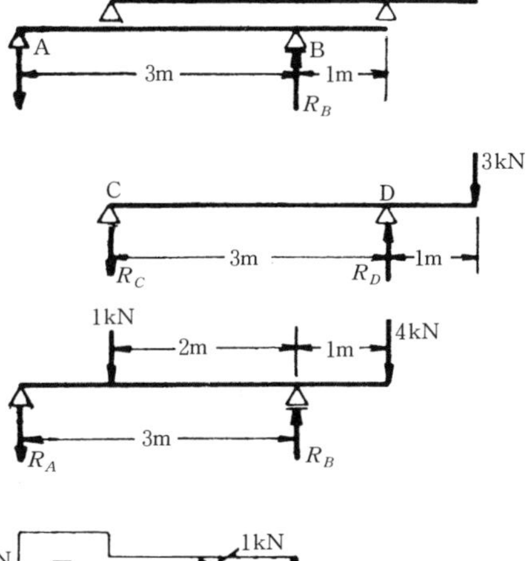

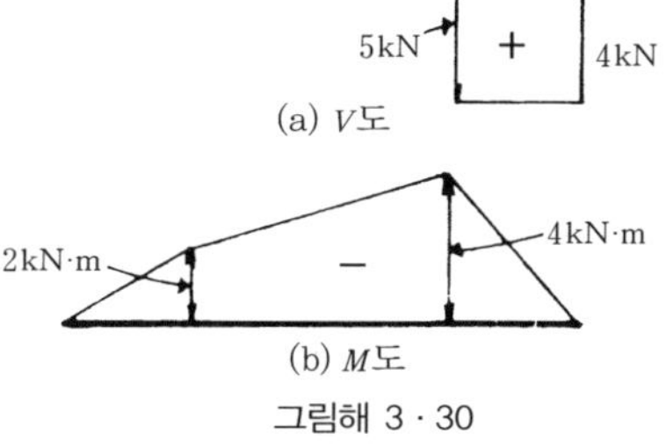

그림해 3 · 30

2 그림 3 · 38과 같이 등분포하중을 받는 내민보가 있다. 정, 부, 최대 휨모멘트의 절대치가 같을 경우의 l과 a의 관계를 구하시오.

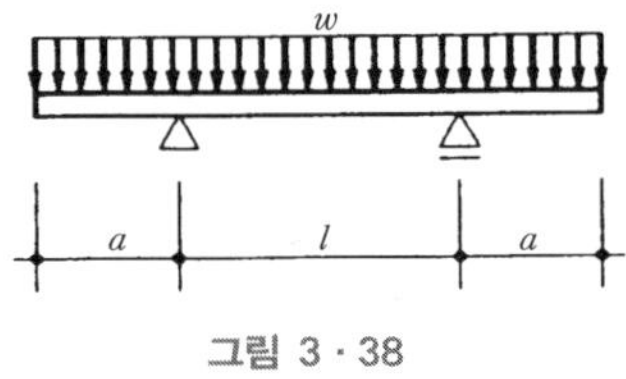

그림 3 · 38

| 풀이 |

$$M_1 = -\frac{wa^2}{2}$$

$$M_2 = \frac{wl^2}{8} - \frac{wa^2}{2}$$

$|M_1| = |M_2|$에서

$$\frac{wa^2}{2} = \frac{wl^2}{8} - \frac{wa^2}{2}$$

$$wa^2 = \frac{wl^2}{8}, \quad 8wa^2 = wl^2$$

$$l^2 = 8a^2, \quad l = 2\sqrt{2}a$$

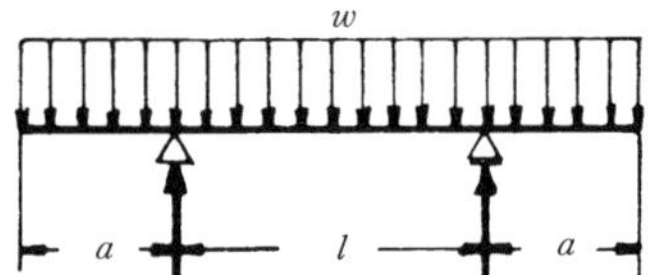

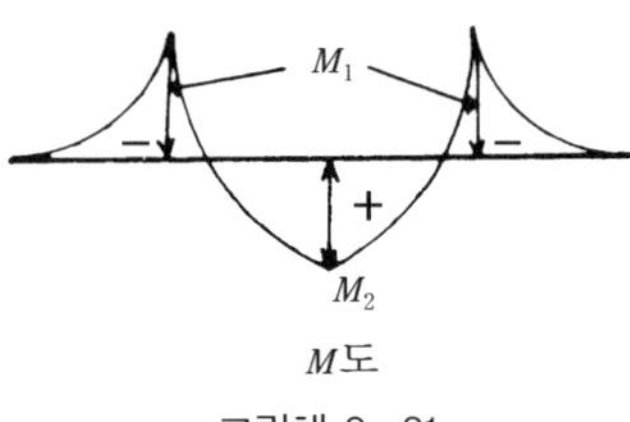

M도

그림해 3 · 31

3 그림 3 · 39와 같이 스팬 l와 같은 길이로 임의의 구간에 등분포하중 w가 작용하고 있다. 하중의 좌단인 C점의 휨모멘트와 지점 B에 생기는 휨모멘트의 절대치가 같게 되는 하중의 위치를 구하시오.

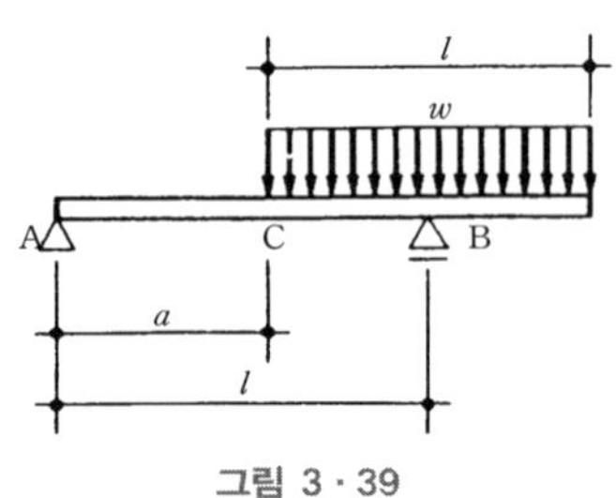

그림 3 · 39

| 풀이 |

$\Sigma M_B = 0$에서

$$R_A \cdot l - \frac{w(l-a)^2}{2} + wa \times \frac{a}{2} = 0$$

$$\therefore\ R_A = \left[\frac{w(l-a)^2}{2} - \frac{wa^2}{2}\right]/l$$

$$= \left[\frac{w(l^2-2al-a^2)}{2} - \frac{wa^2}{2}\right]/l$$

$$= \frac{wl(l-2a)}{2l} = \frac{w(l-2a)}{2}$$

또 $M_2 = \frac{-wa^2}{2}$

$$M_1 = R_A \cdot a = \frac{wa(1-2a)}{2}$$

$|M_1| = |M_2|$이므로 $\frac{wa^2}{2} = \frac{wa(l-2a)}{2}$

$$\therefore\ a = \frac{l}{3}$$

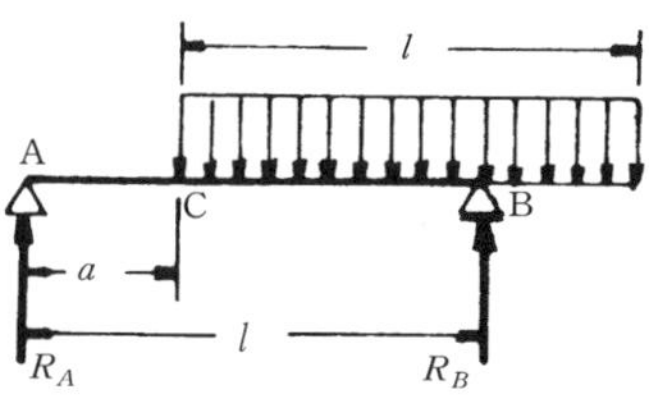

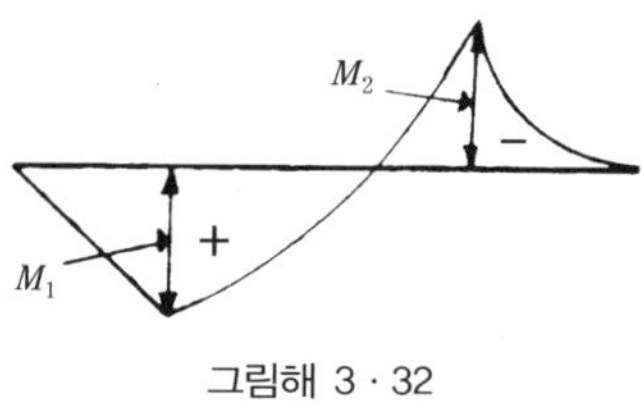

그림해 3 · 32

[문제] (P.110)

1 **다음 겔버보의 단면력도를 구하시오.**

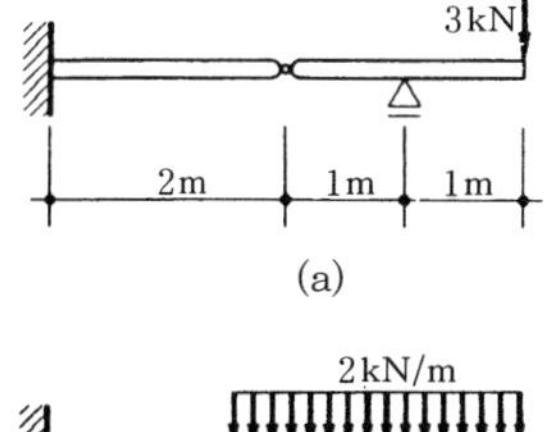

(a)

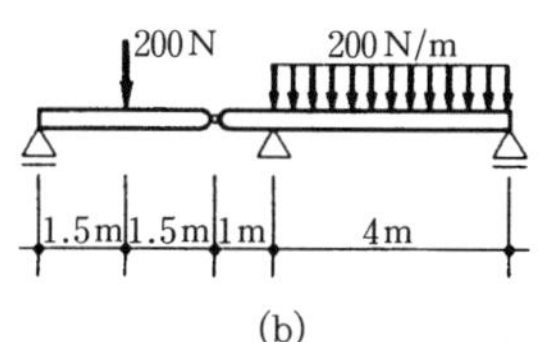

(b)

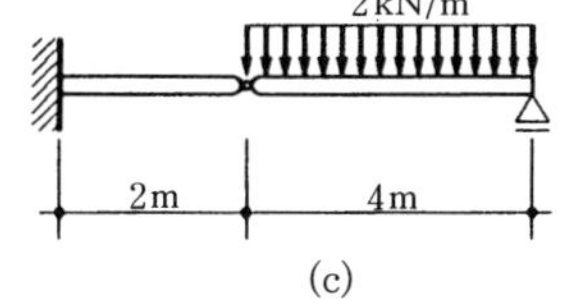

(c)

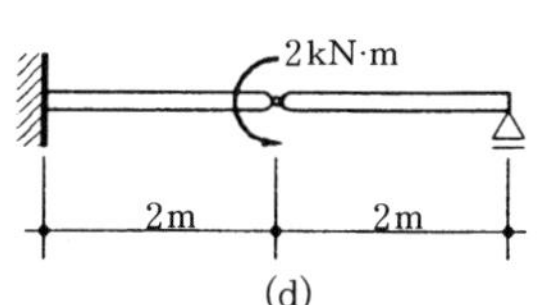

(d)

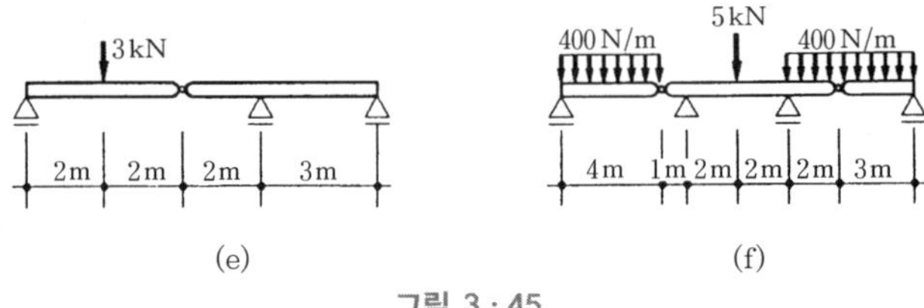

그림 3 · 45

| 풀이 |

(a) $\Sigma M_C=0$ 에서 $-R_B\times1+3\times1=0$ ∴ $R_B=3\,\text{kN}$

$\Sigma Y=0$에서 $R_C=3+3=6\,\text{kN}$

$\Sigma Y=0$에서 $R_A=3\,\text{kN}$, $M_A=3\times2=6\,\text{kN}\cdot\text{m}$

휨모멘트

$3\times1=3\,\text{kN}\cdot\text{m}$

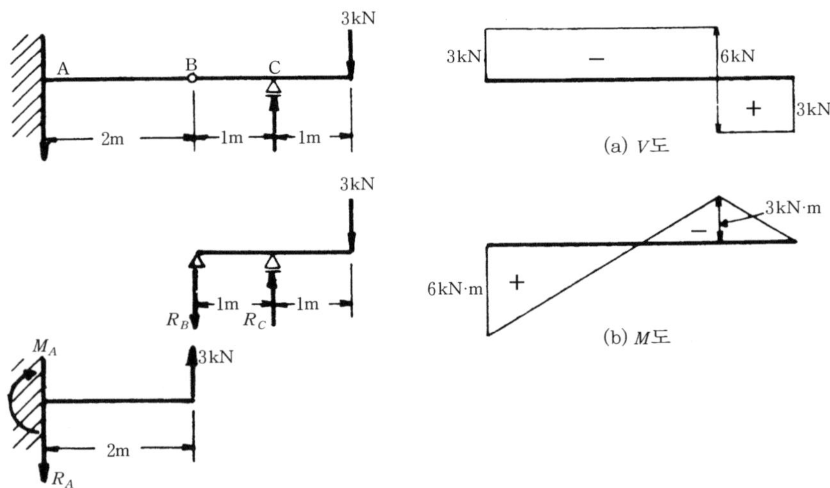

그림해 3 · 33

(b) $\Sigma M_E=0$에서 $R_A\times3-200\times1.5=0$

$\therefore\ R_A=100\,\text{N}$

$\Sigma Y=0$에서 $R_E=200-100=100\,\text{N}$

$\Sigma M_C=0$에서 $R_B\times4-100\times5-200\times4\times2=0$

$R_B=\dfrac{2,100}{4}=525\,\text{N}$

$\Sigma Y=0$에서 $R_C=100+200\times4-525=375\,\text{N}$

전단력 0의 위치

$375-200x=0$

$x=375/200=1.875\,\text{m}$

휨모멘트

$100\times1.5=150\,\text{N}\cdot\text{m}$

$100\times4-200\times2.5=-100\,\text{N}\cdot\text{m}$

$375\times1.875-200\times1.875\times\dfrac{1.875}{2}=351.56\,\text{N}\cdot\text{m}$

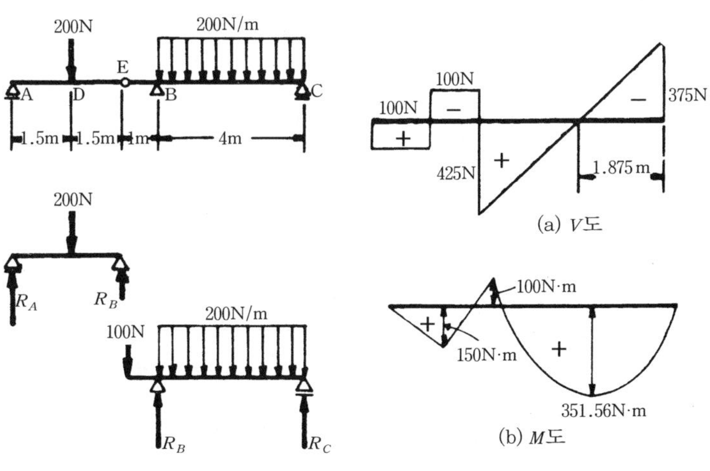

그림해 3 · 34

(c) 대칭이므로 $R_C = R_B = \frac{4 \times 2}{2} = 4\,\text{kN}$

$\Sigma Y = 0$에서 $R_A = 4\,\text{kN}$

휨모멘트

$M_A = 4 \times 2 = 8\,\text{kN} \cdot \text{m}$

$4 \times 2 - \frac{2 \times 2^2}{2} = 4\,\text{kN} \cdot \text{m}$

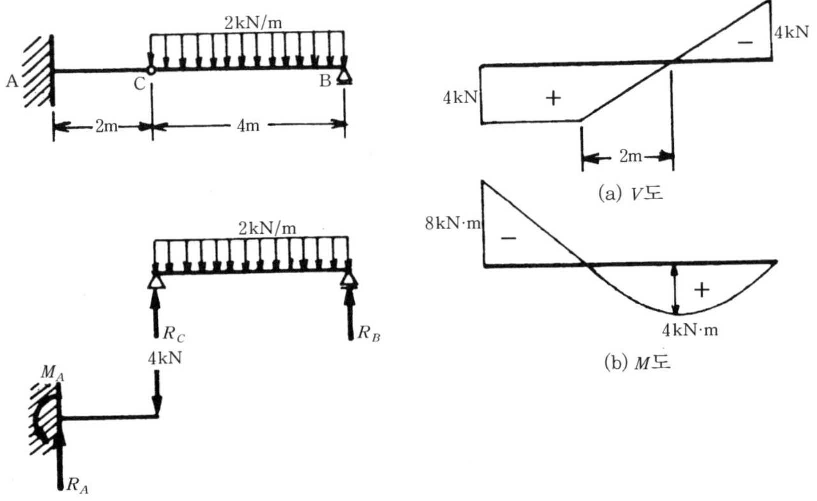

(a) V도

(b) M도

그림해 3 · 35

(d) $M_A = 2\,\text{kN} \cdot \text{m}$

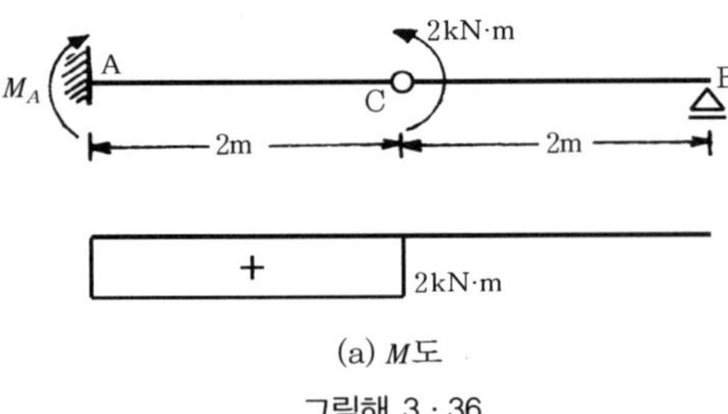

(a) M도

그림해 3 · 36

[주] 2kN · m가 CB부재에 작용할 경우는 다음과 같이 된다.

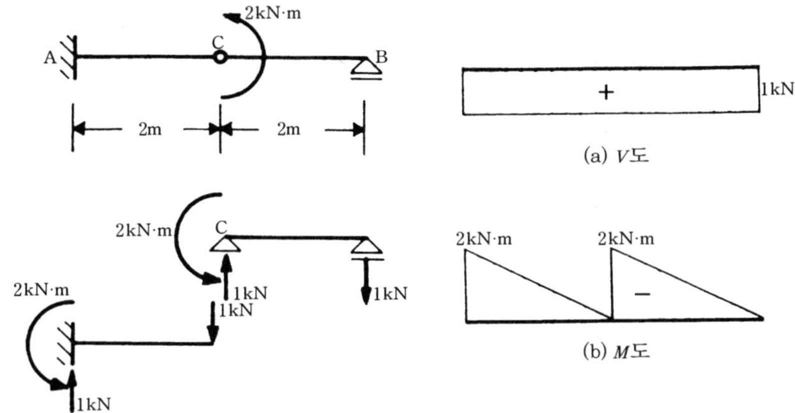

그림해 3 · 37

(e) $\Sigma Y=0$에서 대칭이므로

$R_A=R_E=3/2=1.5\text{kN}$

$\Sigma M_B=0$에서

$+R_C\times3-1.5\times2=0$

$R_C=\dfrac{3}{3}=1\text{kN}$

$\Sigma Y=0$에서

$R_B=1.5+1=2.5\text{kN}$

전단력

$1.5-3\text{kN}=-1.5\text{kN}$

$-1.5+2.5=1\text{kN}$

휨모멘트

$1.5\times2=3\text{kN}\cdot\text{m}$

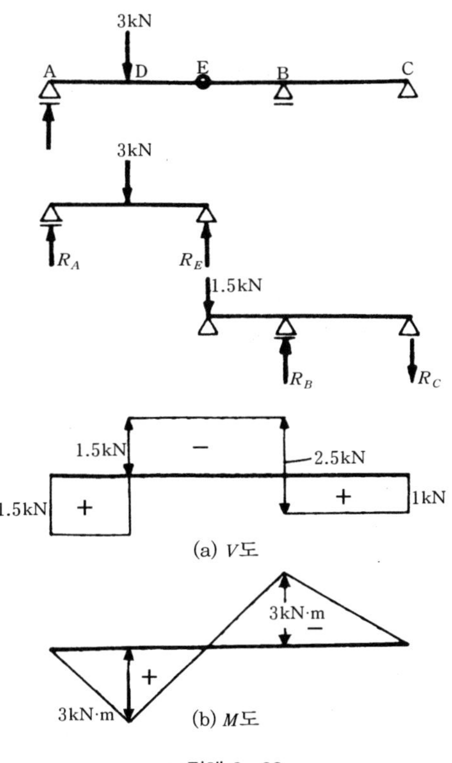

그림해 3 · 38

(f) $\Sigma Y=0$에서 대칭이므로 $R_A=R_B=400\times4\times0.5=800\,\text{N}$

$R_E=R_F=400\times3\times0.5=600\,\text{N}$

$\Sigma M_D=0$에서 $R_C\times4-0.8\times5-5\times2+0.6\times2+0.4\times2\times1=0$

$\therefore\ R_C=\dfrac{12}{4}=3\,\text{kN}$

$\Sigma Y=0$에서 $R_D=5+0.8+0.6+0.8-3=4.2\,\text{kN}$

전단력이 0의 위치 : $0.6-0.4x=0\quad x=1.5\,\text{m}$

휨모멘트 $\dfrac{0.4\times4^2}{8}=0.8\,\text{kN}\cdot\text{m}$

$0.8\times1=0.8\,\text{kN}\cdot\text{m}$ $\qquad -0.8\times3+3\times2=3.6\,\text{kN}\cdot\text{m}$

$0.6\times2+0.4\times2\times1=2\,\text{kN}\cdot\text{m}$ $\qquad \dfrac{0.4\times(3)^2}{8}=0.45\,\text{kN}\cdot\text{m}$

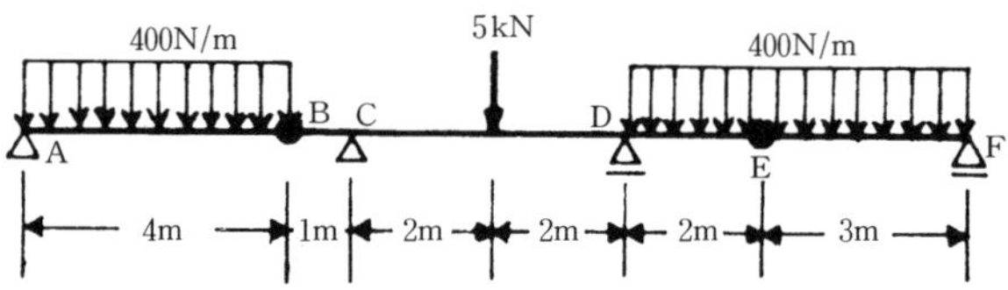

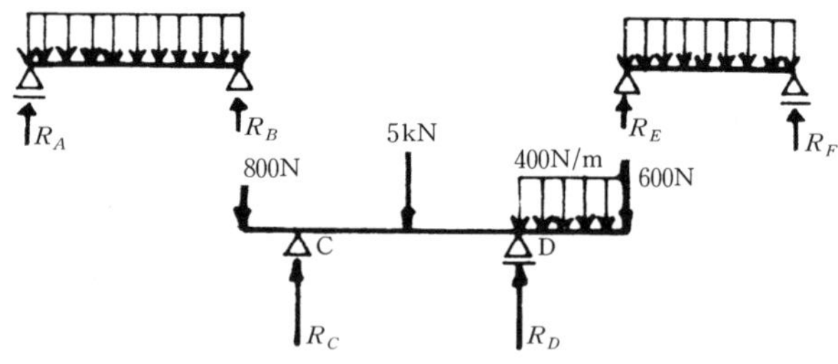

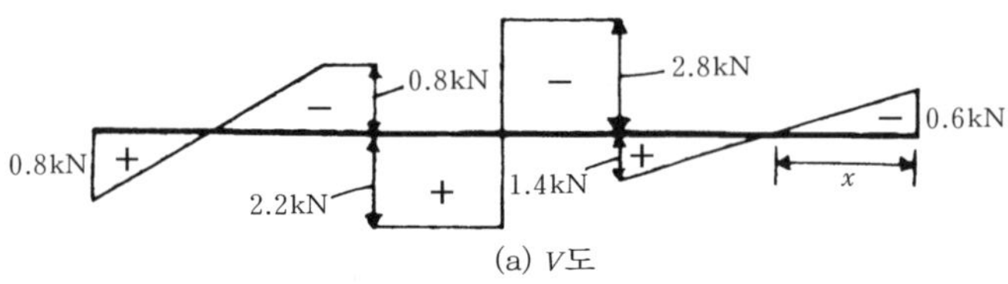

(a) V도

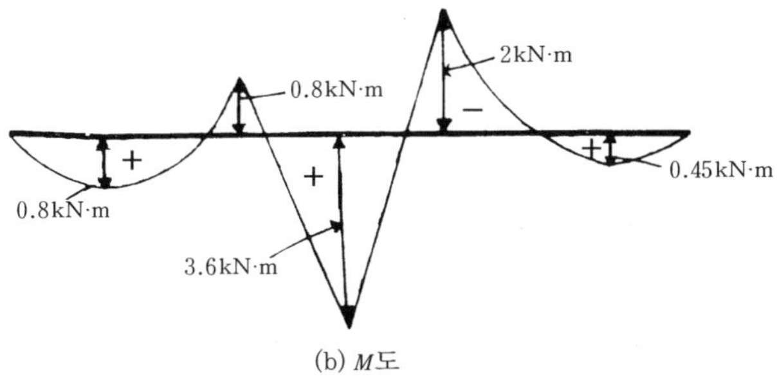

(b) M도

그림해 3 · 39

[문제] (P.118)

1 다음과 같은 이동하중을 받는 단순보에서 절대최대전단력과 절대최대휨모멘트의 크기를 구하시오.

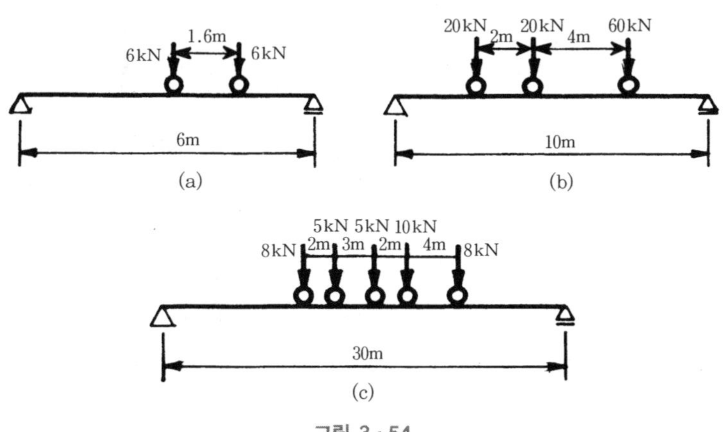

그림 3 · 54

| 풀이 |

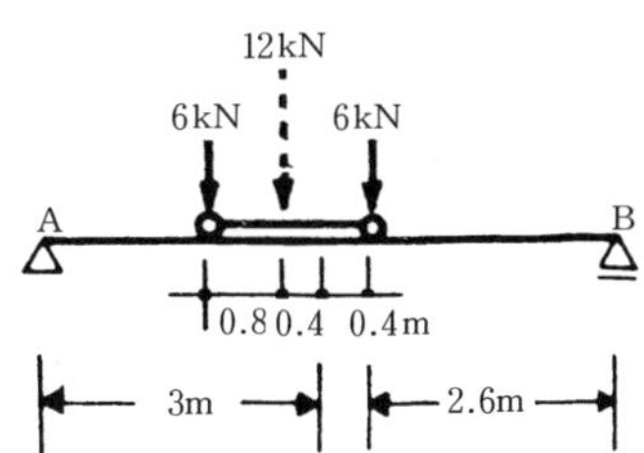

(a) 전단력의 영향선에서

$$y_1 = 1.0 \quad y_2 = \frac{4.4}{6} = 0.733$$

$$V_{max} = 6 \times (1 + 0.733)$$

$=10.4\,\text{kN}$(영향선 이용)

또는 $V_{\max}=6+\dfrac{6\times4.4}{6}$

$=10.4\,\text{kN}$

휨모멘트의 영향선에서

$y_1=\dfrac{3.4\times2.6}{6}=1.473$

$y_2=\dfrac{1.8\times2.6}{6}=0.78$

$M_{\max}=6\times(1.473+0.78)$

$=13.52\,\text{kN}\cdot\text{m}$(영향선이용)

또는 $R_B=\dfrac{6(1.8+3.4)}{6}=5.2\,\text{kN}$

$M_{\max}=5.2\times2.6=13.52\,\text{kN}\cdot\text{m}$

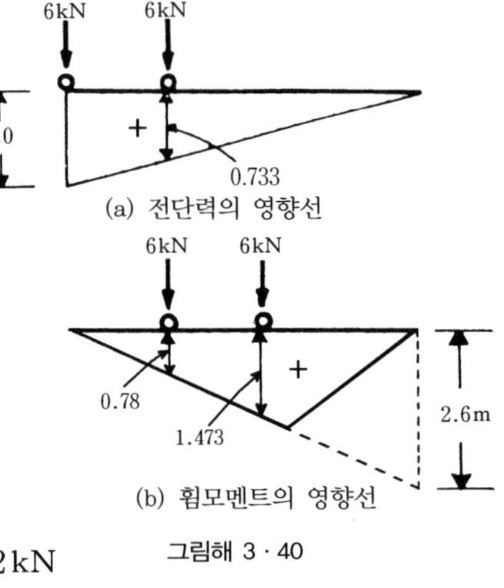

(a) 전단력의 영향선

(b) 휨모멘트의 영향선

그림해 3 · 40

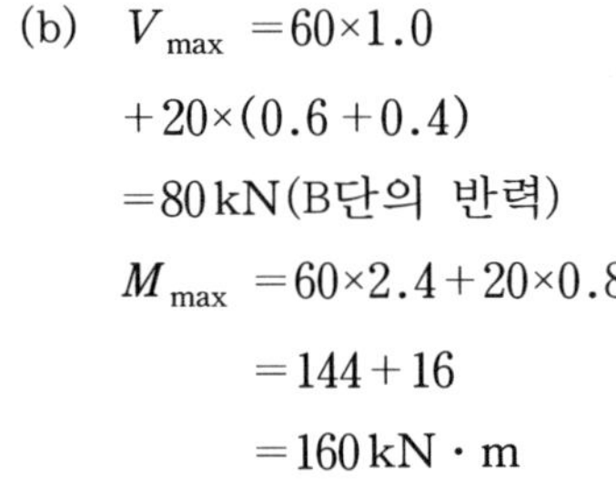

(b) $V_{\max}=60\times1.0$

$+20\times(0.6+0.4)$

$=80\,\text{kN}$(B단의 반력)

$M_{\max}=60\times2.4+20\times0.8$

$=144+16$

$=160\,\text{kN}\cdot\text{m}$

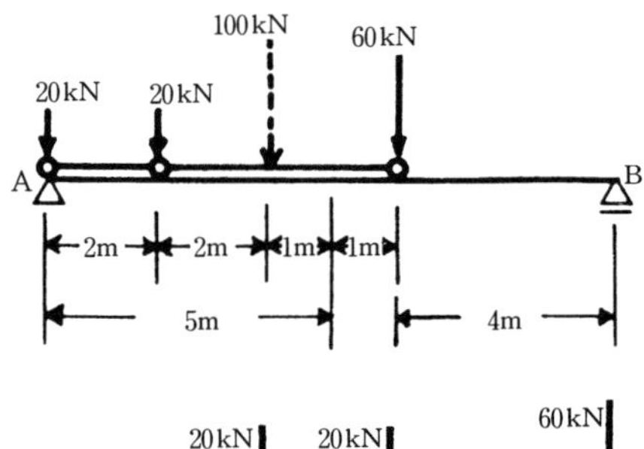

(a) 전단력의 영향선

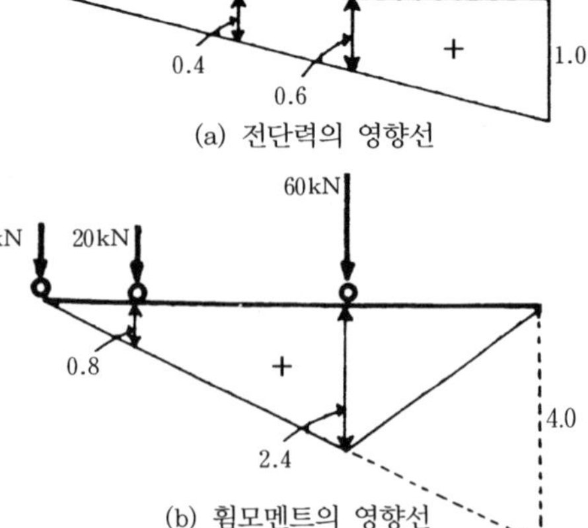

(b) 휨모멘트의 영향선

그림해 3 · 41

(c) 전하중의 합력 $R = 36\,\text{kN}$

합력의 위치 (우측으로부터)

$$\frac{8\times11+5\times9+5\times6+10\times4}{36}$$

$$=\frac{203}{36}=5.6\,\text{m}$$

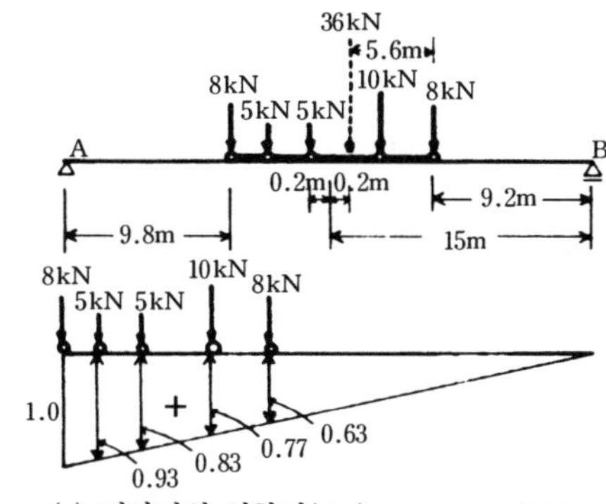

(a) 전단력의 영향선(R_A)

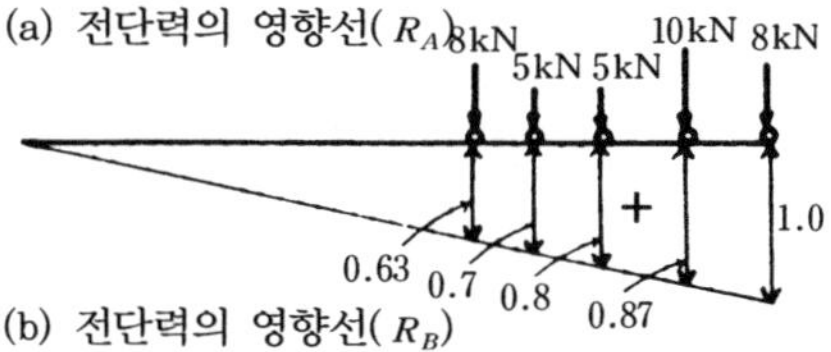

(b) 전단력의 영향선(R_B)

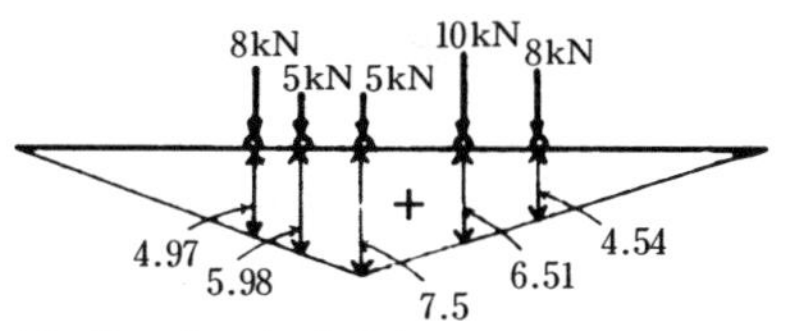

(c) 휨모멘트의 영향선

그림해 3 · 42

R_A의 영향선에서

$y_1 = 1.0,$

$y_2 = \frac{28}{30} = 0.93,$

$y_3 = \frac{25}{30} = 0.83,$

$y_4 = \frac{23}{30} = 0.77,$

$y_5 = \frac{19}{30} = 0.83$

$R_A = 8(1+0.63)$

$+5(0.93+0.83)$

$+10\times0.77$

$=13.04+8.8+7.7$

$=29.5\,\text{kN}$ (V_{max})

R_B의 영향선에서

$y_1 = 1.0,\quad y_2 = \frac{26}{30} = 0.87,$

$y_3 = \frac{24}{30} = 0.8 \quad y_4 = \frac{21}{30} = 0.7,$

$y_5 = \frac{19}{30} = 0.63$

$R_B = 8(1+0.63)+5(0.8+0.7)+10\times0.87$

$=13.04+7.5+8.7=29.2\,\text{kN}$

휨모멘트의 영향선에서

$y_1 = \dfrac{15.2 \times 9.8}{30} = 4.97$, $y_2 = \dfrac{15.2 \times 11.8}{30} = 5.98$,

$y_3 = \dfrac{14.8 \times 15.2}{30} = 7.5$, $y_4 = \dfrac{14.8 \times 13.2}{30} = 6.51$,

$y_5 = \dfrac{14.8 \times 9.2}{30} = 4.54$

$$M_{\max} = 8(4.97 + 4.54) + 5(5.98 + 7.5) + 10 \times 6.51$$
$$= 76.08 + 67.4 + 65.1 = 208.6 \, \text{kN} \cdot \text{m}$$

[문제] (P.125)

1 **다음 캔틸레버형 라멘의 단면력도를 구하시오.**

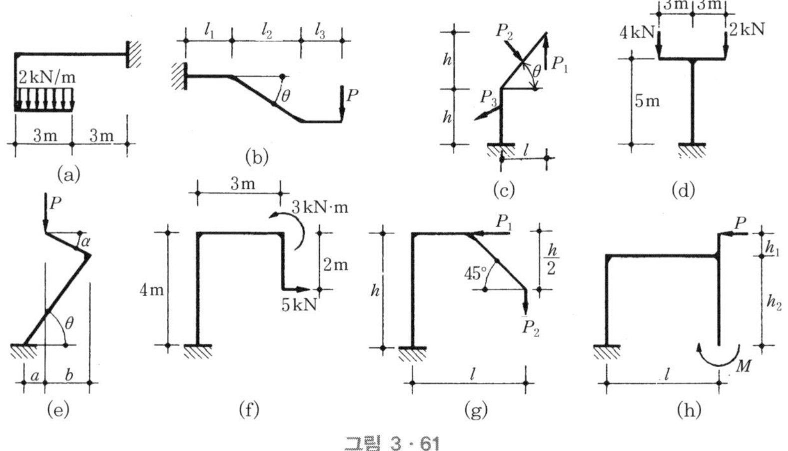

그림 3 · 61

| 풀이 |

(a) $\Sigma Y = 0$에서

$R_A = 2 \times 3 = 6 \, \text{kN}$

$M_A = 6 \times (1.5 + 3) = 27 \, \text{kN} \cdot \text{m}$

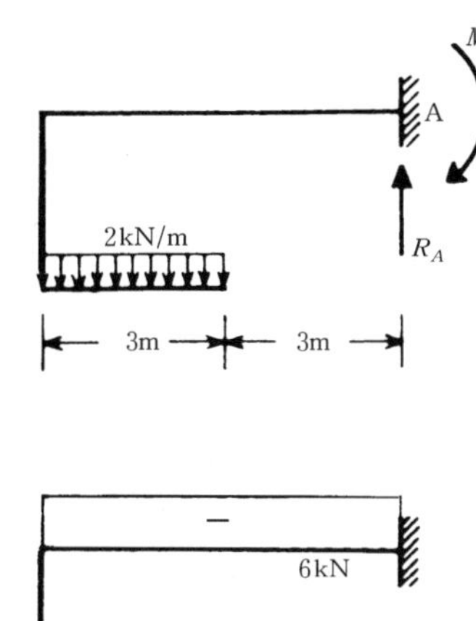

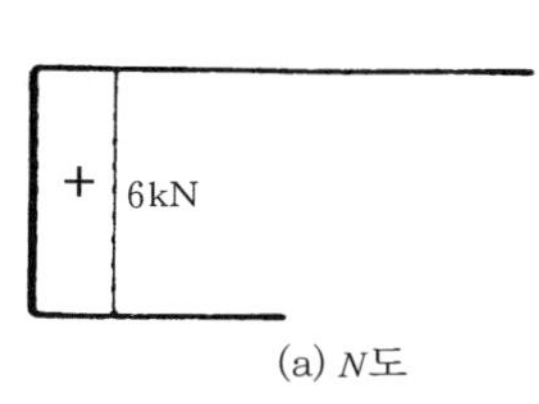

(a) N도

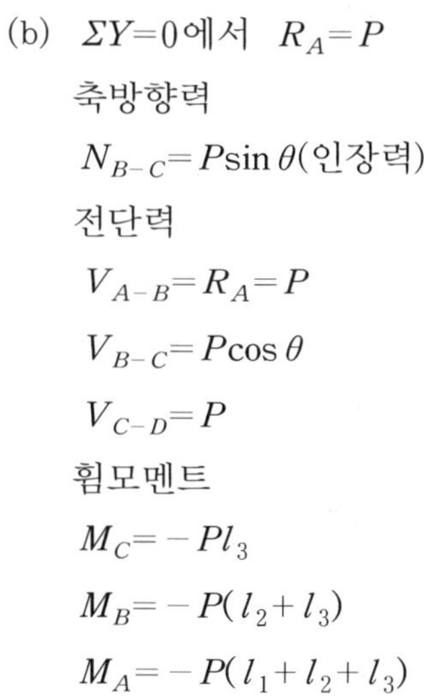

(b) V도

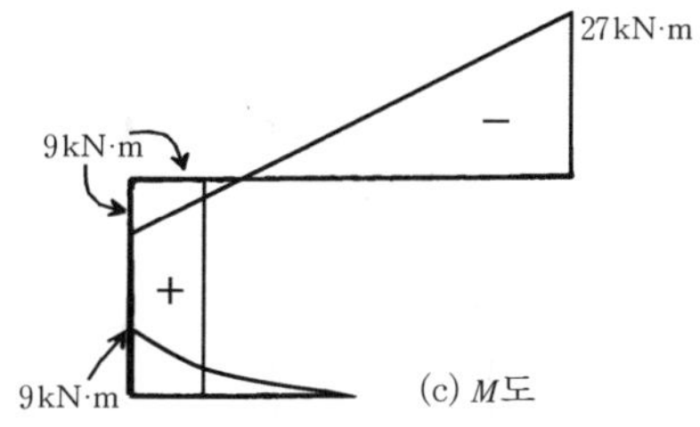

(c) M도

그림해 3 · 43

(b) $\Sigma Y=0$에서 $R_A=P$

축방향력

$N_{B-C}=P\sin\theta$(인장력)

전단력

$V_{A-B}=R_A=P$

$V_{B-C}=P\cos\theta$

$V_{C-D}=P$

휨모멘트

$M_C=-Pl_3$

$M_B=-P(l_2+l_3)$

$M_A=-P(l_1+l_2+l_3)$

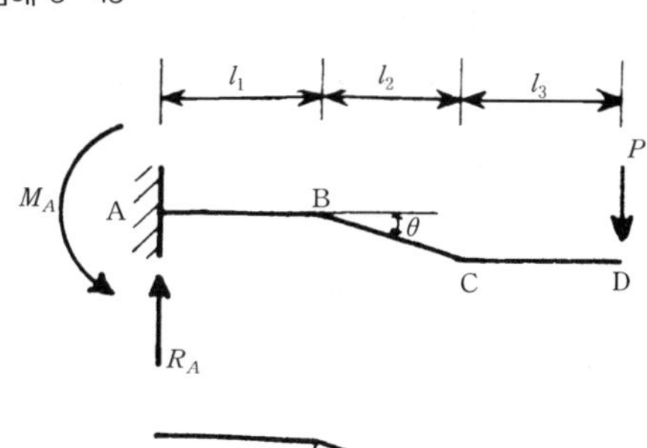

(a) N도

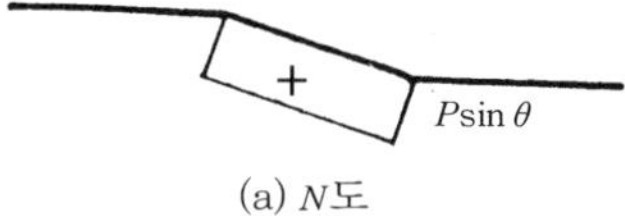

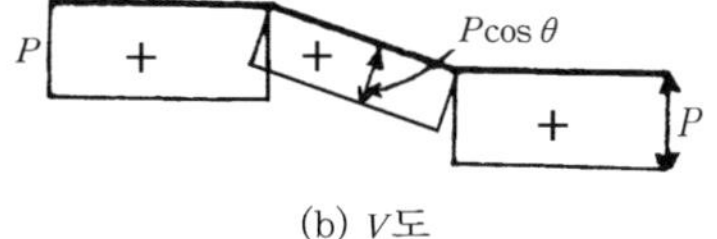
(b) V도

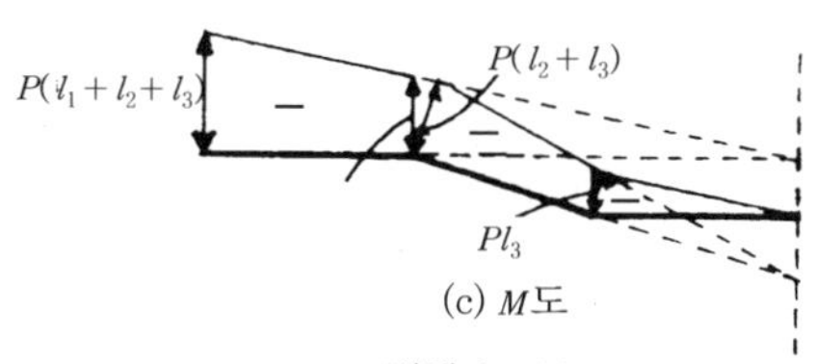

(c) M도

그림해 3 · 44

(c) $\Sigma Y=0$에서 $V_A=-P_1+P_2\cos\theta+P_3\sin\theta$

$\Sigma X=0$에서 $H_A=-P_2\sin\theta+P_3\cos\theta$

전단력

$V_{A-D}=H_A$, $V_{D-B}=H_A-P_3\cos\theta$

$V_{B-E}=P_1\cos\theta-P_2=V_{D-B}$, $V_{E-C}=P_1\cos\theta$

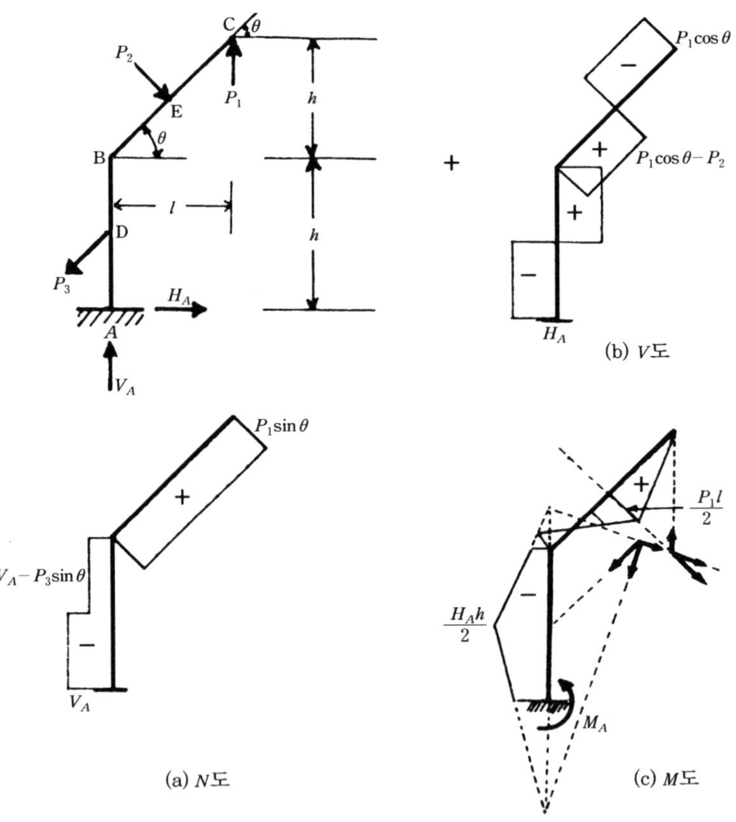

그림해 3 · 45

(주) 여러 개의 하중이 작용하는 경우 하중의 합력선과 부재 또는 부재의 연장선과의 교점이 휨모멘트가 0이 되는 반곡점이 된다.

축방향력

$N_{A-D} = V_A$(압축)

$N_{D-B} = V_A - P_3\sin\theta$(압축 $V_A > P_3\sin\theta$ 경우)

$N_{B-C} = P_1\sin\theta$(인장)

휨모멘트

$$M_E = P_1 \times \frac{l}{2},\quad M_B = P_1 l - P_2 \frac{l}{2\cos\theta}$$

$$M_D = -H_A \times \frac{h}{2},\quad M_A = P_1 l - P_2 \times \frac{3l}{2\cos\theta} + P_3 \frac{h}{2}\cos\theta$$

(d) $\Sigma Y = 0$에서

$R_A = 4 + 2 = 6\,\text{kN}$

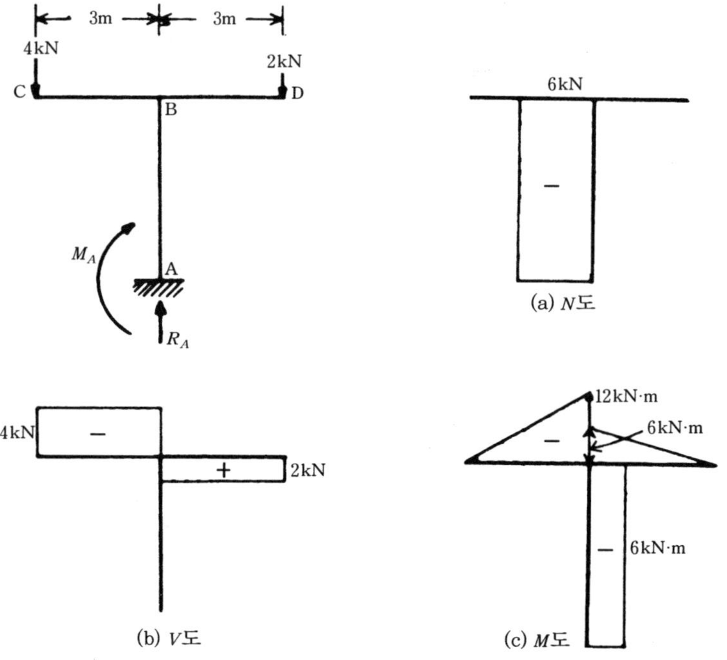

그림해 3 · 46

$M_A = 4 \times 3 - 2 \times 3 = 6\,\text{kN} \cdot \text{m}$

$M_{BC} = -4 \times 3 = -12\,\text{kN} \cdot \text{m}$

$M_{BD} = -2 \times 3 = -6\,\text{kN} \cdot \text{m}$

(e) $\Sigma Y = 0$에서

$R_A = P, \quad M_A = P \cdot a$

축방향력

$N_{A-B} = -P\sin\theta$(압축)

$N_{B-C} = -P\sin\alpha$(압축)

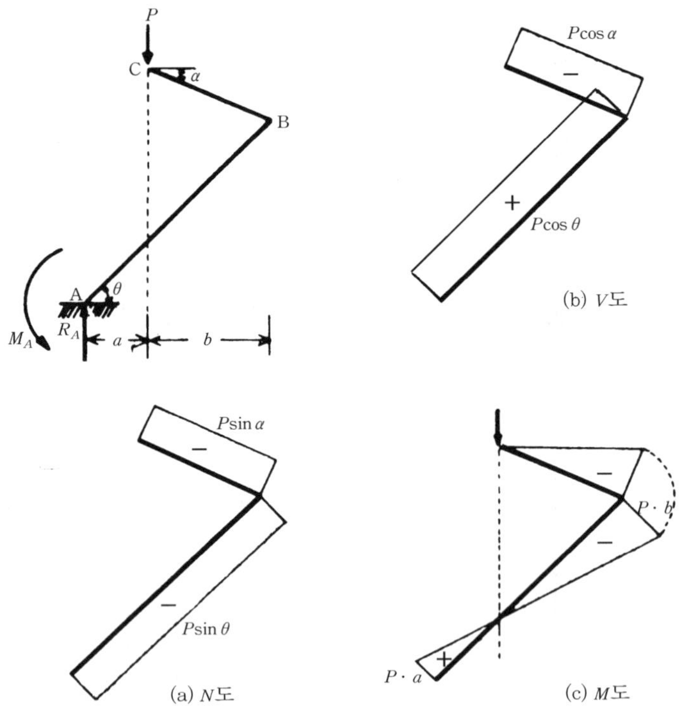

그림해 3 · 47

전단력

$V_{A-B} = P\cos\theta$, $V_{B-C} = -P\cos\alpha$

휨모멘트

$M_B = P \cdot b$, $M_A = P \cdot a$

(f) $\Sigma Y = 0$에서 $V_A = 0$

$\Sigma X = 0$에서 $H_A = 5\,\text{kN}$

축방향력

$N_{BC} = 5\,\text{kN}$(인장력)

휨모멘트

$M_{CD} = 5 \times 2 = 10\,\text{kN} \cdot \text{m}$

$M_{CB} = 5 \times 2 + 3 = 13\,\text{kN} \cdot \text{m}$

$M_{BC} = 5 \times 2 + 3 = 13\,\text{kN} \cdot \text{m}$

$M_A = -5 \times 2 + 3 = -7\,\text{kN} \cdot \text{m}$

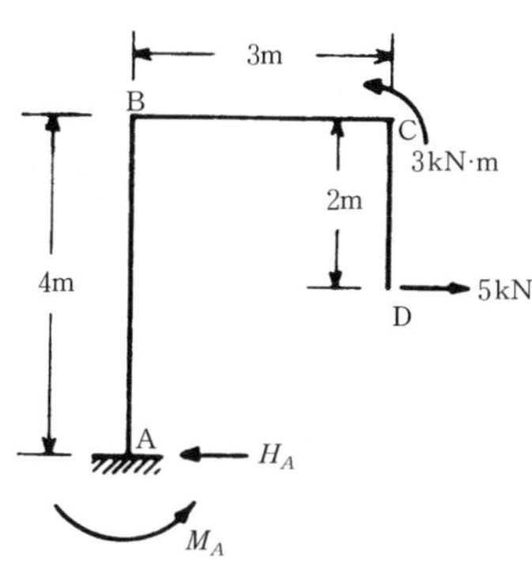

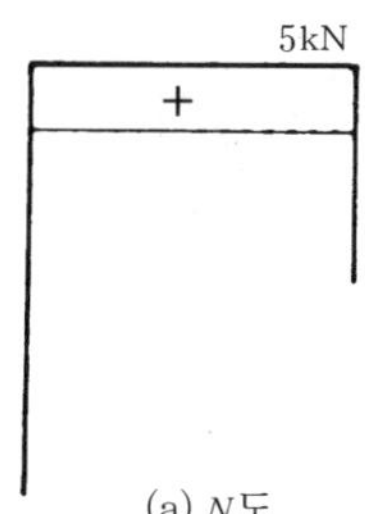

(a) N도

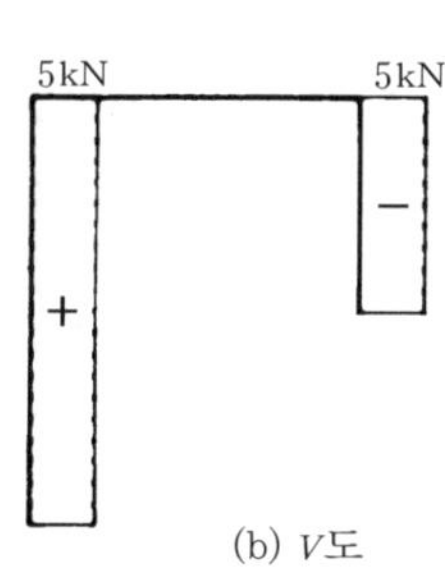

(b) V도

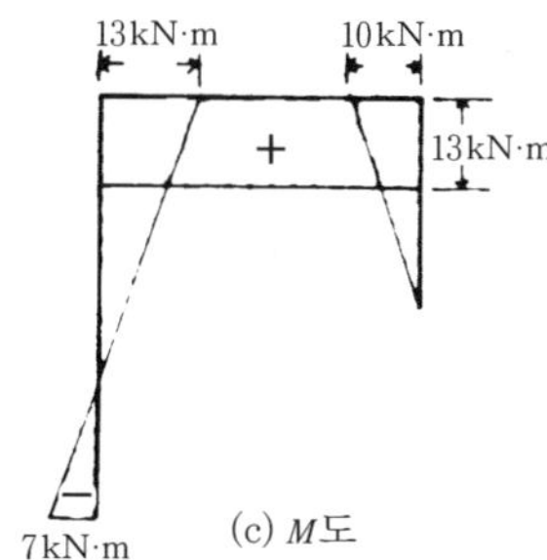

(c) M도

그림해 3 · 48

(g) $\Sigma X = 0$에서 $H_A = P_1$

$\Sigma Y = 0$에서 $V_A = P_2$

축방향력

$N_{A-B} = V_A = P_2$(압축)

$N_{B-C}=P_1$(압축)

$N_{C-D}=P_2\cos 45°$ (인장)

전단력

$V_{A-B}=-H_A=-P_1$, $V_{C-D}=P_2\sin 45°$

$V_{B-C}=+V_A=P_2$

휨모멘트

$M_B=-P_2 \cdot l$, $M_A=P_1h-P_2l(P_1h<P_2l)$

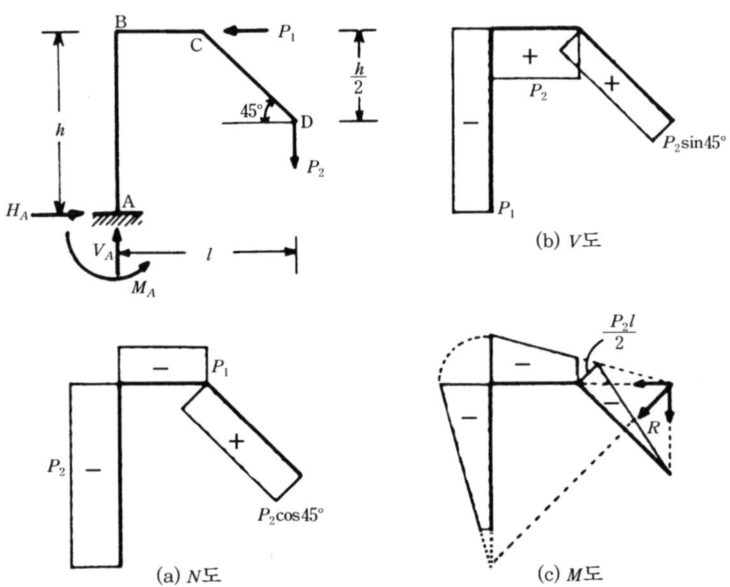

그림해 3 · 49

(h) $\Sigma X=0$에서 $H_A=P$

축방향력

$N_{B-C}=-P$(압축)

전단력

$V_{A-B}=V_{C-D}=P$

휨모멘트

$M_{CE}=-M,\quad M_{CD}=P\cdot h_1$

$M_{CB}=M-P\cdot h_1(M>P\cdot h_1)$

$M_A=-M+P(h_1+h_2)$

$\{P(h_1+h_2)>M\}$

여러 힘이 작용하는 경우 하중의 각기 작용하는 경우를 구해 이를 합성하면 된다.

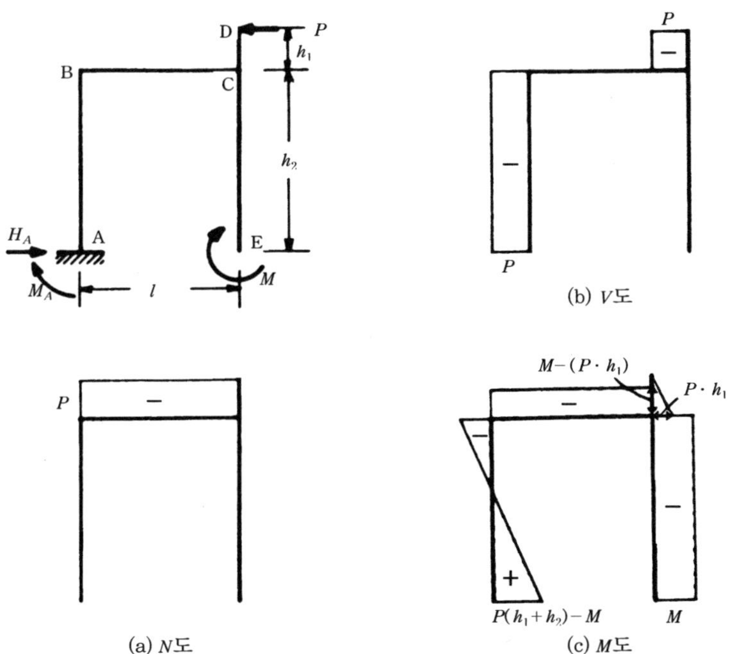

그림해 3 · 50

[문제] (P.130)

1 다음 단순보형 라멘의 단면력도를 구하시오.

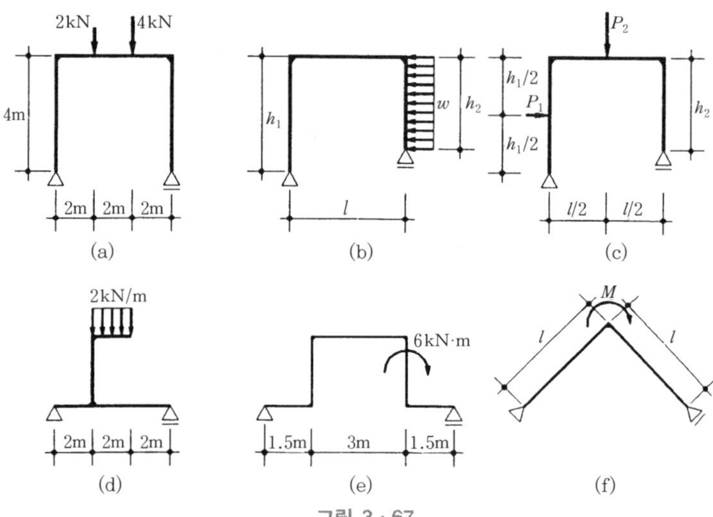

그림 3 · 67

| 풀이 |

(a) $\Sigma M_B=0$ 에서

$R_A \times 6-2\times 4-4\times 2=0$

$R_A=\dfrac{16}{6}=2.67\,\text{kN}$

$\Sigma Y=0$ 에서

$R_B=6-2.67=3.33\,\text{kN}$

축방향력

$N_{A-C}=R_A=2.67\,\text{kN}$

$N_{B-D}=R_B=3.33\,\text{kN}$

전단력

$2.67-2=0.67\,\text{kN}$

휨모멘트

$2.67\times 2=5.34\,\text{kN}\cdot\text{m}$

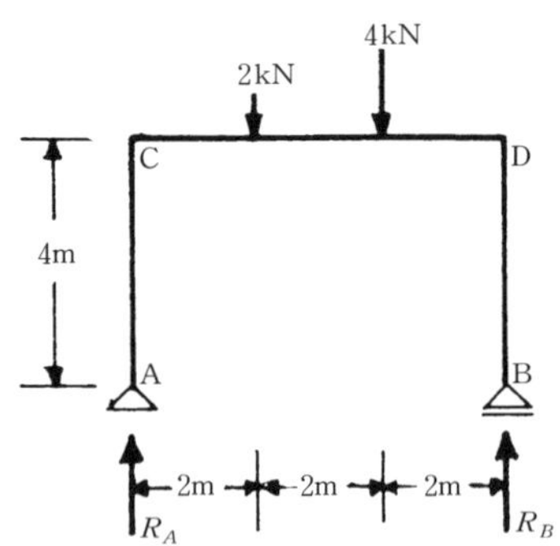

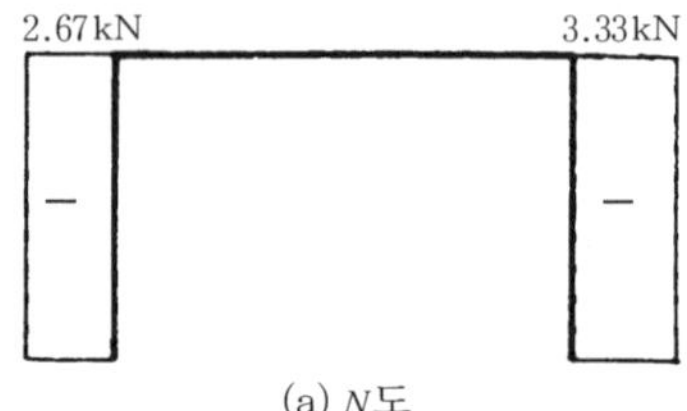

(a) N도

3.33×2=6.66 kN · m

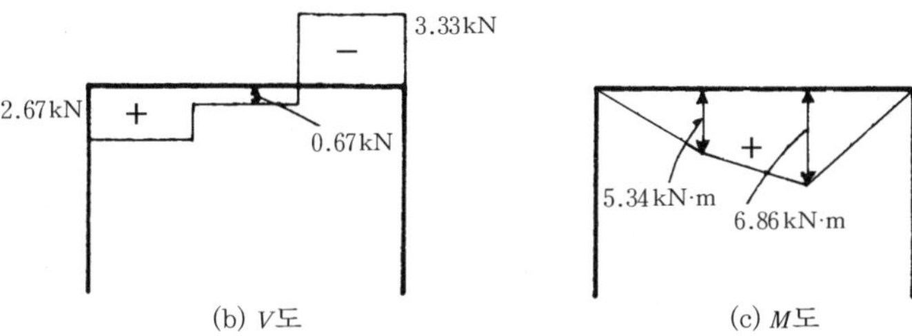

(b) V도 (c) M도

그림해 3 · 51

(b) $\Sigma X=0$에서 $H_A=wh_2$

$\Sigma M_A=0$에서

$$-wh_2(h_1-\frac{h_2}{2})+V_B\times l=0$$

$$V_B=\frac{wh_2}{l}(h_1-\frac{h_2}{2})$$

$\Sigma Y=0$에서

$$V_A=V_B=\frac{wh_2}{l}\left(h_1-\frac{h_2}{2}\right)=\frac{wh_2(2h_1-h_2)}{2l}$$

축방향력

$N_{A-C}=V_A$(압축)

$N_{B-D}=V_B$(인장)

휨모멘트

$$M_D=wh_2\times\frac{h_2}{2}=\frac{wh_2^{\,2}}{2}$$

$$M_C=V_B\times l+\frac{wh_2^{\,2}}{2}=\frac{wh_2}{2l}(2h_1-h_2)\times l+\frac{wh_2^{\,2}}{2}$$

$$=\frac{2wh_2h_1-wh_2^{\,2}+wh_2^{\,2}}{2}$$

$$=wh_2h_1$$

또는

$M_C = H_A \cdot h_1 = wh_2 \times h_1 = wh_2h_1$

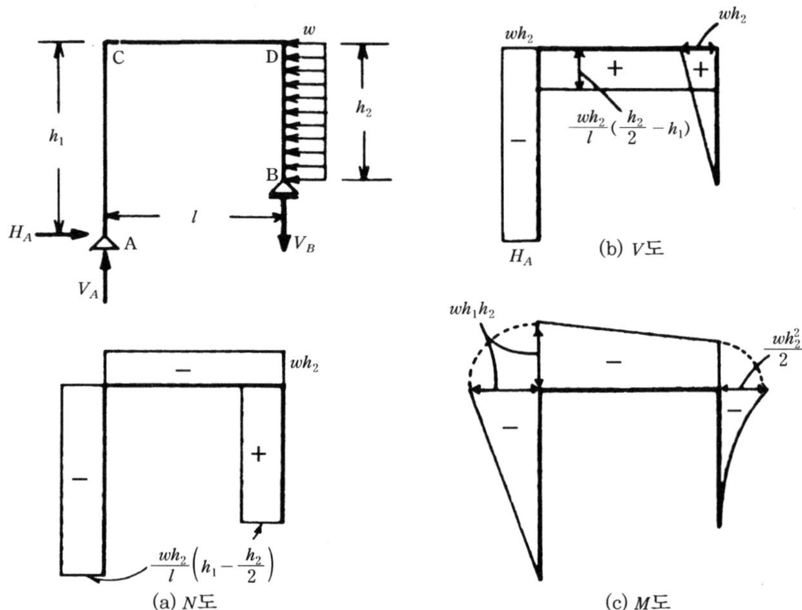

그림해 3 · 52

(c) $\Sigma M_A=0$에서 $\quad -V_B \times l + \frac{P_1h_1}{2} + \frac{P_2 \cdot l}{2} = 0$

$$V_B = \frac{P_1h_1 + P_2l}{2l}$$

$\Sigma Y=0$에서 $\quad V_A = P_2 - V_B = P_2 - \frac{P_1h_1+P_2l}{2l}$

$$= \frac{2P_2l - P_1h_1 - P_2l}{2l}$$

$$= \frac{P_2l - P_1h_1}{2l}$$

$\Sigma X=0$에서 $\quad H_A = P_1$

축방향력 $N_{A-C} = V_A = \dfrac{P_2}{2} - \dfrac{P_1 h_1}{2l}$

$N_{B-D} = V_B = \dfrac{P_2}{2} + \dfrac{P_1 h_1}{2l}$

휨모멘트 $M_F = V_B \times \dfrac{l}{2} = \left(\dfrac{P_1 h_1 + P_2 l}{2l}\right) \times \dfrac{l}{2} = \dfrac{P_1 h_1 + P_2 l}{4}$

$$M_C = V_B \times l - P_2 \times \frac{l}{2}$$

$$= \left(\frac{P_1 h_1 + P_2 l}{2l}\right) \times l - \frac{P_2 l}{2}$$

$$= \frac{P_1 h_1}{2}$$

$$M_E = H_A \cdot \frac{h_1}{2} = \frac{P_1 h_1}{2}$$

P_1, P_2가 각기 작용하는 경우를 구해 이를 합성하면 된다.

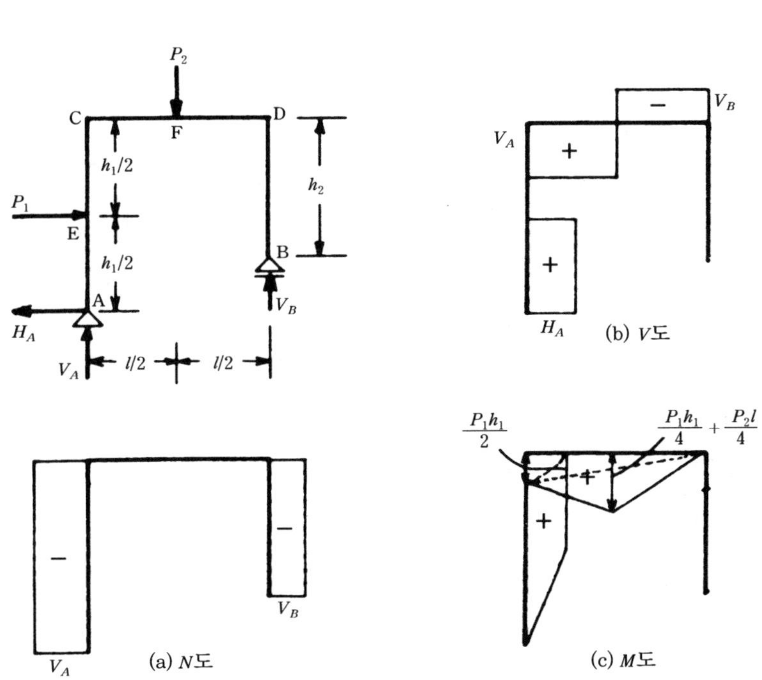

그림해 3 · 53

(d) $\Sigma M_B=0$에서 $R_A\times6-2\times2\times3=0$, $R_A=\dfrac{12}{6}=2\text{kN}$

$\Sigma Y=0$에서 $R_B=2\times2-2=2\text{kN}$

축방향력 $N_{CD}=2\times2=4\text{kN}$

휨모멘트 $M_D=2\times2\times1=4\text{kN}\cdot\text{m}$

$M_{CA}=2\times2=4\text{kN}\cdot\text{m}$

$M_{CB}=2\times4=8\text{kN}\cdot\text{m}$

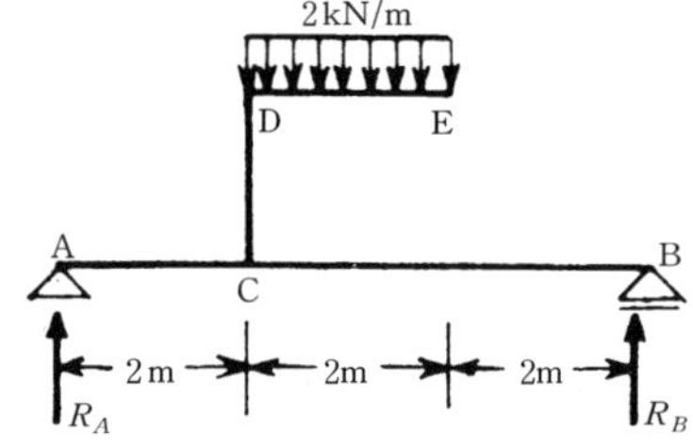

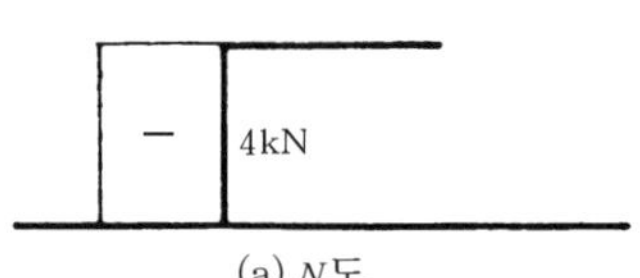

(a) N도

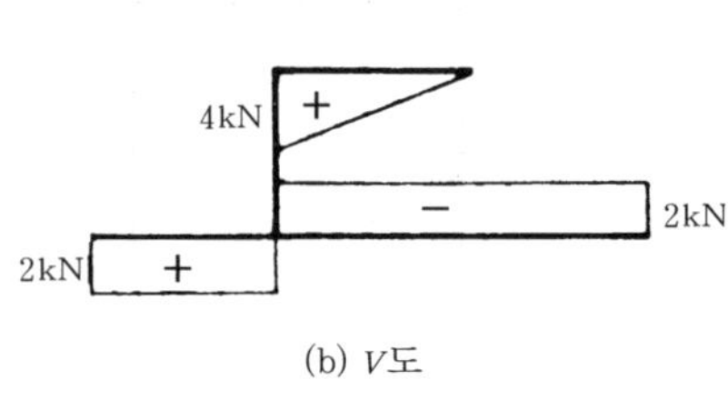

(b) V도

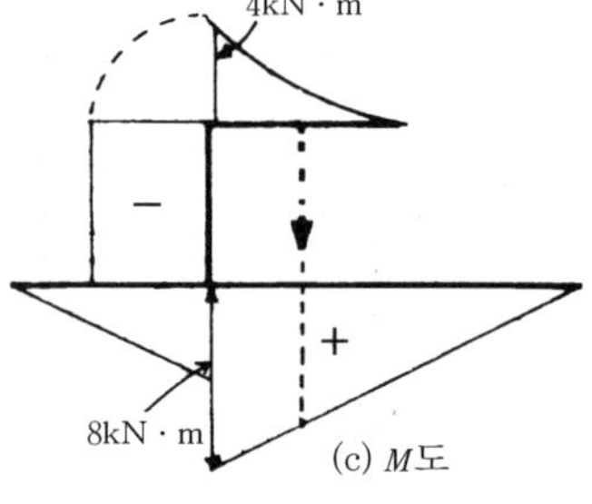

(c) M도

그림해 3 · 54

(e) $\Sigma M_B=0$에서 $-R_A\times6+6=0$ $\therefore R_A=\dfrac{6}{6}=1\text{kN}$

$\Sigma Y=0$에서 $R_A=R_B=1\text{kN}$

축방향력 $N_{C-D}=R_A=1\text{kN}$(인장)

$N_{E-F}=R_B=1\text{kN}$(압축)

휨모멘트 $M_C=-1\times1.5=-1.5\text{kN}\cdot\text{m}$

$$M_{ED} = -1 \times 4.5 = -4.5\,\text{kN} \cdot \text{m}$$

$$M_{FB} = 1 \times 1.5 = 1.5\,\text{kN} \cdot \text{m}$$

$$M_{EF} = 6 - 1 \times 1.5 = 4.5\,\text{kN} \cdot \text{m}$$

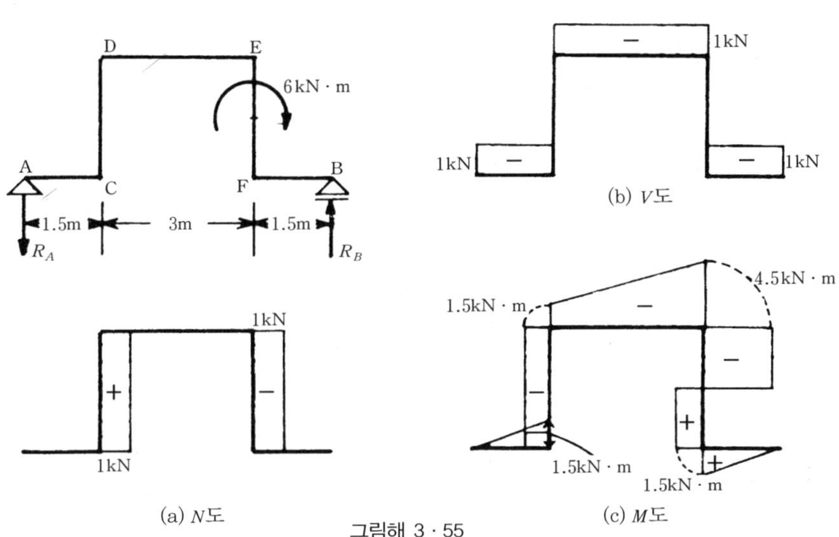

(a) N도 (b) V도 (c) M도

그림해 3 · 55

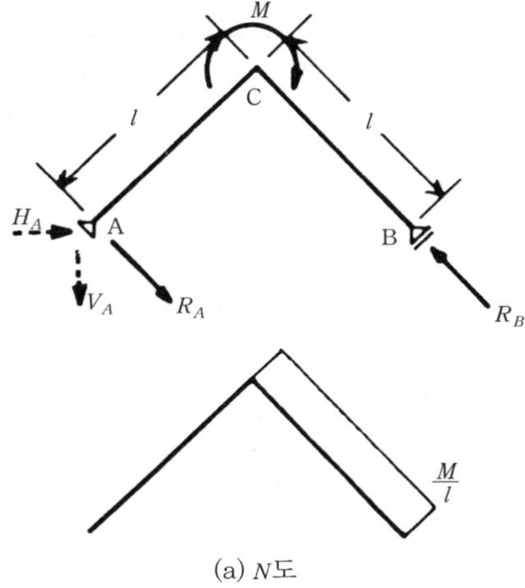

(a) N도

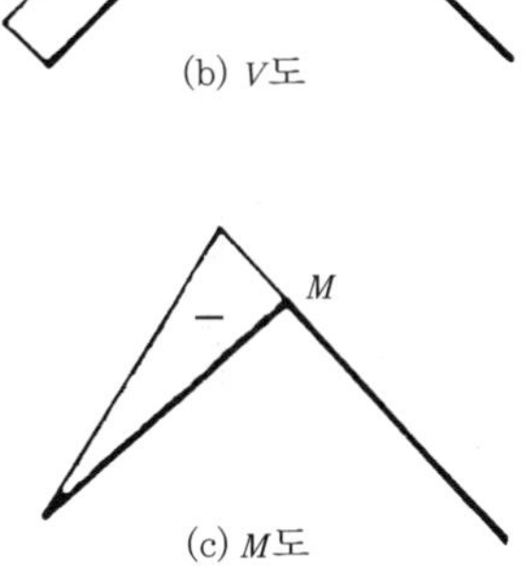

(b) V도 (c) M도

그림해 3 · 56

(f) $\Sigma M_B = 0$에서 $\quad -R_A \times l + M = 0, \quad R_A = \dfrac{M}{l}$

$\Sigma M_A = 0$에서 $\quad -R_B \times l + M = 0, \quad R_B = \dfrac{M}{l}$

$\Sigma X = 0 \quad H_A = R_A \cos 45^\circ = \dfrac{M}{\sqrt{2}l}$

축방향력

$N_{B-C} = R_B = \dfrac{M}{l}$ (압축)

전단력

$V_{A-C} = R_A = \dfrac{M}{l}$

휨모멘트

$M_{CA} = M_{CB} = \dfrac{M}{l} \times l = M$

[문제] (P.134)

1 **다음 3이동단 라멘의 단면력도를 구하시오.**

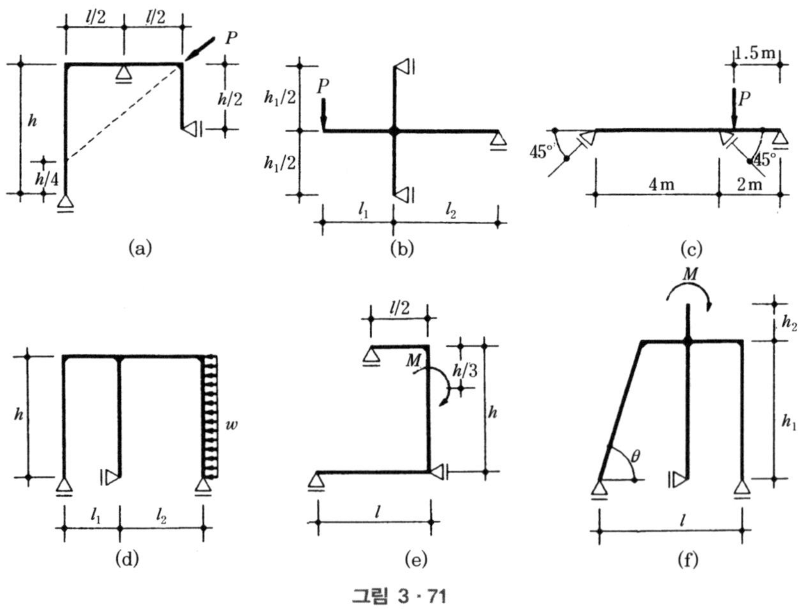

그림 3·71

| 풀이 |

(a) $\Sigma X=0$에서

$$R_C = P\cos\theta$$

$$= \frac{Pl}{\sqrt{l^2+\frac{9}{16}h^2}}$$

$\Sigma M_B=0$에서

$$R_A \cdot \frac{l}{2} - R_C \cdot \frac{h}{2}$$

$$+ P\sin\theta \cdot \frac{l}{2} = 0$$

$$R_A = P\left(\frac{h}{l}\cos\theta - \sin\theta\right)$$

$$= \frac{Ph}{+\,4\sqrt{l^2+\frac{9}{16}h^2}}$$

$\Sigma Y=0$에서

$$R_B = P\sin\theta - R_A$$

$$= \frac{Ph}{2\sqrt{l^2+\frac{9}{16}h^2}} = 2R_A$$

도식적으로 구하면

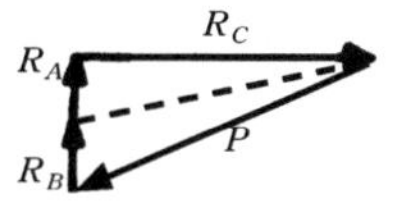

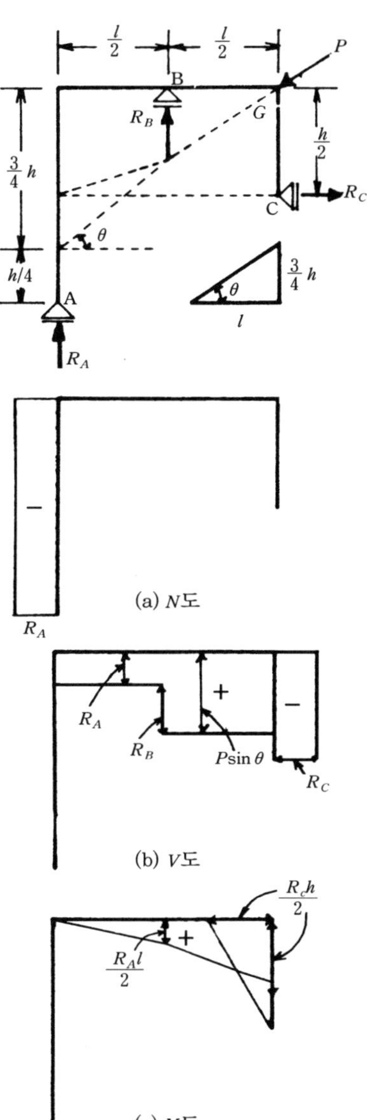

그림해 3 · 57

(b) $\Sigma Y=0$에서

$R_B=P$

$\Sigma M_C=0$에서

$R_A \times h - P \times l_1 - R_B \times l_2 = 0$

$$R_A = \frac{P(l_1 + l_2)}{h}$$

$\Sigma X=0$에서

$$R_C = R_A = \frac{P(l_1 + l_2)}{h}$$

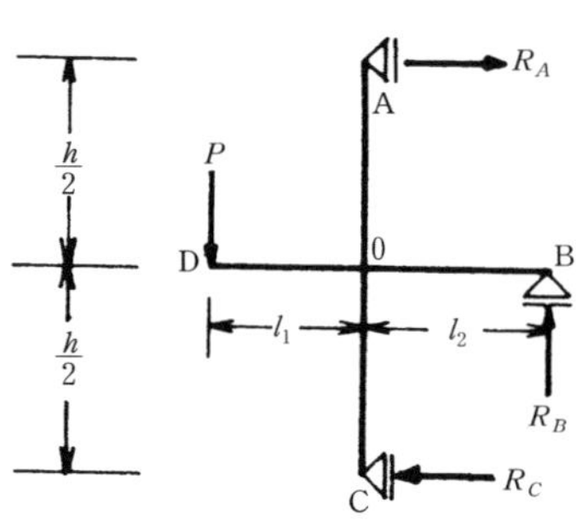

축방향력 :

부재에 축방향력은 작용하지 않는다.

휨모멘트

$$M_{OA} = R_A \cdot \frac{h}{2} = \frac{P(l_1 + l_2)}{h} \times \frac{h}{2} = \frac{P(l_1 + l_2)}{2}$$

$$M_{OC} = R_C \times t\frac{h}{2} = \frac{P(l_1 + l_2)}{2}$$

$M_{OD} = P \cdot l_1$

$M_{OB} = P \cdot l_2$

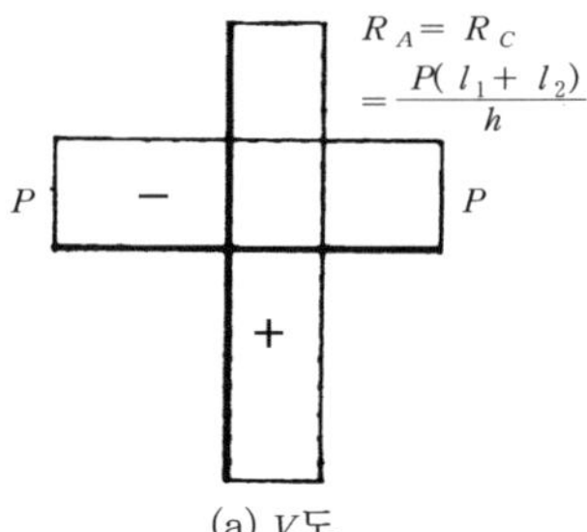

(a) V도

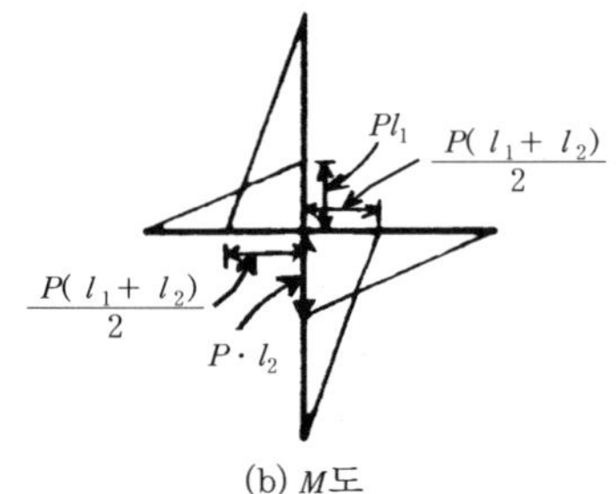

(b) M도

그림해 3 · 58

(c) 반력의 교점을 a, b, c라 하면

$\Sigma M_a = 0$에서

$P \times 2.5 - R_C \times 4 = 0$

$R_C = \dfrac{5}{8} P$

$\Sigma M_b = 0$에서

$R_D \times 4 - P \times 1.5 = 0$

$R_C = \dfrac{3}{8} P$

R_D를 45°로 분해하면

$R_A = R_B$

$= \dfrac{3}{8} P \times \dfrac{1}{\sqrt{2}}$

$= \dfrac{3\sqrt{2}P}{16}$

축방향력

$R_A \cos 45° = \dfrac{3}{16} P$

전단력

$R_A \sin\theta = \dfrac{3}{16} P$

휨모멘트

$M_B = \dfrac{3}{16} P \times 4 = \dfrac{3}{4} P$

$M_D = \dfrac{5}{8} P \times 1.5 = \dfrac{15}{16} P$

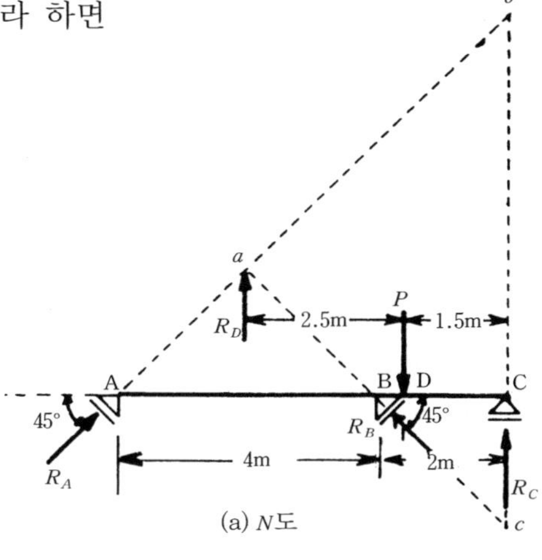

(a) N도

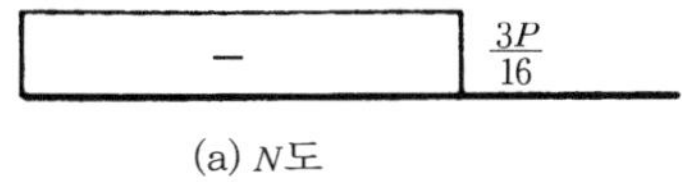

(a) N도

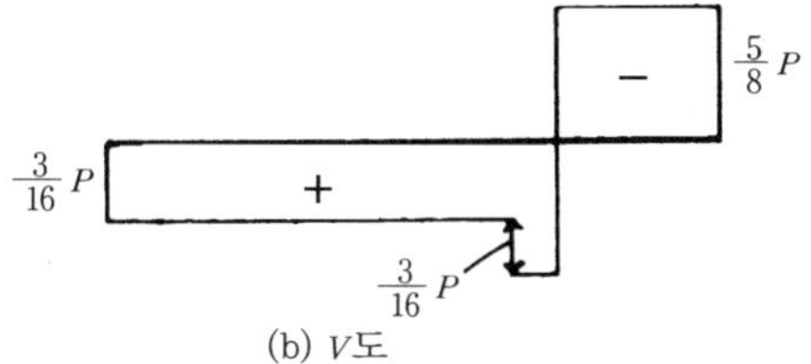

(b) V도

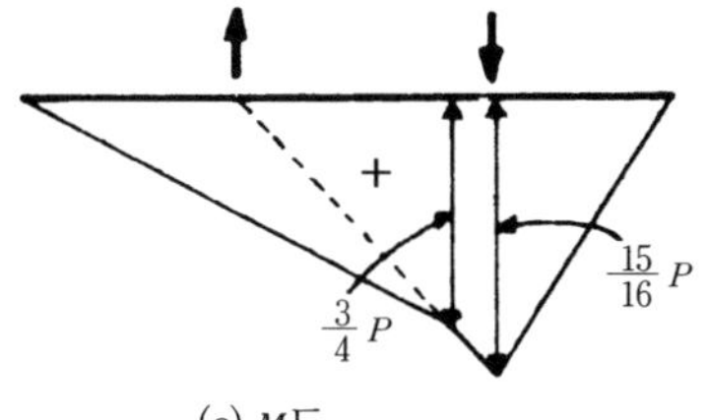

(c) M도

그림해 3 · 59

(d) $\Sigma M_C=0$에서

$$R_A\times(l_1+l_2)-\frac{wh^2}{2}=0$$

$$\therefore\ R_A=\frac{wh^2}{2(l_1+l_{2'})}$$

$\Sigma X=0$에서

$$R_B-wh=0$$

$$R_B=wh$$

$\Sigma Y=0$에서

$$R_C=R_A=\frac{wh^2}{2(l_1+l_2)}$$

휨모멘트

$$M_F=wh\times\frac{h}{2}$$

$$=\frac{wh^2}{2}$$

$$M_{EF}=\frac{wh^2}{2}+\frac{wh^2}{2(l_1+l_2)}\times l_2$$

$$M_{EB}=R_B\cdot h=wh\times h$$

$$=wh^2$$

$$M_{ED}=R_Al_1=\frac{wh^2}{2(l_1+l_2)}\times l_1$$

(주) $M_{ED}+M_{EF}=M_{EB}$

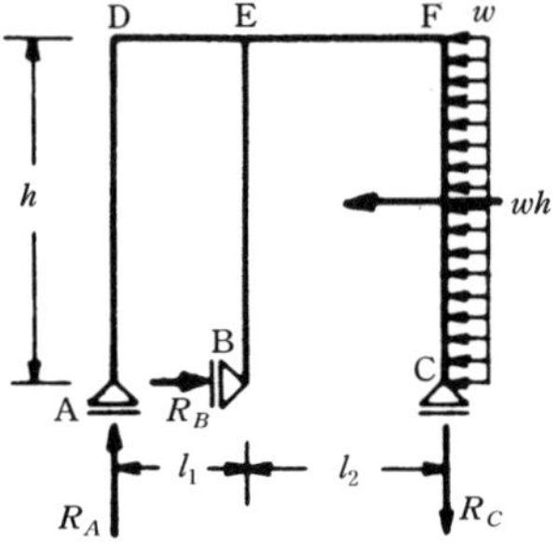

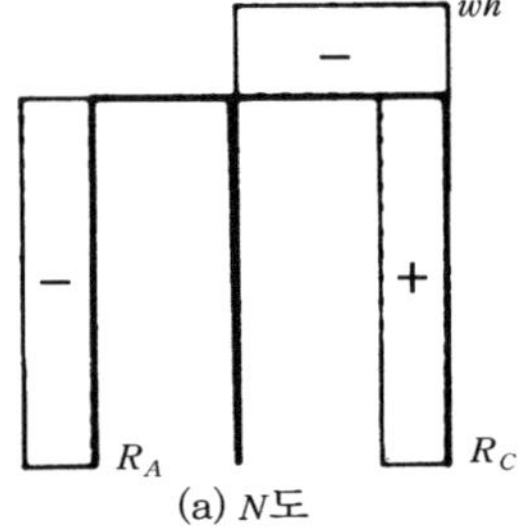

(a) N도

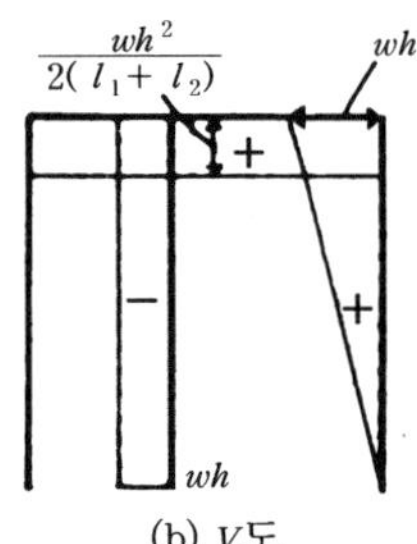

(b) V도

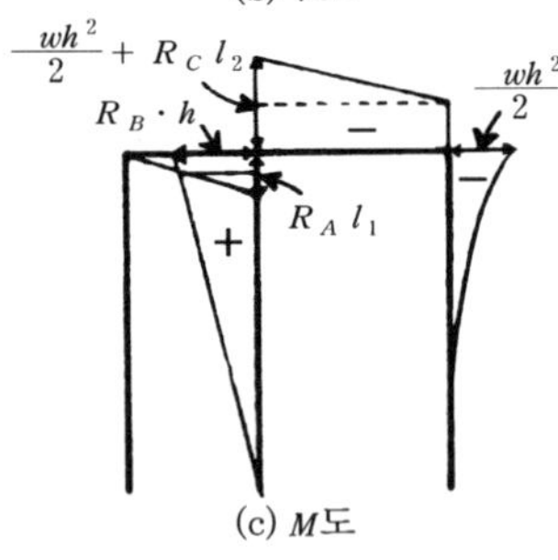

(c) M도

그림해 3 · 60

(e) $\Sigma M_A=0$에서 $-R_B\times\dfrac{l}{2}+M=0 \quad R_B=\dfrac{2M}{l}$

$\Sigma Y=0$에서 $R_A=R_B=\dfrac{2M}{l}$

$\Sigma X=0$에서 $R_C=0$

휨모멘트

$M_D=R_A\times\dfrac{l}{2}=\dfrac{2M}{l}\times\dfrac{l}{2}=M$

$M_C=R_B\times l=\dfrac{2M}{l}\times l=2M$

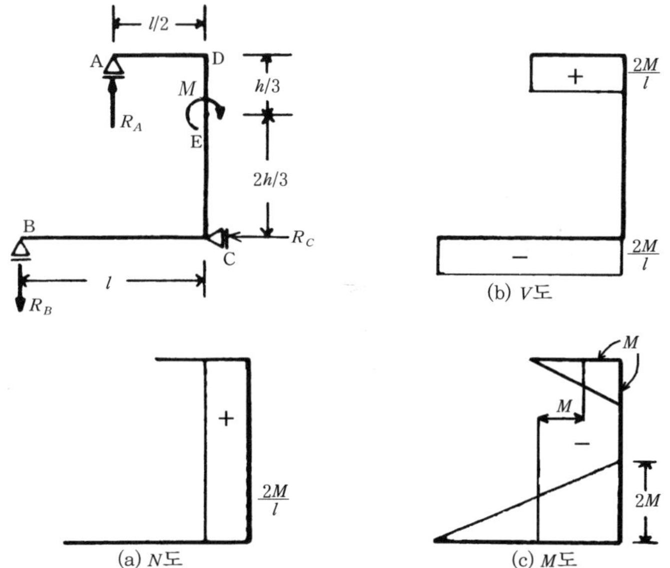

그림해 3 · 61

(f) $\Sigma M_C=0$에서 $-R_A\times l+M=0, \quad R_A=\dfrac{M}{l}$

$\Sigma Y=0$에서 $R_C=R_A=\dfrac{M}{l}$

축방향력

$$N_{A-E} = \frac{M}{l}\sin\theta, \quad N_{C-F} = \frac{M}{l}$$

전단력

$$V_{A-C} = R_A \sin\theta = \frac{M}{l}\cos\theta, \quad V_{E-F} = R_A = \frac{M}{l}$$

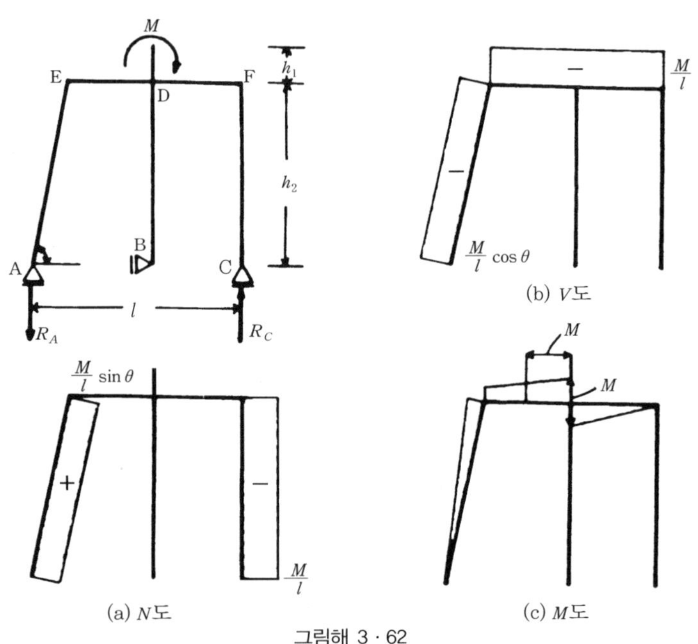

그림해 3 · 62

[문제] (P.142)

1 **다음 3회전단 라멘의 단면력도를 구하시오.**

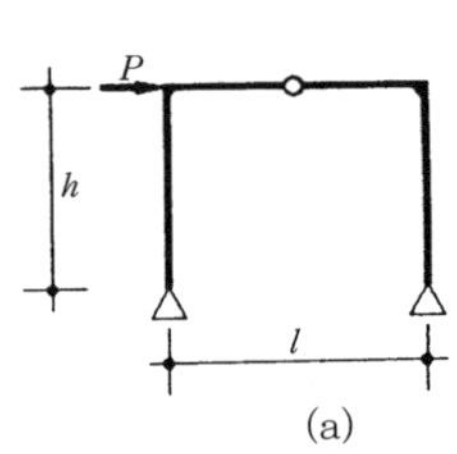

(a)

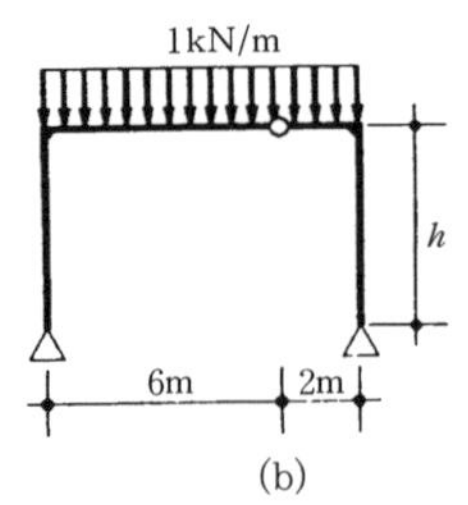

(b)

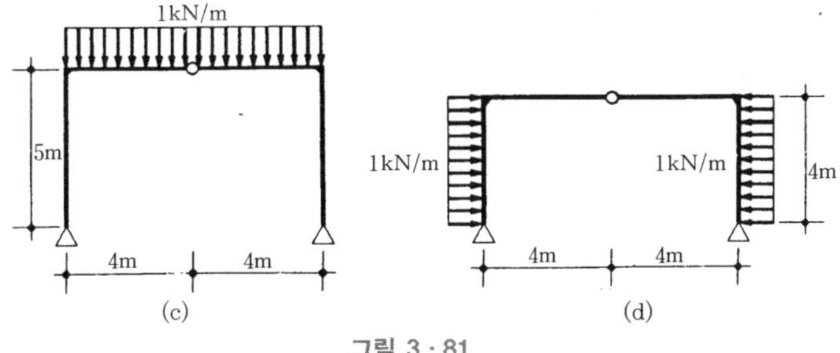

그림 3 · 81

| 풀이 |

(a) $\Sigma M_B = 0$에서

$P \cdot h - V_A \cdot l = 0$,

$V_A = \dfrac{P \cdot h}{l}$

$\Sigma Y = 0$에서

$V_B = V_A = \dfrac{P \cdot h}{l}$

$\Sigma M_C = 0$에서

$H_B \times h - V_B \times \dfrac{l}{2} = 0$

$H_B = (\dfrac{Ph}{l} \times \dfrac{l}{2})/h = \dfrac{P}{2}$

$\Sigma X = 0$에서

$H_A = P - \dfrac{P}{2} = P/2$

축방향력

$N_{A-D} = V_A = \dfrac{Ph}{l}$

$N_{D-E} = H_B = P/2$

$N_{B-E} = V_B = \dfrac{Ph}{l}$

휨모멘트

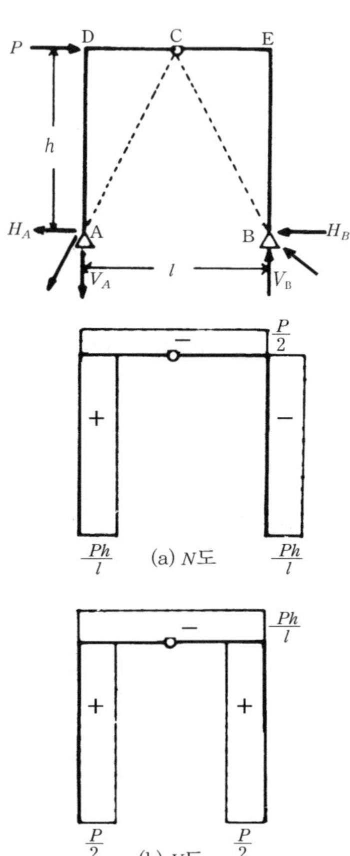

$$M_E = H_B \times h = \frac{P}{2}h$$

$$M_C = 0$$

$$M_D = H_A \cdot h = \frac{P \cdot h}{2}$$

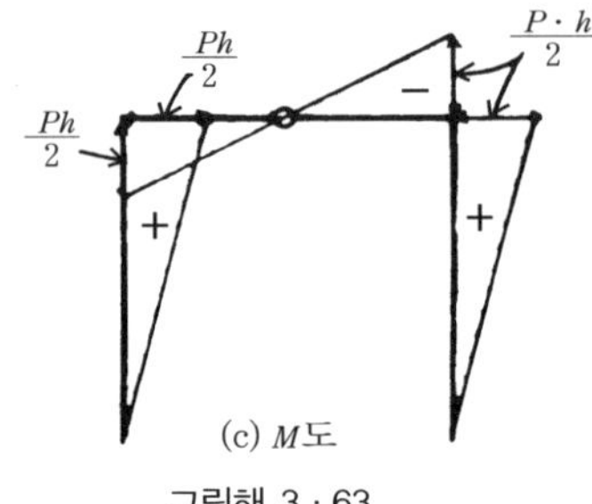

(c) M도

그림해 3 · 63

(b) $\Sigma M_A = 0$에서

$32 = 8V_B$, $V_B = 4\text{kN}$

$\Sigma Y = 0$에서 $V_A = 8 - V_B = 4\text{kN}$

$\Sigma M_C = 0$에서 $2 + H_B h - 4 \times 2 = 0$, $H_B = \frac{6}{h}\text{kN}$

$\Sigma X = 0$에서 $H_A = H_B = \frac{6}{h}\text{kN}$

휨모멘트

$$M_E = \frac{6}{h} \times h = 6\text{kN} \cdot \text{m}, \quad M_F = \frac{1 \times 8^2}{8} - 6 = 2\text{kN} \cdot \text{m}$$

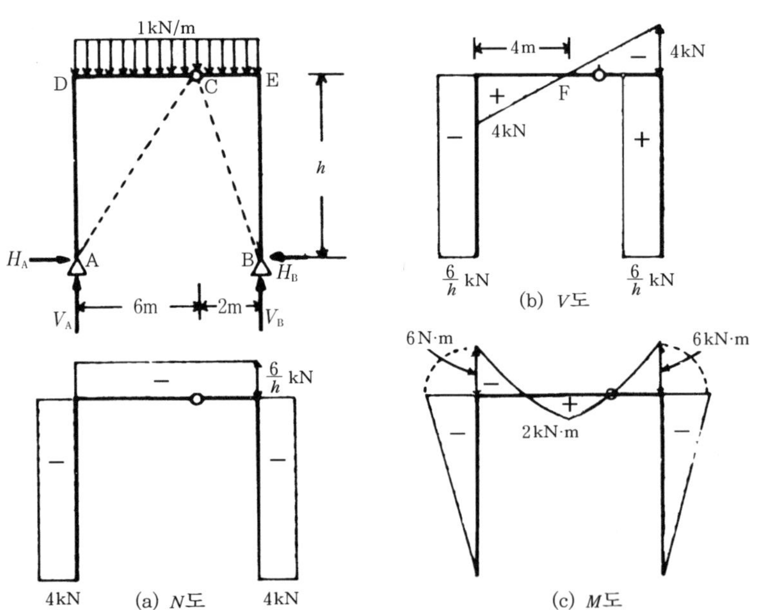

그림해 3 · 64

(c) $\Sigma M_B=0$에서

$V_A \times 8 - 1 \times 8 \times 4 = 0$

$V_A = \frac{32}{8} - 4\text{ kN} = V_B$

$\Sigma M_C=0$에서

$-H_A \times 5 - 1 \times 4 \times 2 + V_A \times 4 = 0$

$H_A = \frac{8}{5} = 1.6\text{ kN} = H_B$

또한 하중의 대칭성을 이용하면

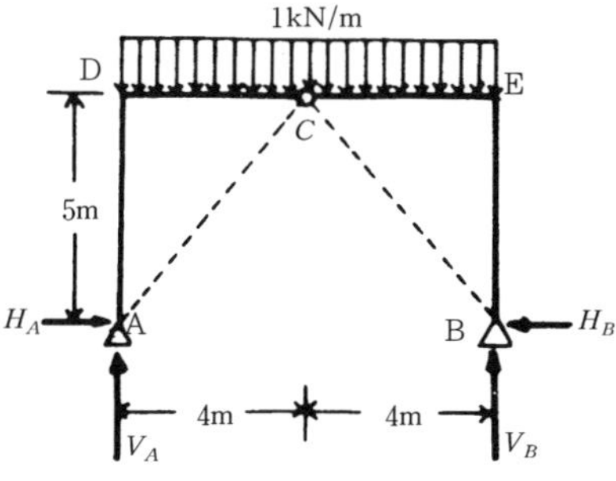

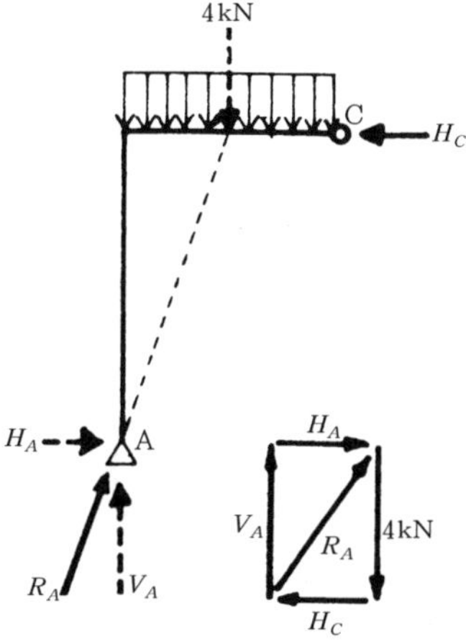

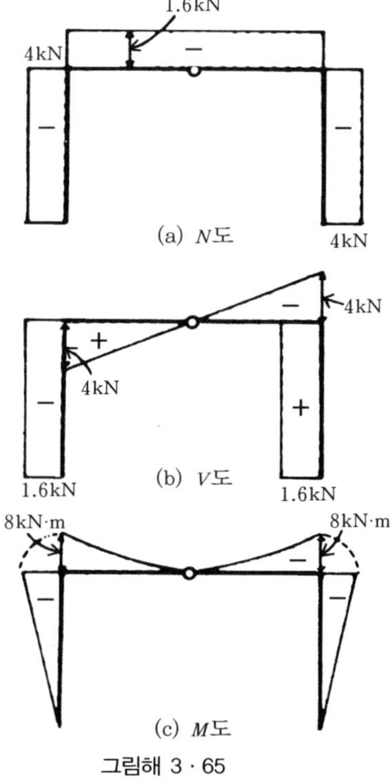

(a) N도

(b) V도

(c) M도

그림해 3 · 65

휨모멘트

$M_D = 1.6 \times 5 = 8\text{ kN} \cdot \text{m}$

$M_E = 1.6 \times 5 = 8\text{ kN} \cdot \text{m}$

(d) $\Sigma M_B=0$에서

$4\times1\times2-4\times1\times2-V_A\times8=0$

$\therefore\ V_A=0$

$V_B=0$

$\Sigma M_C=0$

$H_A\times4-4\times1\times2=0$

$H_A=2\,\text{kN}$

$\Sigma X=0$에서

$H_B=2\,\text{kN}$

축방향력

$N_{D-E}=-4\times1+2=-2\,\text{kN}$(압축력)

전단력

$4\times1-2=2\,\text{kN}$

휨모멘트

$M_D=2\times4-4\times1\times2=0$

$M_F=2\times2-2\times1\times1=2\,\text{kN}\cdot\text{m}$

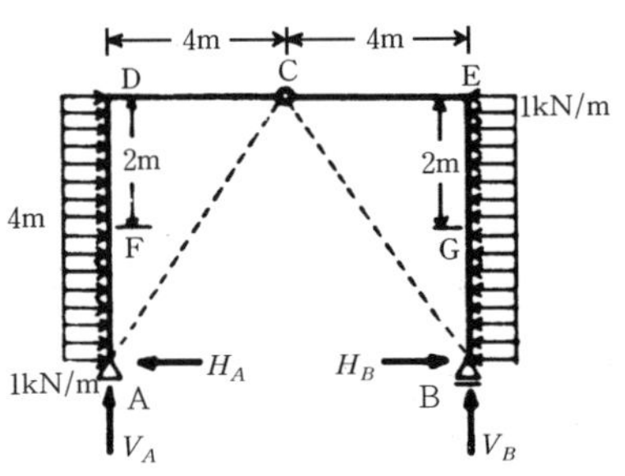

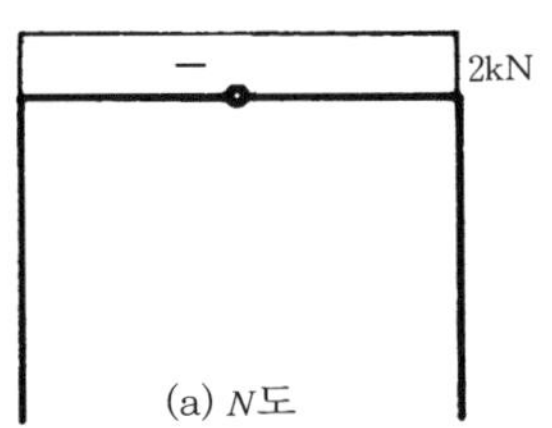

(a) N도

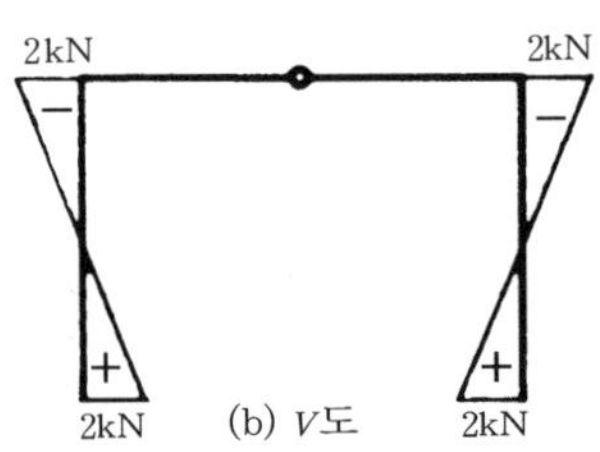

(b) V도

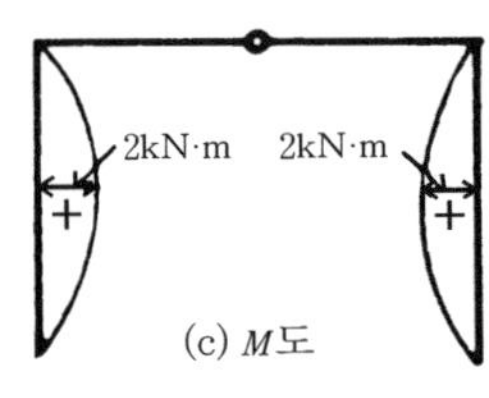

(c) M도

그림해 3 · 66

[문제] (P.156)

1 그림 3 · 93과 같은 트러스 부재력을 절점법의 수식해법으로 구하시오.

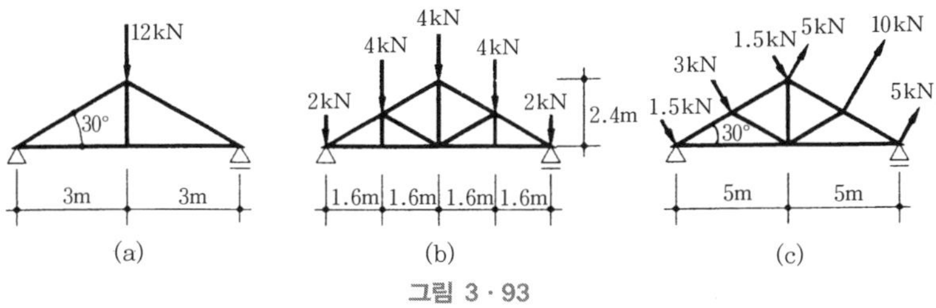

그림 3 · 93

| 풀이 |

(a) Ⓐ점

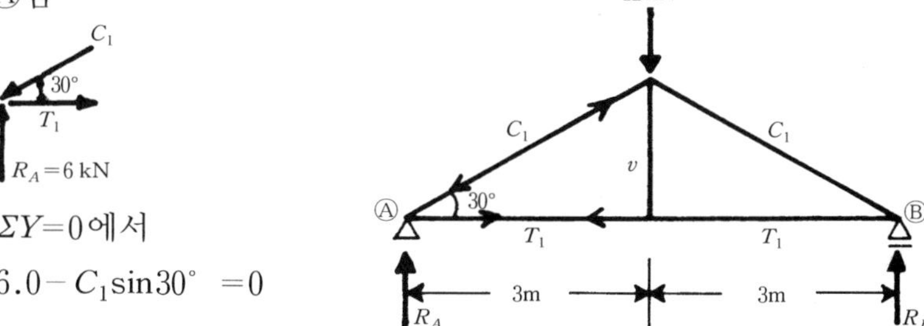

그림해 3 · 67

$\Sigma Y=0$에서

$6.0-C_1\sin 30^\circ=0$

$\therefore\ C_1=12\,\text{kN}$(압축)

$\Sigma X=0$에서 $-12\cos 30^\circ+T_1=0$

$\therefore\ T_1=6\sqrt{3}=10.4\,\text{kN}$(인장)

트러스 부재력에 관한 성질에서 $v=0$

(b) 반력 : 좌우 대칭이므로 $R_A=R_B=16/2=8\,\text{kN}$

$\sin\theta=\dfrac{3}{5},\quad \cos\theta=\dfrac{4}{5}$

ⓐ점

$\Sigma Y=0$에서 $8-2-C_1\sin\theta=0,\quad \dfrac{3}{5}C_1=6$

$\therefore\ C_1=10\,\text{kN}$(압축)

$\Sigma X=0$에서 $T_1=C_1\cos\theta=10\times\dfrac{4}{5}=8\,\text{kN}$(인장)

ⓑ점에서, $T_2 = T_1 = 8\,\text{kN}$(인장), $e=0$ ′

ⓒ점에서, $\Sigma X=0$

$4\sin\theta + d\cos 2\theta + C_2 - C_1 = 0$ ……………………………… ①

$4\cos\theta - d\sin 2\theta = 0$ ……………………………… ②

②식 → $4\times\frac{4}{5} - d\times 2\sin\theta\cos\theta = 0$ ……………………………… ②′

$4\times\frac{4}{5} - d\times 2\times\frac{3}{5}\times\frac{4}{5} = 0$ $\quad\therefore d = \frac{16}{5}\times\frac{25}{24} = 3.33\,\text{kN}$(압축)

①식 → $4\times\frac{3}{5} - 3.3\times(2\cos^2\theta - 1) + C_2 - 10 = 0$

$C_2 = 10 - \frac{12}{5} - 3.3\times\left\{2\times\left(\frac{4}{5}\right)^2 - 1\right\}$

$= 10 - 2.4 - 0.924 = 6.676\,\text{kN}$(압축)

ⓓ점에서 $\Sigma Y=0$ $\quad 3.33\times\frac{3}{5}\times 2 - f = 0$

$\therefore f = 4\,\text{kN}$(인장)

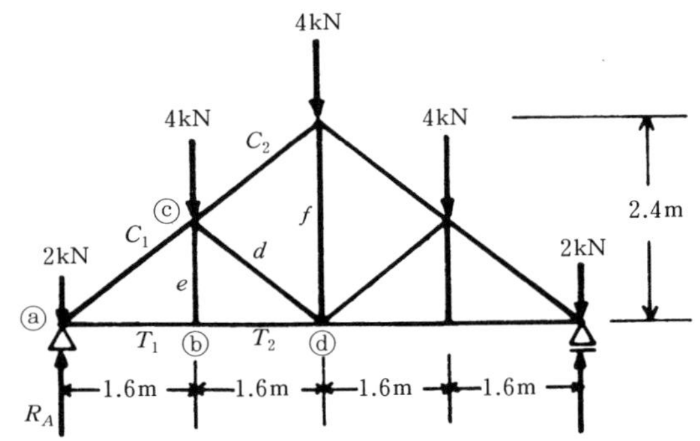

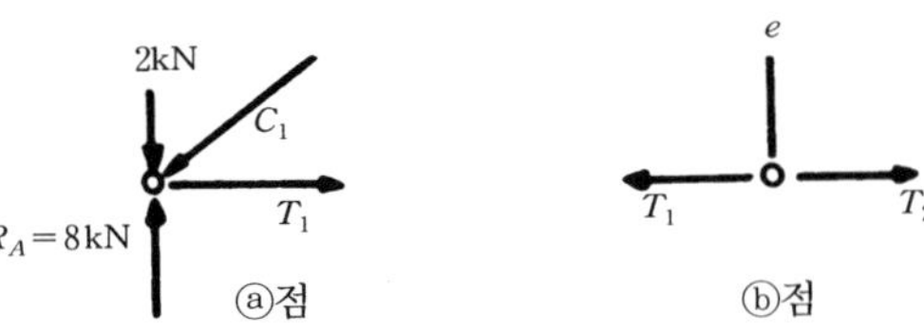

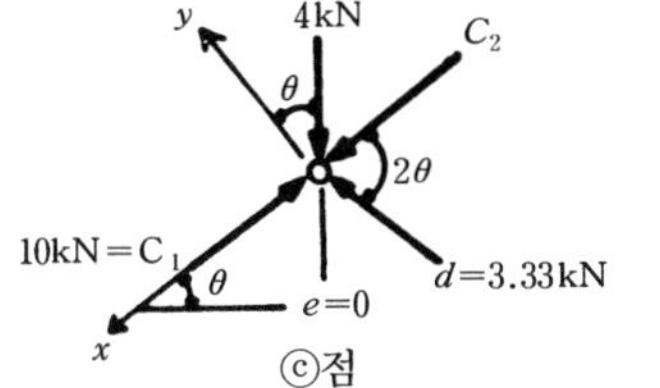

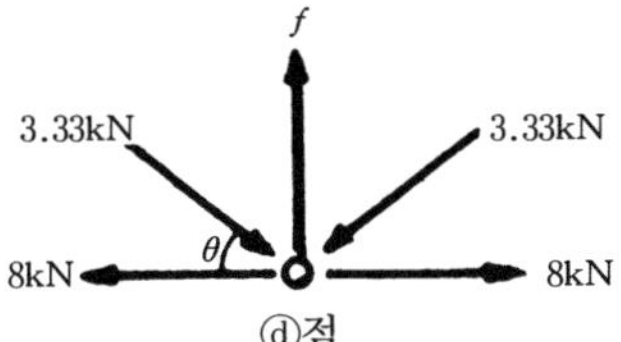

그림해 3 · 68

표해 3 · 1 부재력

부 재	부재력(kN)	
C_1	⊖	10.0
C_2	⊖	6.67
T_1, T_2	⊕	8.0
e		0
d	⊖	3.33
f	⊕	4.0

(c) $\Sigma X=0$에서

$H_A=(6+20)\sin 30^\circ$

$=13\,\text{kN}$

$\Sigma M_A=0$에서

$6\times\frac{5}{\sqrt{3}}-20\times\frac{10}{\sqrt{3}}$

$+V_B\times 10=0$

$\therefore\ V_B=\frac{17}{\sqrt{3}}=9.8\,\text{kN}$

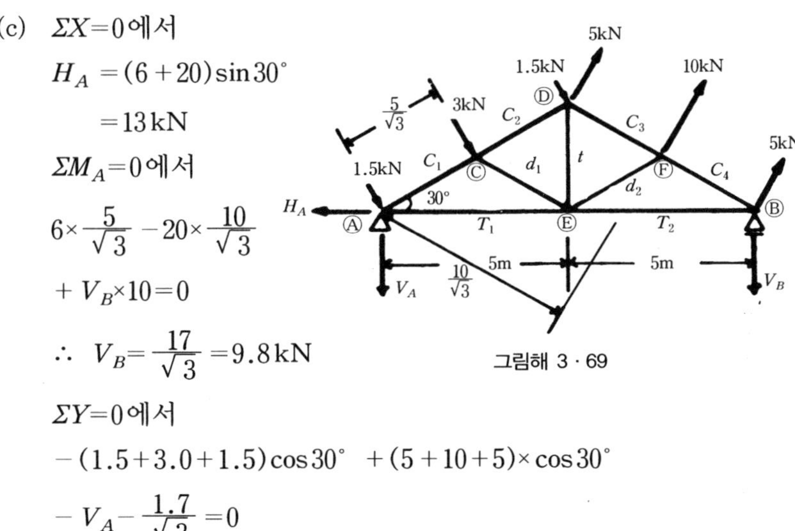

그림해 3 · 69

$\Sigma Y=0$에서

$-(1.5+3.0+1.5)\cos 30^\circ\ +(5+10+5)\times\cos 30^\circ$

$-V_A-\frac{1.7}{\sqrt{3}}=0$

$\therefore\ V_A = \dfrac{4}{\sqrt{3}} = 2.3\,\text{kN}$

Ⓐ점: $\Sigma Y = 0$에서

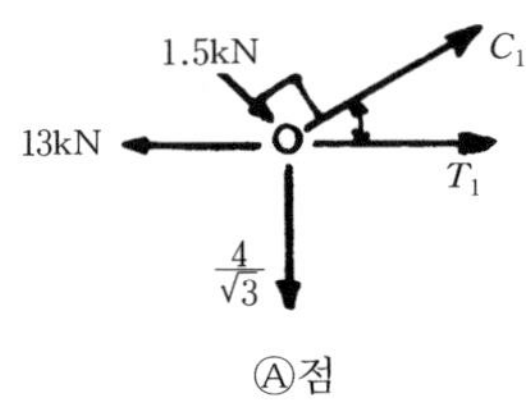

$$-\frac{4}{\sqrt{3}} + C_1 \sin 30° - 1.5\cos 30° = 0$$

$$\therefore C_1 = \frac{12.5}{\sqrt{3}} = 7.2\,\text{kN}(\text{인장})$$

$\Sigma X = 0$에서

$$-13 + \frac{4}{\sqrt{3}}\cos 30° + 1.5\sin 30° + T_1 = 0$$

$$\therefore\ T_1 = 6\,\text{kN}(\text{인장})$$

Ⓒ점 : $\Sigma Y = 0$에서

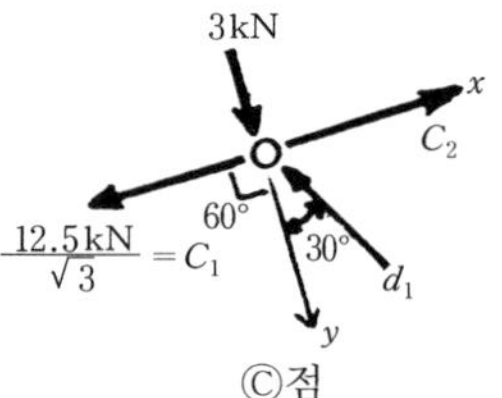

$$-3 + d_1 \cos 30° = 0$$

$$\therefore\ d_1 = \frac{6}{\sqrt{3}} = 3.5\,\text{kN}(\text{압축})$$

$\Sigma X = 0$에서

$$-\frac{12.5}{\sqrt{3}} + C_2 - \frac{6}{\sqrt{3}}\sin 30° = 0$$

$$\therefore\ C_2 = \frac{15.5}{\sqrt{3}} = 8.9\,\text{kN}(\text{인장})$$

Ⓓ점 : $\Sigma X = 0$에서

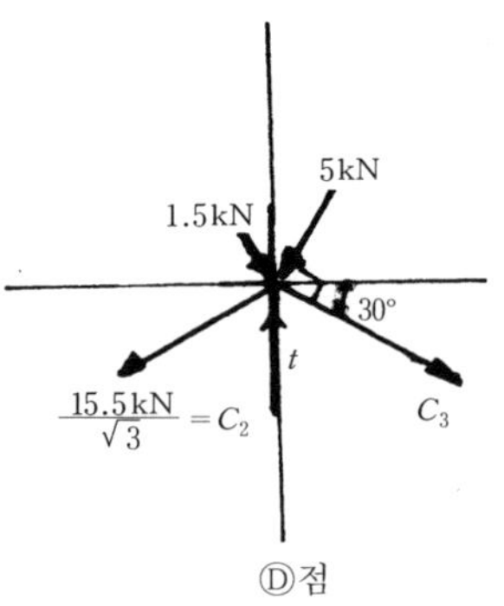

$$1.5\sin 30° + 5\sin 30° - \frac{15.5}{\sqrt{3}}\cos 30°$$

$$+ C_3 \cos 30° = 0$$

$$\therefore\ C_3 = \frac{9}{\sqrt{3}} = 5.2\,\text{kN}(\text{인장})$$

$\Sigma Y = 0$에서

$$t + 5\cos 30° - 1.5\cos 30°$$

$$-\frac{9}{\sqrt{3}}\sin 30° - \frac{15.5}{\sqrt{3}}\sin 30° = 0$$

$\therefore t = \dfrac{7}{\sqrt{3}} = 4\,\text{kN}$(압축)

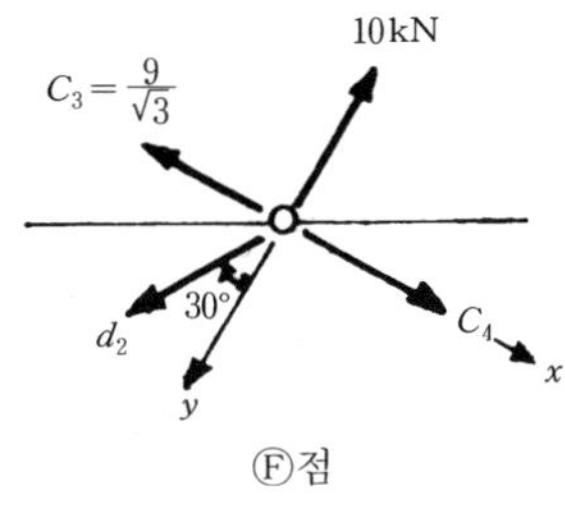

Ⓕ점

Ⓕ점 : $\Sigma Y = 0$에서

$10 - d_2 \cos 30° = 0$

$\therefore \; d_2 = \dfrac{20}{\sqrt{3}} = 11.5\,\text{kN}$(인장)

$\Sigma X = 0$에서

$$\therefore \; C_4 = \frac{9}{\sqrt{3}} + \frac{20}{\sqrt{3}} \sin 30° = \frac{19}{\sqrt{3}} = 11.0\,\text{kN(인장)}$$

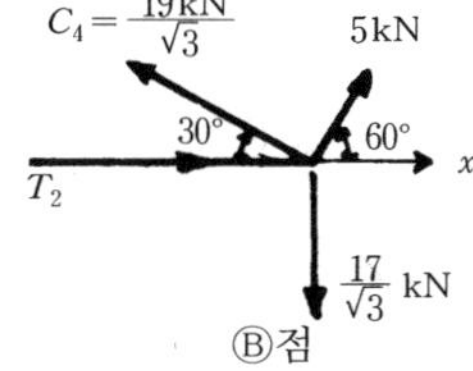

Ⓑ점

Ⓑ점 : $\Sigma X = 0$에서

$T_2 + 5 \sin 30° - \dfrac{19}{\sqrt{3}} \cos 30° = 0$

$\therefore \; T_2 = 7.0\,\text{kN}$(압축)

표해 3 · 2 부재력

부 재	부재력		부 재	부재력	
C_1	⊕	7.2	T_1	⊕	6.0
C_2	⊕	8.9	T_2	⊖	7.0
C_3	⊕	5.2	d_1	⊖	3.5
C_4	⊕	11.0	d_2	⊕	11.5
			t	⊖	4.0

[문제] (P.156)

2 그림 3 · 94와 같은 트러스의 부재력을 크레모나도에 의해 구하시오.

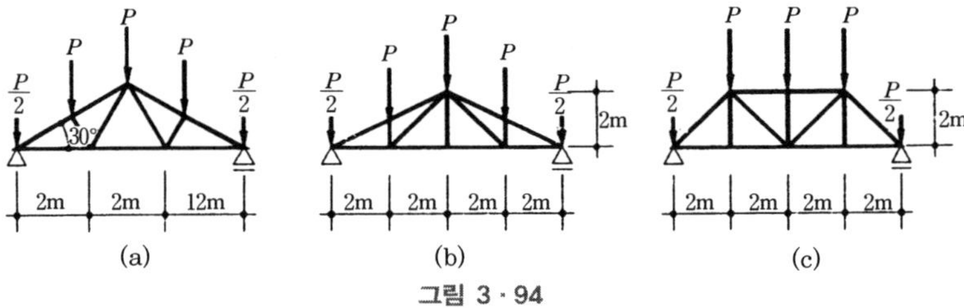

그림 3 · 94

| 풀이 |

(a)

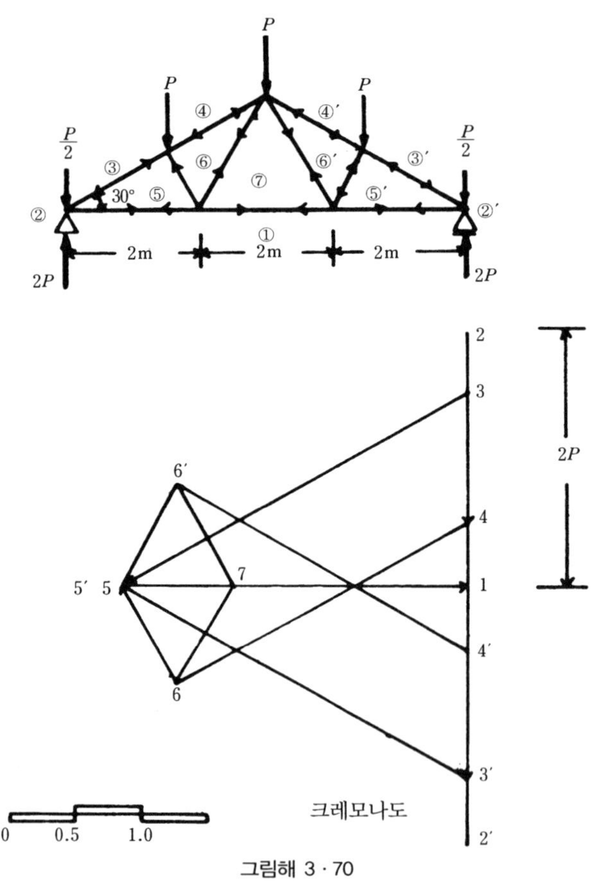

그림해 3 · 70

표해 3 · 3 부재력

부 재	부재력
3−5=3′−5′	3P (압축)
1−5=1′−5′	2.6P (인장) $\left(=\frac{3\sqrt{3}}{3}P\right)$
5−6=5′−6′	0.8P (압축) $\left(=\frac{\sqrt{3}}{2}P\right)$
4−6=4′−6′	2.5P (압축)
6−7=6′−7′	0.8P (인장) $\left(=\frac{\sqrt{3}}{2}P\right)$
1−7	1.7P (인장) $(=\sqrt{3}P)$

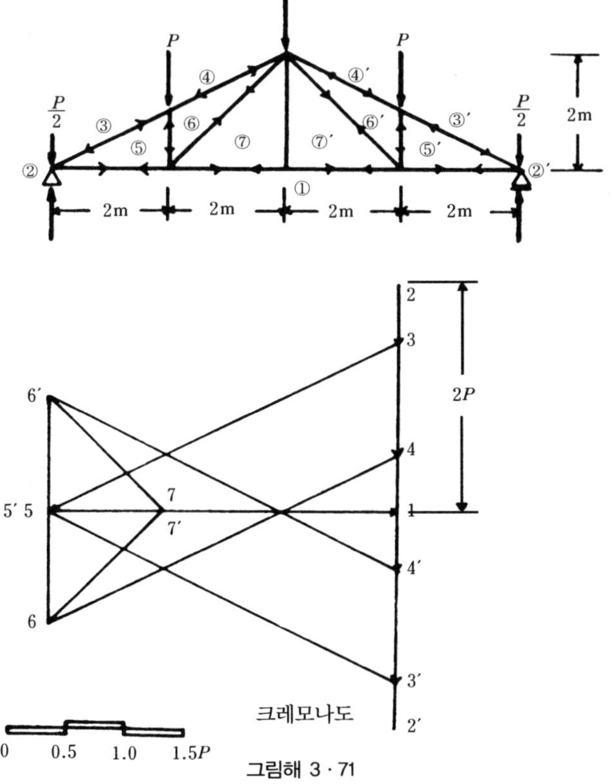

그림해 3 · 71

표해 3 · 4 부재력

부 재	부재력	
3−5=3′−5′	⊖	$3.3P(=1.5\sqrt{5}P)$
1−5=1′−5′	⊕	$3P$
5−6=5′−6′	⊖	P
4−6=4′−6′	⊕	$3.3P(=1.5\sqrt{5}P)$
6−7=6′−7′	⊕	$1.4P(=\sqrt{2}P)$
1−7=1′−7′	⊕	$2P$
7−7′		0

(c)

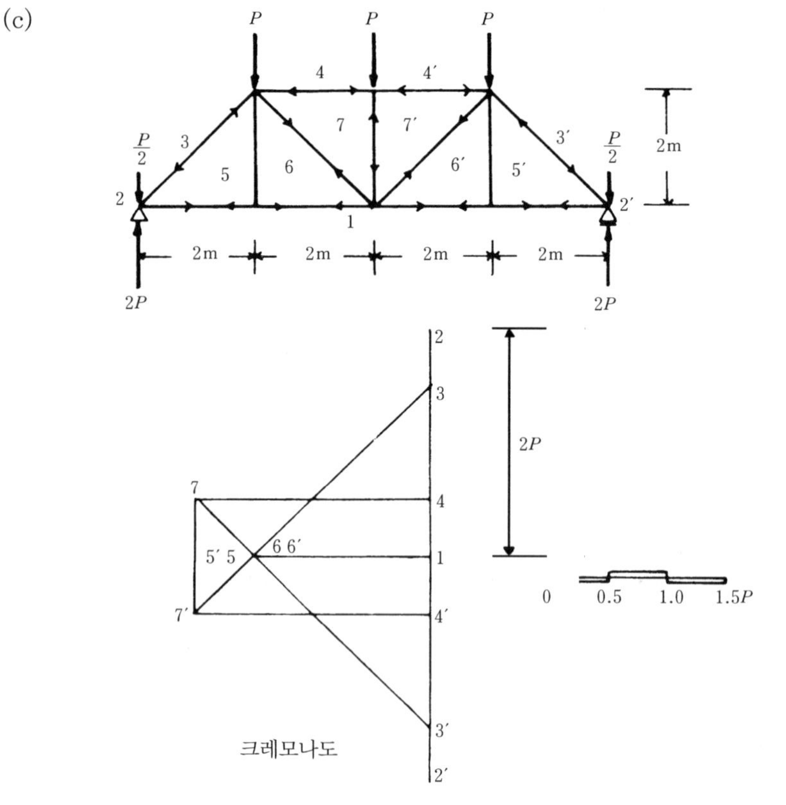

그림해 3 · 72

표해 3 · 5 부재력

부　재	부재력	
$3-5=3'-5'$	⊖	$2.1P(=1.5\sqrt{2}P)$
$5-1=5'-1'$ $=6-1=6'-1'$	⊕	$1.5P$
$6-7=6'-7'$	⊕	$0.7P(=0.5\sqrt{2}P)$
$4-7=4'-7'$	⊖	$2P$
$5-6=5'-6'$		0

[문제] (P.164)

1　다음 트러스의 부재력을 절단법으로 구하시오.

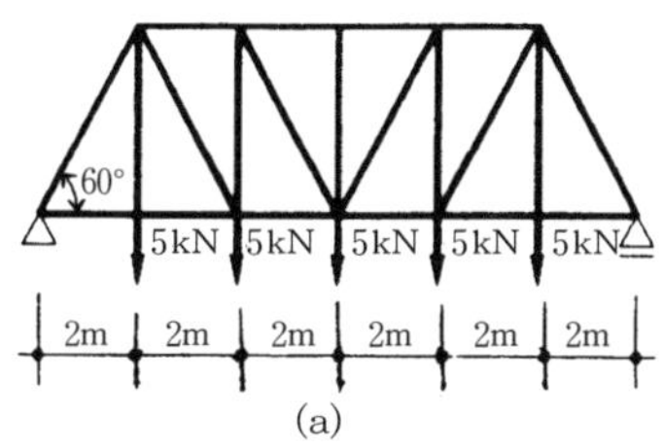

(a)

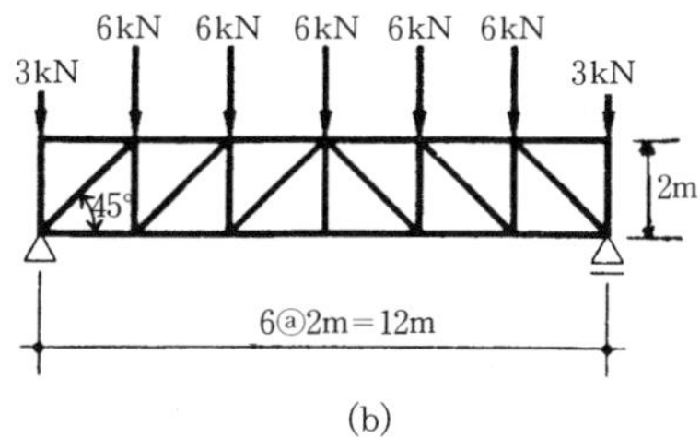

(b)

그림 3 · 103

| 풀이 |

(a)

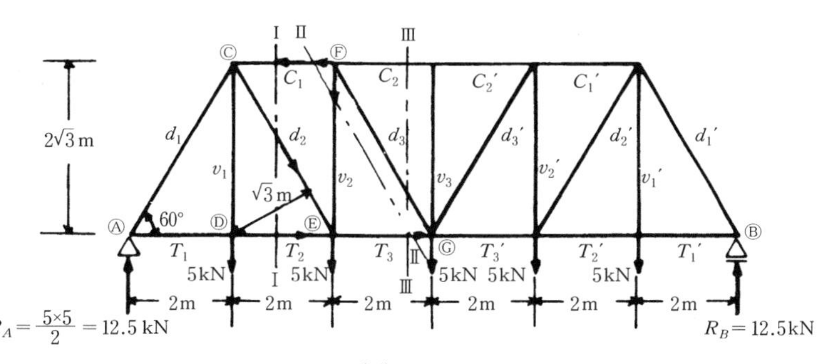

그림해 3 · 73

Ⅰ－Ⅰ 단면 :

$\Sigma M_E=0$에서

$12.5\times4-5\times2-c_1\times2\sqrt{3}=0$

$\therefore\ C_1=\dfrac{20}{\sqrt{3}}=11.5\,\text{kN}$

$\Sigma M_C=0$에서

$12.5\times2-T_2\times2\sqrt{3}=0$

$\therefore\ T_2=\dfrac{12.5}{\sqrt{3}}=7.2\,\text{kN}$(인장)

$\Sigma M_D=0$에서

$12.5\times2-\dfrac{20}{\sqrt{3}}\times2\sqrt{3}+d_2\times\sqrt{3}=0$

$\therefore\ d_2=5\sqrt{3}=8.7\,\text{kN}$(인장)

Ⅱ－Ⅱ 단면 :

$\Sigma M_F=0$에서

$12.5\times4-5\times2-T_3\times2\sqrt{3}=0$

$T_3=\dfrac{20}{3}=11.5\,\text{kN}$(인장)

$\Sigma Y=0$에서

$12.5\times6-5-v_2=0,\quad v_2=2.5\,\text{kN}$(압축)

Ⅲ－Ⅲ 단면 :

$\Sigma M_G=0$에서

$12.5\times6-5\times4-5\times2-C_2\times2\sqrt{3}=0$

$\therefore\ C_2=\dfrac{22.5}{\sqrt{3}}=13\,\text{kN}$(압축)

$\Sigma M_E=0$에서

$12.5\times4-5\times2-\dfrac{22.5}{\sqrt{3}}\times2\sqrt{3}+d_3\times\sqrt{3}=0$

$$\therefore\ d_3 = \frac{5}{\sqrt{3}} = 2.9\,\text{kN}(\text{인장})$$

표해 3 · 6 부재력

부 재	부재력(kN)	
$C_1 = C_1'$	⊖	11.5
$C_2 = C_2'$	⊖	13.0
$T_1 = T_2 = T_2' = T_1'$	⊕	7.2
$T_3 = T_3'$	⊕	11.5
$d_1 = d_1'$	⊖	14.4
$d_2 = d_2'$	⊕	8.7
$d_3 = d_3'$	⊕	2.9
$v_1 = v_1'$	⊕	5.0
$v_2 = v_2'$	⊖	2.5
v_3		0

(b)

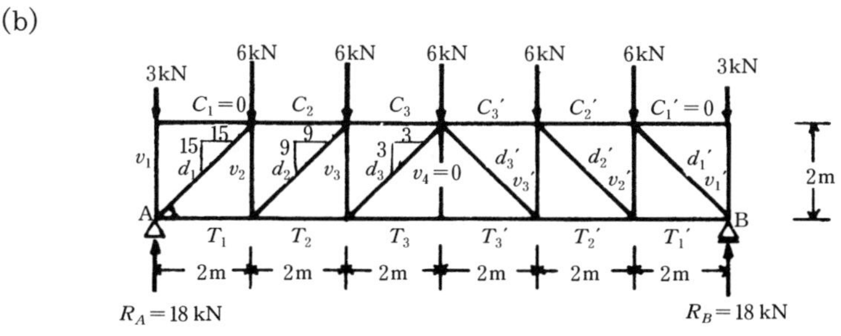

그림해 3 · 74

평행현 트러스이므로 각각의 절단된 구면(構面)에 대해 $\Sigma M = 0$, $\Sigma Y = 0$을 생각하여 부재력을 구한다.

상현재

$C_1 = C_1' = 0$

$C_2 = C_2' = \dfrac{15\times2}{2} = 15\,\text{kN}$(압축)

$C_3 = C_3' = \dfrac{15\times4-6\times2}{2} = 24\,\text{kN}$(압축)

하현재

$T_1 = T_1' = \dfrac{15\times2}{2} = 15\,\text{kN}$(인장)

$T_2 = T_2' = \dfrac{15\times4-6\times2}{2} = 24\,\text{kN}$(인장)

$T_3 = T_3' = \dfrac{15\times6-6\times4-6\times2}{2} = 27\,\text{kN}$(인장)

수직재

$v_1 = v_1' = 3\,\text{kN}$(압축)

$v_2 = v_2' = 15-6 = 9\,\text{kN}$(인장)

$v_3 = v_3' = 9-6 = 3\,\text{kN}$(인장)

$v_4 = 0$

사 재

$d_1 = d_1' = \sqrt{2\times(15)^2} = 15\sqrt{2} = 21.2\,\text{kN}$(압축)

$d_2 = d_2' = \sqrt{2\times(9)^2} = 9\sqrt{2} = 12.7\,\text{kN}$(압축)

$d_3 = d_3' = \sqrt{2\times(3)^2} = 3\sqrt{2} = 4.2\,\text{kN}$(압축)

[문제] (P.175)

1 다음 정정 아치의 단면력도를 구하시오.

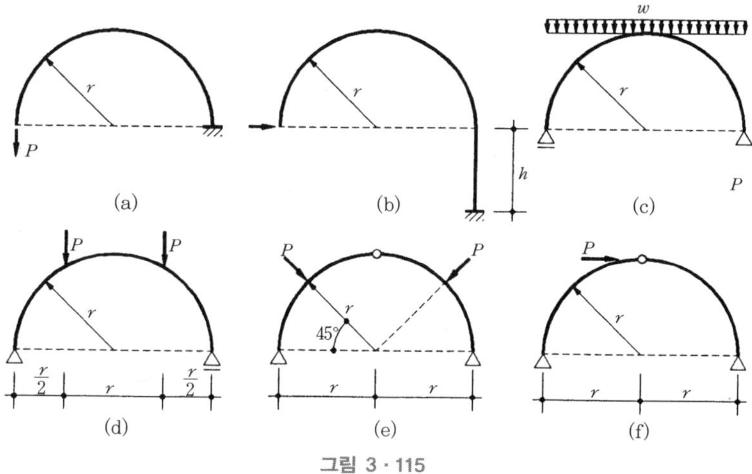

그림 3 · 115

| 풀이 |

(a) $\Sigma Y=0$에서 $R_A-P=0$, $R_A=P$

$\Sigma M_A=0$에서 $M_A-P\times 2r=0$ $M_A=2P\cdot r$

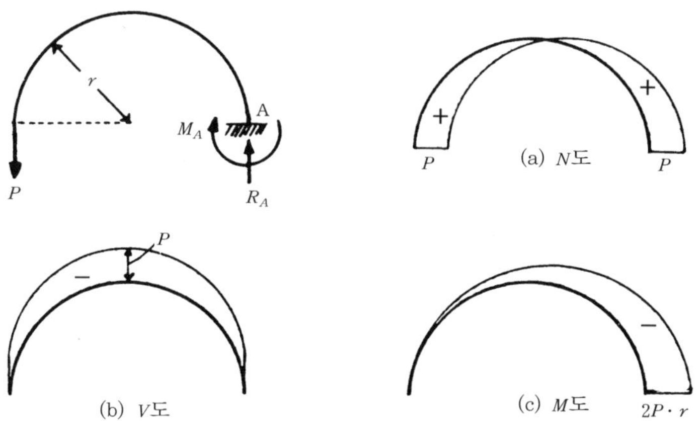

그림해 3.75

(b) $\Sigma X=0$에서 $-H_A+P=0$, $H_A=P$

$\Sigma M_A=0$에서 $-M_A+Ph=0$, $M_A=P \cdot h$

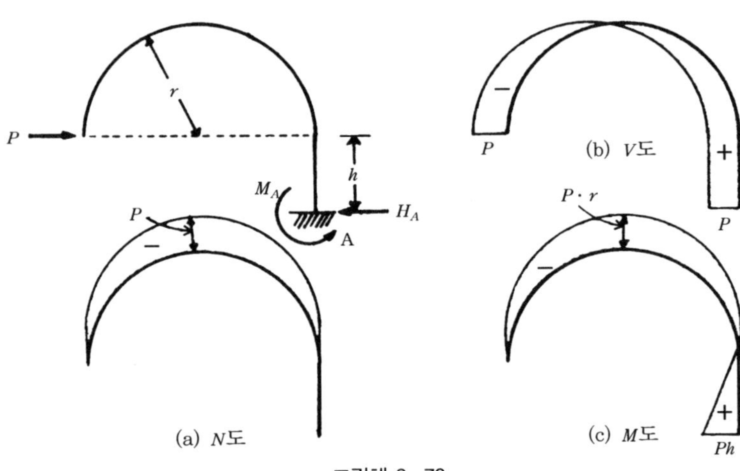

그림해 3 · 76

(c) $\Sigma Y=0$에서 $R_A+R_B-w\times 2r=0$, $R_A=R_B=wr$

휨모멘트 $M_C=\dfrac{w \cdot (2r)^2}{8}=\dfrac{wr^2}{2}$

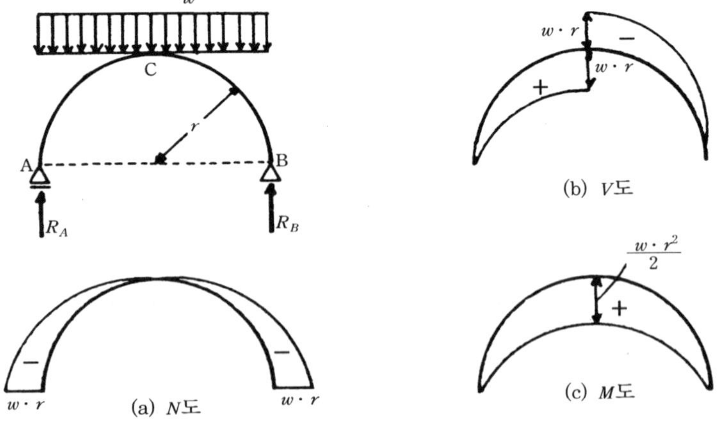

그림해 3 · 77

(d) $\Sigma Y=0$에서 $R_A=R_B=P$

축방향력 $N_C=P\cos 60^\circ = \frac{P}{2} = N_D$

전단력 $V_C=P\sin 60^\circ = \frac{\sqrt{3}}{2}P = V_D$

휨모멘트 $M_C=P\times r/2=Pr/2$, $M_E=P\cdot r-P\times\frac{r}{2}=\frac{P\cdot r}{2}$

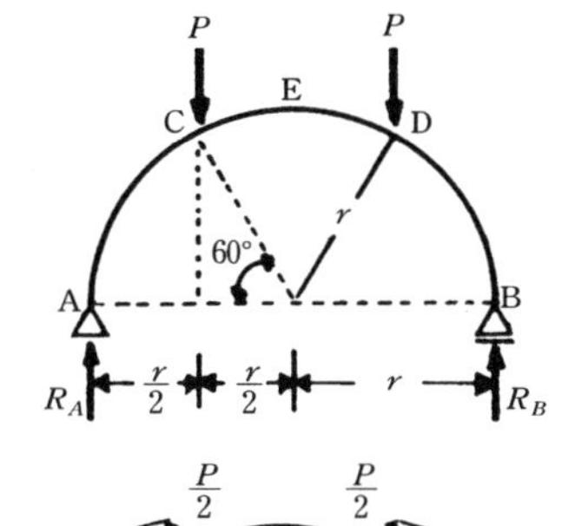

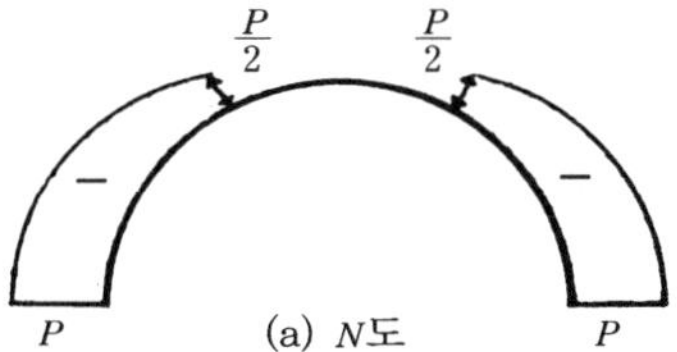

(a) N도

$\frac{\sqrt{3}}{2}P$ + +

(b) V도

$\frac{P\cdot r}{2}$ + $\frac{P\cdot r}{2}$

(c) M도

그림해 3 · 78

(e) 하중의 대칭성에서 H_C는 수평방향으로 작용하므로

$\Sigma M_A=0$에서 $P\cdot\frac{r}{\sqrt{2}}-H_C\cdot r=0$, $H_C=\frac{P}{\sqrt{2}}$

$\Sigma Y=0$에서 $V_A=\frac{P}{\sqrt{2}}$

축방향력 $N_D=V_A\cos 45^\circ = \frac{P}{2} = N_E$

휨모멘트 $M_D=\frac{P}{\sqrt{2}}\times r\left(1-\frac{1}{\sqrt{2}}\right)=\frac{P}{\sqrt{2}}\times\frac{r(\sqrt{2}-1)}{\sqrt{2}}$

$$=\frac{\Pr(\sqrt{2}-1)}{2}$$

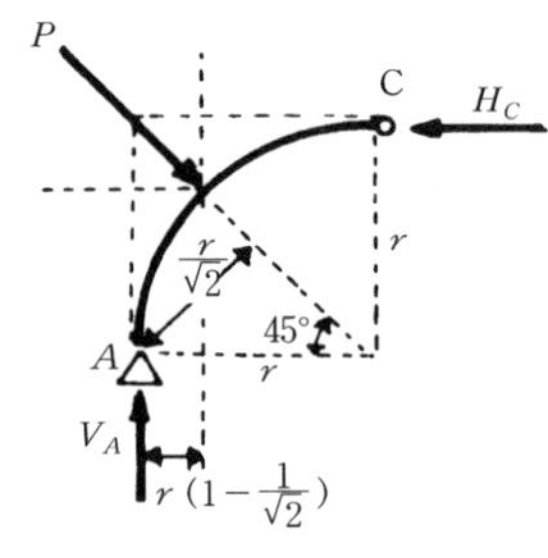

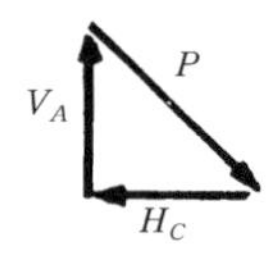

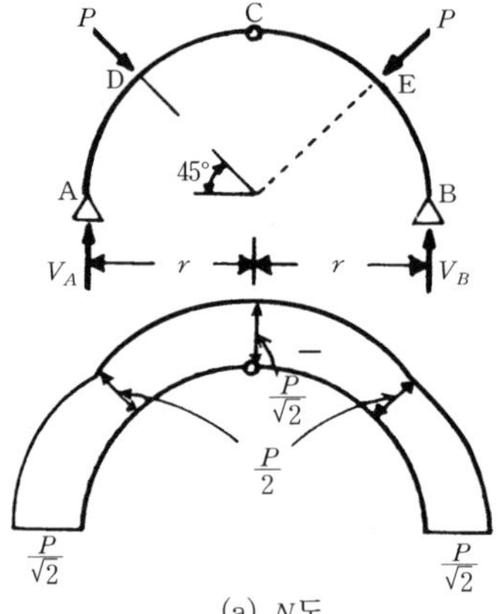

(a) N도

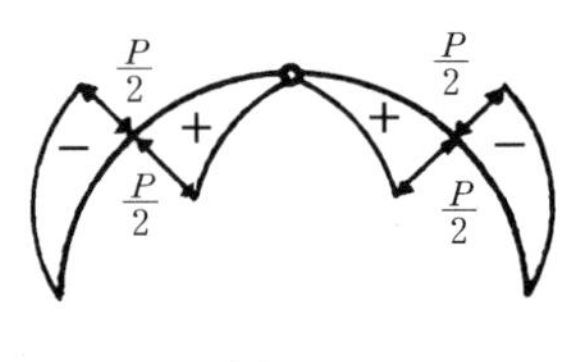

(b) V도

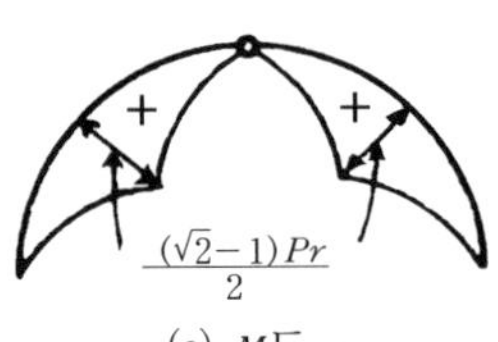

(c) M도

그림해 3 · 79

(f) $\Sigma M_B = 0$에서 $V_A \cdot 2r + Pr = 0, \quad V_A = \frac{P}{2}$

$\Sigma Y = 0$에서 $V_B = \frac{P}{2}$

$\Sigma M_C = 0$에서 $H_A \cdot r - \frac{P}{2} r = .0, \quad H_A = \frac{P}{2}$

$\Sigma X = 0$에서 $H_B = \frac{P}{2}$

축방향력 $N_D = V_A \cos 45^\circ + H_A \sin 45^\circ = \frac{P}{\sqrt{2}} = N_E$

전단력 $V_D = H_A \cos 45^\circ - V_A \sin 45^\circ = 0$

휨모멘트 $M_D = H_A \frac{r}{\sqrt{2}} - V_A \cdot r\left(1 - \frac{1}{\sqrt{2}}\right) = \frac{Pr}{2}(\sqrt{2} - 1)$

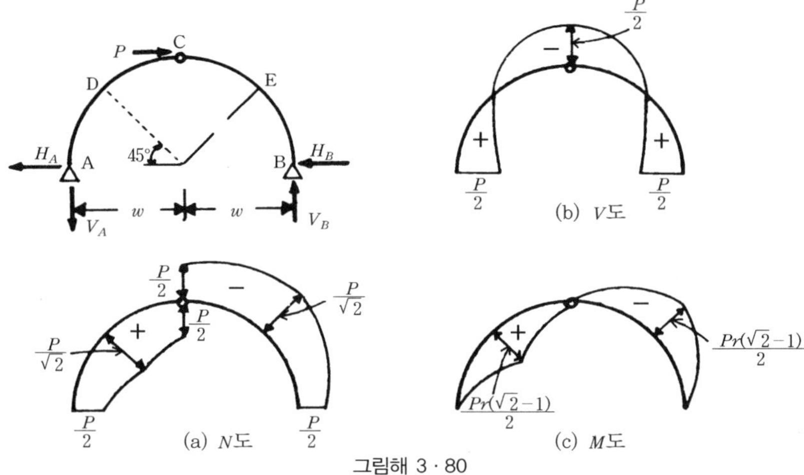

그림해 3 · 80

[문제] (P.180)

1 **다음 정정합성 라멘의 단면력을 구하시오.**

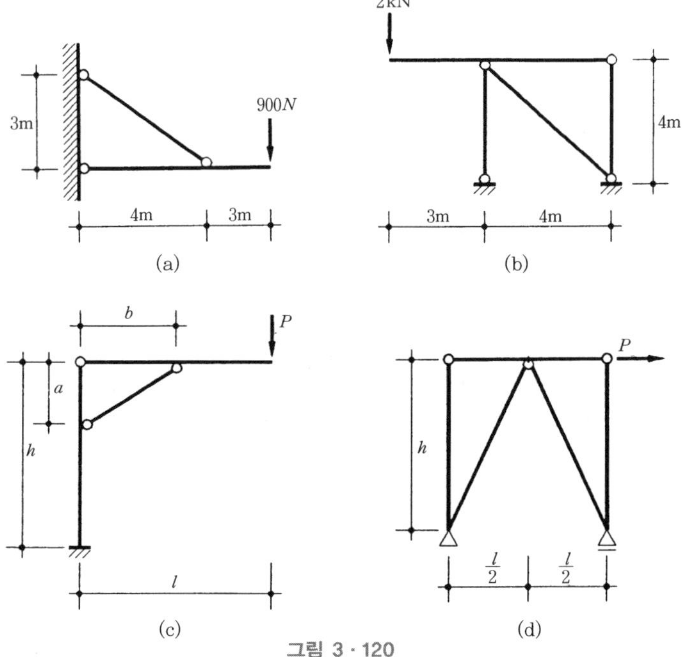

그림 3 · 120

| 풀이 |

(a) $\Sigma M_A=0$에서 $0.9\times6-H_B\times3=0$

$H_B=1.8\,\text{kN}$

$\Sigma M_B=0$에서 $-R_A\times2.4+0.9\times6=0$, $R_A=2.25\,\text{kN}$

$V_A=R_A\sin\theta=1.35\,\text{kN}$

$\Sigma Y=0$에서 $V_B=R_A\sin\theta-0.9=0.45\,\text{kN}$

축방향력

$N_{A-C}=R_A=2.25\,\text{kN}$(인장)

$N_{B-C}=H_B=1.8\,\text{kN}$(압축)

휨모멘트

$M_C=0.9\times2=1.8\,\text{kN}$

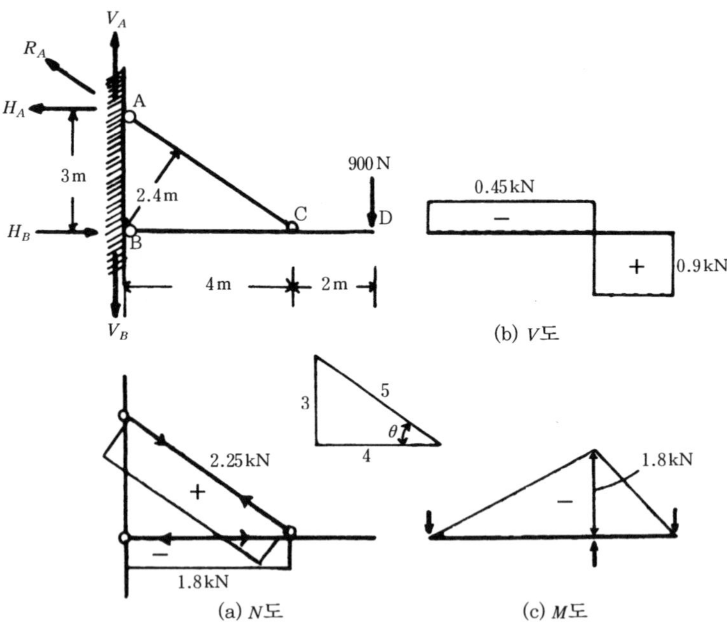

그림해 3 · 81

(b) $\Sigma M_B=0$에서

$R_A\times4-2\times7=0,\quad R_A=3.5\,\text{kN}$

$\Sigma Y=0$에서

$R_B=3.5-2=1.5\,\text{kN}$

축방향력

$N_{A-D}=R_B=3.5\,\text{kN}$(압축)

$N_{B-C}=R_B=1.5\,\text{kN}$(인장)

휨모멘트

$M_D=-2\times3=-6\,\text{kN}\cdot\text{m}$

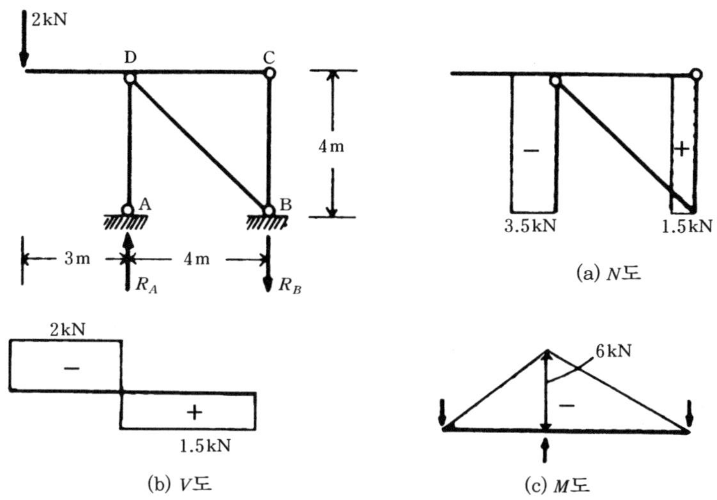

그림해 3 · 82

(c) 지점반력 $R_A=P,\quad M_A=Pl$

B지점은 힌지이므로 $M_B=0$가 되기 위해서는

$$Pl=V_Cb,\quad V_C=\frac{Pl}{b}=V_D$$

또 $Pl=H_D\cdot a,\quad H_D=\dfrac{Pl}{a}=H_C$

축방향력

$$N_{A-D}=R_A=P$$

$$N_{B-D}=V_D-R_A=\frac{Pl}{b}-P=P\left(\frac{l}{b}-1\right)$$

$$N_{B-C}=H_C=\frac{Pl}{a}$$

$$N_{C-D}=\sqrt{(H_C)^2+(V_C)^2}=\frac{Pl\sqrt{a^2+b^2}}{ab}=\frac{Pl_C}{ab}$$

전단력

$$V_{B-C}=V_C-P=P\left(\frac{l}{b}-1\right)$$

$$V_{B-D}=H_C=\frac{Pl}{a}$$

휨모멘트 $M_C=P(l-b)$

$$M_D=H_C\cdot a=Pl$$

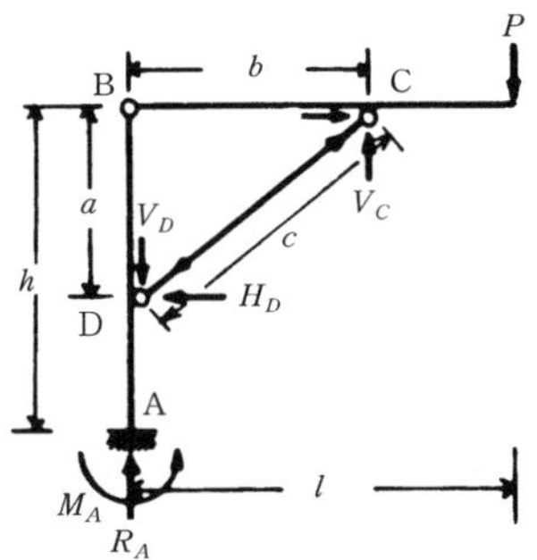

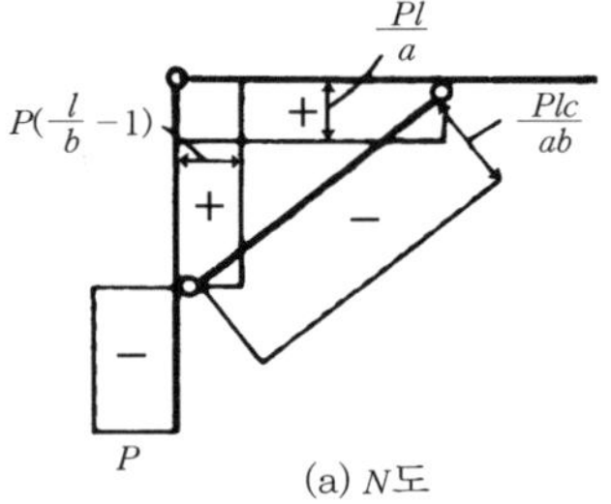

(a) N도

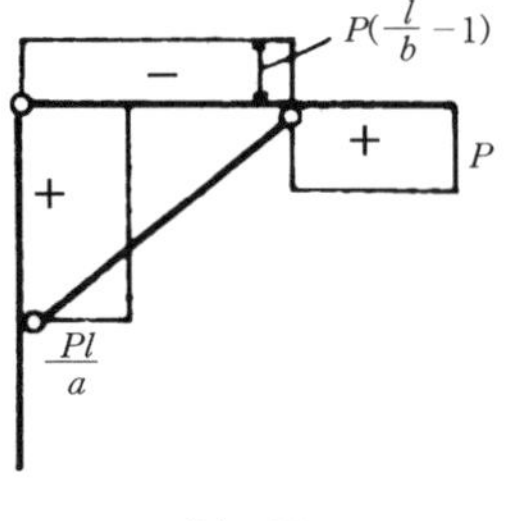

(b) V도

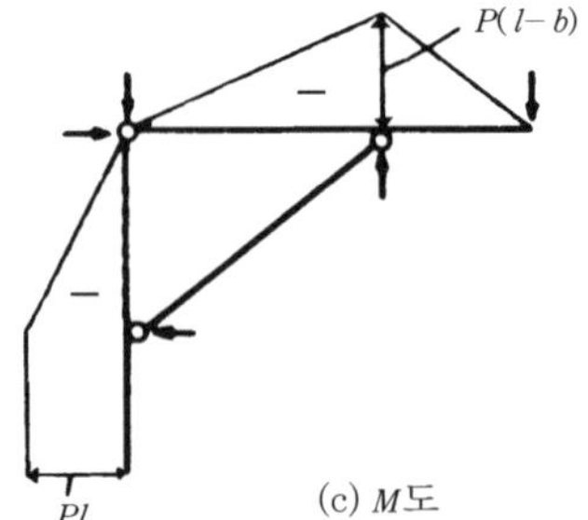

(c) M도

그림해 3 · 83

(d) $\Sigma M_B=0$에서

$V_A=\dfrac{Ph}{l}$

$\Sigma Y=0$에서

$R_B=V_A=\dfrac{Ph}{l}$

$\Sigma X=0$에서

$H_A=P$

축방향력

A점에서의 평형조건에서

N_{AC}(압축), N_{AD}(인장)

B점에서의 평형조건에서

N_{BE}(압축)을 구한다.

$N_{BC}=0$이다.

휨모멘트

$M_C=R_B\cdot\dfrac{l}{2}=\dfrac{Ph}{2}$

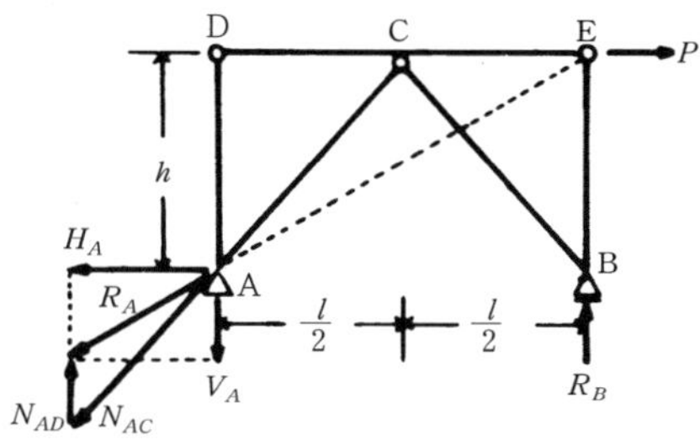

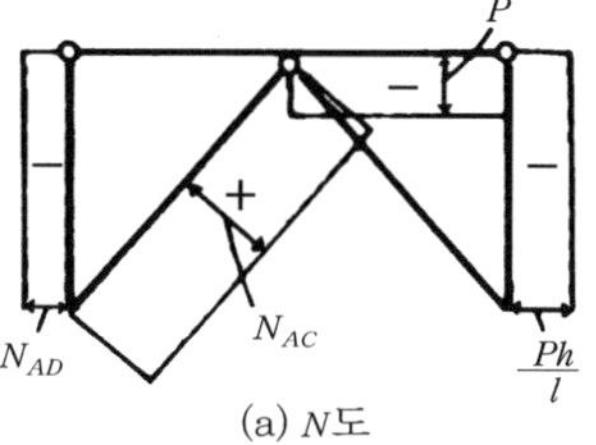

(a) N도

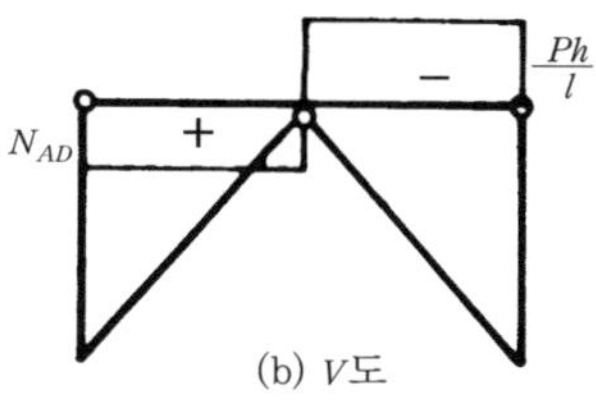

(b) V도

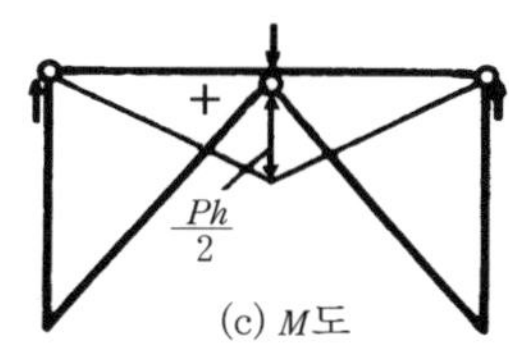

(c) M도

그림해 3 · 84

Chapter 4

탄성체의 성질

응력도와 변형도

(1) 응력도

1) 수직응력도 및 전단응력도

$$\sigma = \frac{N}{A} \quad v = \frac{V}{A}$$

2) 임의방향의 단면응력도

$$\sigma_\theta = \left(\frac{\sigma_x + \sigma_y}{2}\right) + \left(\frac{\sigma_x - \sigma_y}{2}\right)\cos 2\theta - v\sin 2\theta$$

$$v_\theta = \left(\frac{\sigma_x - \sigma_y}{2}\right)\sin 2\theta - v\cos 2\theta$$

3) 주응력도

$$\sigma_1, \quad \sigma_2 = \left(\frac{\sigma_x + \sigma_y}{2}\right) \pm \sqrt{\left(\frac{\sigma_x - \sigma_y}{2}\right)^2 + v^2}$$

$$\tan 2\theta = \frac{\left(\frac{\sigma_x + \sigma_y}{2}\right)}{v}$$

(2) 변형도

1) (종) 변형도 및 (종) 탄성계수

$$\varepsilon = \frac{dl}{l} \quad E = \frac{\sigma}{\varepsilon}$$

2) 전단변형도 및 전단탄성계수

$$\gamma = \frac{dl}{l} \quad G = \frac{v}{\gamma}$$

2 단면의 성질

(1) 단면 1차모멘트 및 도심

1) 단면 1차모멘트

$$S_x = \int y dA \quad S_y = \int x dA$$

2) 도심의 위치

$$x_0 = \frac{S_y}{A} \quad y_0 = \frac{S_x}{A}$$

(2) 단면 2차모멘트, 단면계수 및 단면 2차반경

1) 단면 2차모멘트

$$I_x = \int y^2 dA \quad I_y = \int x^2 dA$$

2) 도심축의 평행축에 대한 단면 2차모멘트

$$I_x = I_0 + e^2 A$$

3) 단면계수

$$Z = \frac{I}{y}$$

4) 단면 2차반경

$$i = \sqrt{\frac{I}{A}}$$

(3) 단면상승모멘트 및 단면극2차모멘트

1) 단면상승모멘트

$$I_{xy} = \int xydA$$

2) 단면극2차모멘트

$$I_p = \int r^2 dA = I_x + I_y$$

(4) 주단면 2차모멘트

$$I_1,\ I_2 = \frac{I_x + I_y}{2} \pm \sqrt{\left(\frac{I_x - I_y}{2}\right)^2 + (I_{xy})^2}$$

$$\tan 2\theta = \frac{-I_{xy}}{\left(\frac{I_x - I_y}{2}\right)}$$

4장 연습 문제

[문제] (P.202)

1 직경 150mm, 높이 300mm인 콘크리트 원주 압축시험체에 500kN의 압축력이 작용했을 때 압축응력도의 크기를 구하시오.

| 풀이 |

$\sigma = \dfrac{N}{A}$ 에서 $\sigma_c = \dfrac{500,000}{\pi \times (75)^2} = 28.3$ (N/mm^2 = MPa)

2 직경 19mm인 철근에 50kN의 인장력이 작용했을 때 인장응력도의 크기를 구하시오.

| 풀이 |

$\sigma = \dfrac{N}{A}$ 에서 $\sigma_c = \dfrac{50,000}{\pi \times \left(\dfrac{19}{2}\right)^2} = 176.4$ (N/mm^2 = MPa)

3 그림 4 · 23에서 기초밑면에 생기는 지반응력(압축응력도)을 구하시오. 다만, 기초 자중과 상부의 흙무게는 평균해서 20kN/m^{3}로 한다.

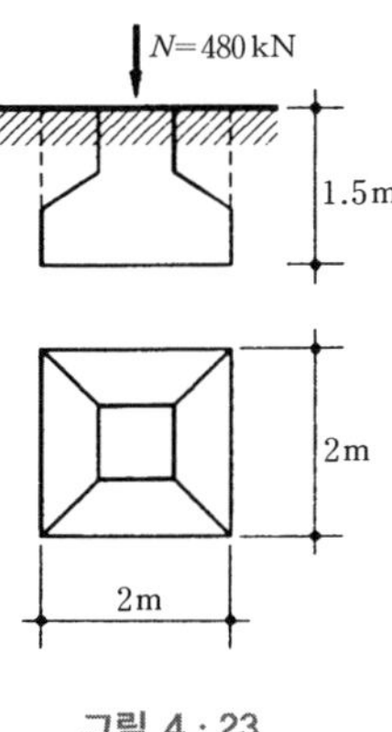

그림 4 · 23

| 풀이 |

$\sigma = \dfrac{N}{A}$ 에서

$P = 480000 + 2 \times 2 \times 1.5 \times 20,000$

$= 600,000$ (N)

$A=2\times2=4\,(\mathrm{m}^2)$

$\sigma_c \dfrac{600,000}{4}=150,000\,(\mathrm{N/m^2})=150(\mathrm{kPa})$

4 **그림 4 · 24와 같은 경우, θ가 0°, 30°, 40°, 60° 90° 일 때 AB면에 생기는 수직응력도와 전단응력도를 각각 구하시오.**

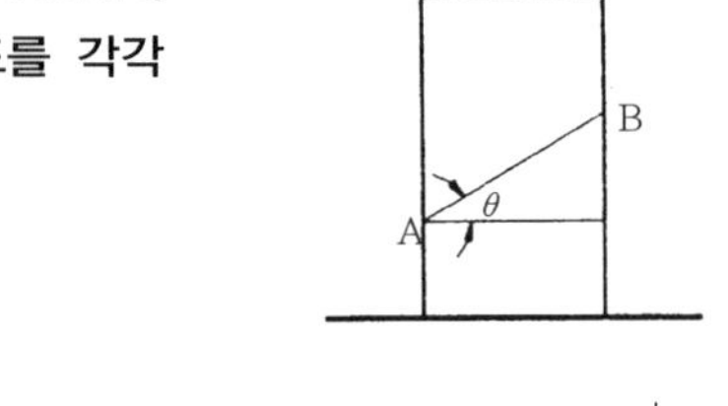

그림 4 · 24

| 풀이 |

$\sigma=\dfrac{N}{A}$ 에서

N는 AB면에서 수직성분과 수평성분(전단성분)으로 나누어 각각 $N\cos\theta$, $N\sin\theta$가 된다.

$$A=100\times\frac{120}{\cos\theta}=12,000\times\frac{1}{\cos\theta}$$

$$\therefore\quad \sigma_\theta=\frac{N\cos\theta}{A}=\frac{N\cdot\cos\theta}{12,000\times\dfrac{1}{\cos\theta}}$$

$$=\frac{N}{12,000}\cdot\cos^2\theta=5\cos^2\theta$$

$$v_\theta=\frac{N\sin\theta}{A}=\frac{N\cdot\sin\theta}{12,000\times\dfrac{1}{\cos\theta}}$$

$$=\frac{N}{12,000}\sin\theta\cdot\cos\theta$$

$$=5\sin\theta\cdot\cos\theta$$

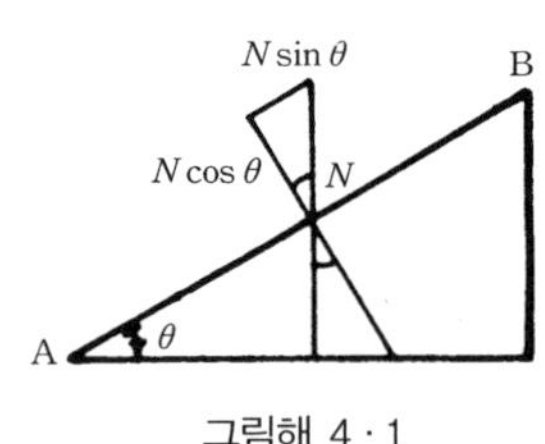

그림해 4 · 1

표해 4 · 1

$\theta°$ / 응력도(MPa)	0	30	45	60	90
$\cos^2\theta$	1	$\frac{3}{4}$	$\frac{1}{2}$	$\frac{1}{4}$	0
$\sin\theta \cdot \cos\theta$	0	$\frac{\sqrt{3}}{4}$	$\frac{1}{2}$	$\frac{\sqrt{3}}{4}$	0
σ_θ	5 (max)	3.75	2.5	1.25	0 (min)
v_θ	0 (min)	2.17	2.5 (max)	2.17	0 (min)

5 **그림 4 · 25와 같이 ABCD인 직사각형 판의 AB면을 고정시키고 C점을 수평으로 1mm 이동시켰을 때 측면 AC의 전단변형도를 구하시오.**

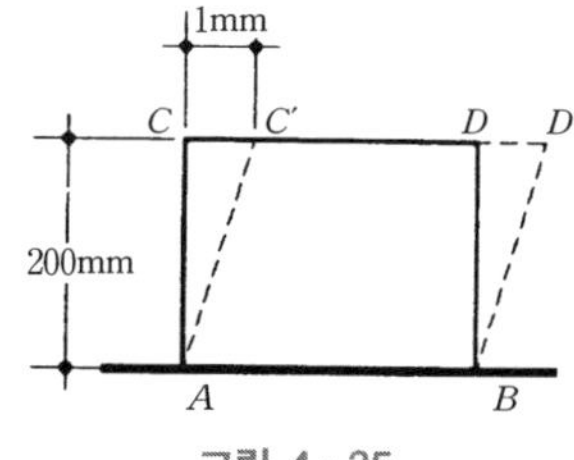

그림 4 · 25

| 풀이 |

$\gamma = \dfrac{dl}{l}$ 에서

$$\gamma = \frac{1}{200} = 0.005$$

여기서 γ는 단위가 없으므로 라디안이다.

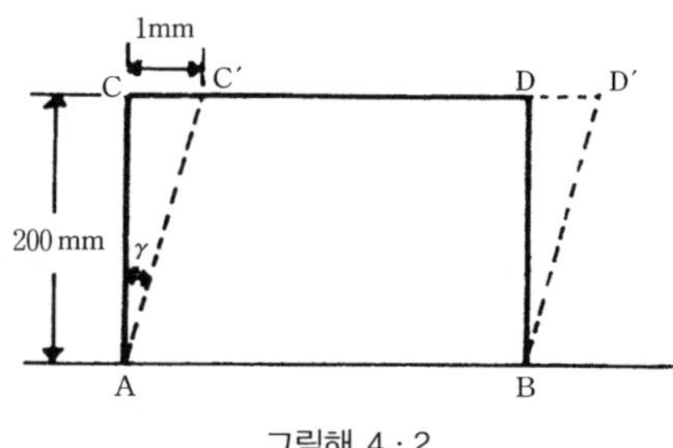

그림해 4 · 2

6 **직경 25mm, 길이 5m인 철근에 50kN의 인장력을 작용시키면 얼마나 늘어나는지 계산하시오.**
다만, 철근에 영계수는 210,000MPa이다.

| 풀이 |

Hooke's Law에서 $E=\frac{\sigma}{\varepsilon}$, $\sigma=\frac{P}{A}$, $\varepsilon=\frac{dl}{l}$ 이므로

$\therefore$ 늘어난 길이 : $dl=\frac{l}{E}\cdot\frac{N}{A}=\frac{5,000\times 50,000}{210,000\times\pi\times(12.5)^2}=2.4\,(\mathrm{mm})$

7 **단면이 100mm×100mm, 길이 600mm인 기둥에 70kN의 압축력을 가했더니 0.3mm가 줄어들었다. 이 각재의 영계수를 구하시오.**

| 풀이 |

Hooke's Law에서 $E=\frac{\sigma}{\varepsilon}$

$$\sigma=\frac{P}{A}=\frac{70,000}{100\times 100}=7\,(\mathrm{N/mm^2})$$

$$\varepsilon=\frac{dl}{l}=\frac{0.3}{600}=0.0005$$ 이므로

$$\therefore\ E=\frac{7}{0.0005}=14,000\,(\mathrm{MPa})$$

[문제] (P.214)

1 **다음과 같은 단면의 x축에 대한 단면 1차모멘트를 구하시오.**

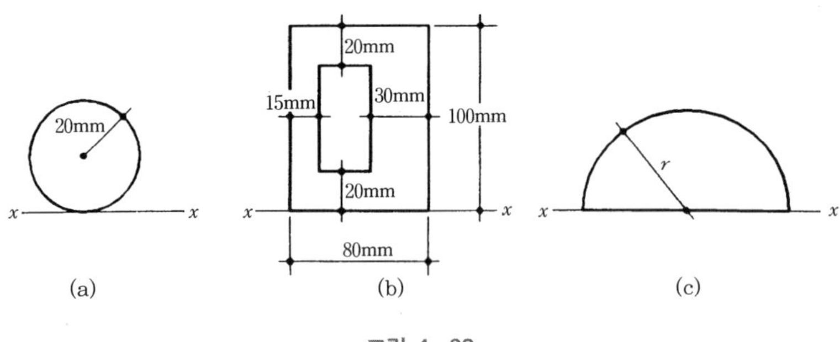

그림 4 · 39

| 풀이 |

(a) $S_x = y_0 A$에서

$S_x = 20 \times \pi \times (20)^2 = 25,120\,\text{mm}^3$

(b) $S_x = \sum_n y_n A_n$에서

$S_x = y_1 A_1 - y_2 A_2$

$A_1 = 80 \times 100 = 8,000\ (\text{mm}^2)$

$A_2 = 35 \times 60 = 2,100\ (\text{mm}^2)$

$\therefore\ S_x = 50 \times 8,000 - 50 \times 2,100$

$= 295,000\ (\text{mm}^3)$

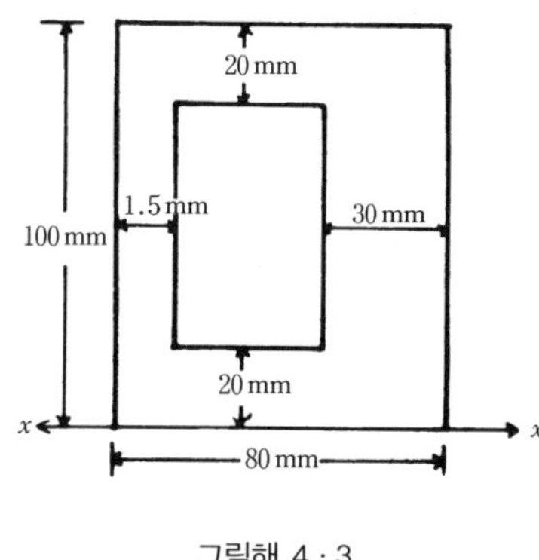

그림해 4 · 3

(c) 단면 1차모멘트의 정의로부터

$S_x = \int y \cdot dA$에서

$S_x = 2\int_0^r y \cdot dA$

$dA = x\,dy$

$x = \sqrt{r^2 - y^2}$

$S_x = 2\int_0^r y \cdot \sqrt{r^2 - y^2}\,dy$

여기서

$y = r \cdot \sin\theta$라 하면

$dy = r \cdot \cos\theta\, d\theta$

$\therefore\ S_x = 2\int_0^{\frac{\pi}{2}} \sin\theta \cdot r\cos\theta,\quad r\cos\theta\, d\theta$

$= 2r^3 \int_0^{\frac{\pi}{2}} \sin\theta,\quad \cos^2\theta\, d\theta$

$\cos\theta = t$라 하면 $\ -\sin\theta\, d\theta = dt$

그림해 4 · 4

$$\therefore\ S_x = -2r^3\int_0^1 t^2\cdot dt = 2r^3\int_0^1 t^2\cdot d't = 2r^3\left[\frac{t^3}{3}\right]_0^1$$

$$= 2r^3\cdot\frac{1}{1} = \frac{2}{3}r^3$$

2 **다음과 같은 단면의 도심 위치를 구하시오.**

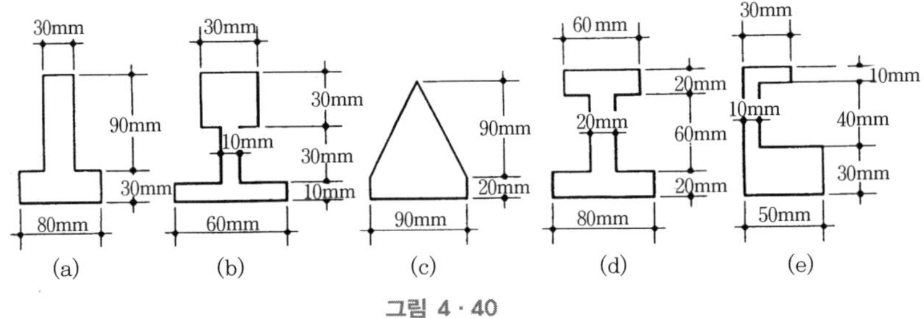

그림 4 · 40

| 풀이 |

(a) $y_0 = \dfrac{S_x}{A}$, $x_0 = \dfrac{S_y}{A}$ 에서

$$y_0 = \frac{30\times80\times15 + 30\times90\times75}{30\times80 + 30\times90} = 46.8\ (\text{mm})$$

$$x_0 = 40\ (\text{mm})$$

(b) $y_0 = \dfrac{10\times60\times5 + 10\times30\times25 + 30\times30\times55}{10\times60 + 10\times30 + 30\times30} = 33.3\ (\text{mm})$

$$x_0 = 30\ (\text{mm})$$

(c) $y_0 = \dfrac{20\times90\times10 + 90\times90\times0.5\times50}{20\times90 + 90\times90\times0.5} = 37.7\ (\text{mm})$

$$x_0 = 45\ (\text{mm})$$

(d) $y_0 = \dfrac{20 \times 80 \times 10 + 20 \times 60 \times 50 + 20 \times 60 \times 90}{20 \times 80 + 20 \times 60 + 20 \times 60} = 46 \text{ (mm)}$

$x_0 = 40 \text{ (mm)}$

(e) $y_0 = \dfrac{30 \times 50 \times 15 + 40 \times 10 \times 50 + 30 \times 10 \times 75}{30 \times 50 + 40 \times 10 + 30 \times 10} = 29.5 \text{ (mm)}$

$x_0 = \dfrac{30 \times 50 \times 25 + 40 \times 10 \times 5 + 30 \times 10 \times 15}{30 \times 50 + 40 \times 10 + 30 \times 10} = 20 \text{(mm)}$

[문제] (P.229)

1 **다음 단면의 I, Z, i를 구하시오.**

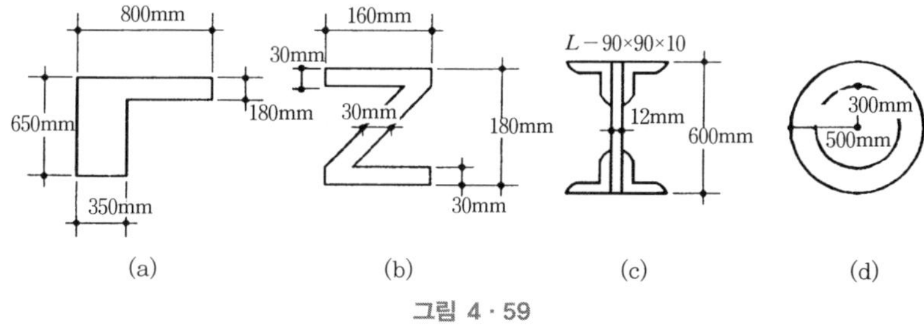

그림 4 · 59

| 풀이 |

(a) $y_0 = \dfrac{350 \times 470 \times 235 + 180 \times 800 \times 560}{350 \times 470 + 180 \times 800} = 386.7 \text{ mm}$

밑변을 축으로 하는 단면 2차모멘트는 $\dfrac{bh^3}{3}$ 이므로

$I = \dfrac{1}{2} \times 350 \times 383.7^2 + \dfrac{1}{3} \times 800 \times 263.3^3 - \dfrac{1}{3} \times 450 \times 83.3^3$

$= 11.527 \times 10^6 \text{ mm}^4$

$Z = \dfrac{I}{y}$ 에서 $Z_c = \dfrac{11.527 \times 10^6}{263.3} = 43.8 \times 10^6 \text{ mm}^3$

$Z_t = \dfrac{11.527 \times 10^6}{386.7} = 29.8 \times 10^6 \text{ mm}^3$

$i=\sqrt{\dfrac{I}{A}}$ 에서 $i=\sqrt{\dfrac{11,527\times10^6}{350\times470+180\times800}}=193\,\text{mm}$

(b) 도심축을 지나는 단면 2차모멘트는 $\dfrac{bh^3}{12}$ 이므로

$I=\dfrac{160\times180^3}{12}-\dfrac{130\times120^3}{12}=59\times10^6\,\text{mm}^4$

$Z=\dfrac{59\times10^6}{90}=0.66\times10^6\,\text{mm}^3$

$i=\sqrt{\dfrac{59\times10^6}{160\times180-130\times120}}=\sqrt{\dfrac{59\times10^6}{13200}}=66.9\,\text{mm}$

(c) $I=\dfrac{1}{12}\times12\times600^3+4\times1.7\times10^3\times(274.2)^2+4\times1.25\times10^6$

$=732\times10^6\,(\text{mm}^4)$

$Z=\dfrac{732\times10^6}{300}=2.44\times10^6\,(\text{mm}^3)$

$i=\sqrt{\dfrac{732\times10^6}{12\times600+4\times1.7\times10^3}}=228.7\,(\text{mm})$

참조 : 표준 강규격표에서

$L-90\times90\times10$ 의 $A=1.7\times10^3\,\text{mm}^2$,

$I_x=1.25\times10^6\,\text{mm}^4$, C(중심) $=25.8\,\text{mm}$

(d) $I=\dfrac{\pi D^4}{64}$ 에서

$I=\dfrac{\pi\times1,000^4}{64}-\dfrac{\pi\times600^4}{64}=42.7\times10^9\,(\text{mm}^4)$

$Z=\dfrac{42.7\times10^9}{500}=85.4\times10^6\,(\text{mm}^3)$

$i=\sqrt{\dfrac{42.7\times10^9}{\pi\times500^2-\pi\times300^2}}=291.5\,(\text{mm})$

2 그림 4 · 60에서 단면적이 모두 같을 때, 단면 2차모멘트의 대소를 비교하시오.

단면적 = A

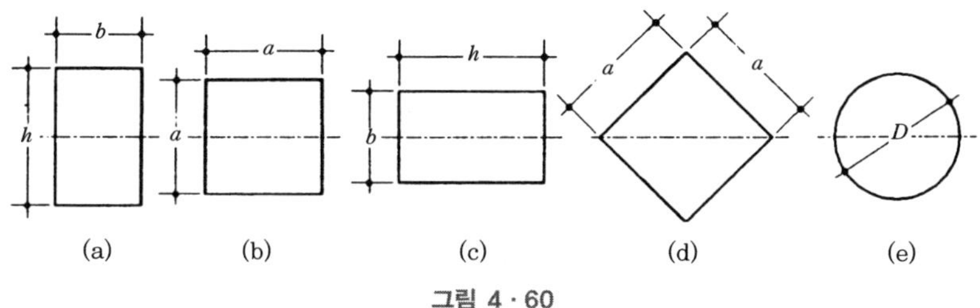

그림 4 · 60

| 풀이 |

$A = bh = a^2 = \frac{\pi D^2}{4}$ 이므로

(a) $I_a = \frac{bh^3}{12} = \frac{Ah^2}{12}$

(b) $I_b = \frac{a \cdot a^3}{12} = \frac{a^4}{12} = \frac{Aa^2}{12}$

(c) $I_c = \frac{hb^3}{12} = \frac{Ab^2}{12}$

(d) $I_d = \frac{a^4}{12} = \frac{Aa^2}{12}$

(e) $I_e = \frac{\pi D^4}{64}$

(b)와 비교할 때 $\frac{\pi D^2}{4} = a^2$에서 $D = \frac{2a}{\sqrt{\pi}}$

$I_e = \frac{\pi}{64}\left(\frac{2a}{\sqrt{\pi}}\right)^4 = \frac{Aa^2}{4\pi} = \frac{Aa^2}{12.56}$

$\therefore$ (a)〉(b)=(d)〉(e)〉(c)

3 **직경 d인 원목에서 켜낼 수 있는 최대 단면계수를 갖는 직4각형 단면의 크기를 구하시오.**

| 풀이 |

직경 d인 원목에서 켜낼 수 있는 직사각형의 가로를 x, 세로를 y라 하면

$$Z=\frac{1}{6}xy^2$$

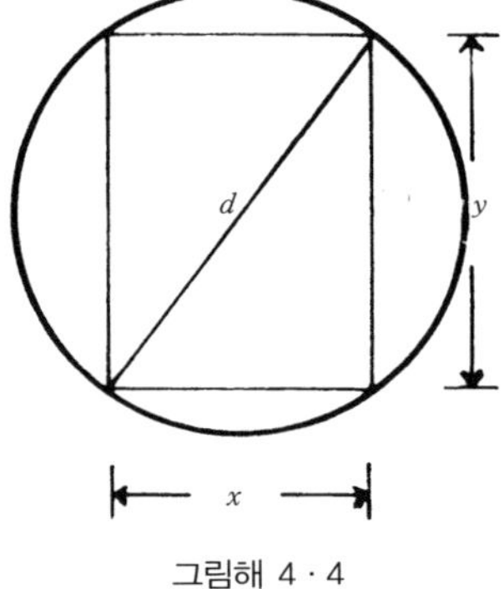

그림해 4·4

그런데 $d^2=x^2+y^2$이므로

$$y^2=d^2-x^2$$

$$\therefore\ Z=\frac{1}{6}x(d^2-x^2)$$

Z의 도함수가 0이 될 때의 x값을 취하면 Z는 극대 극소가 된다

(단, $0<x<d$).

$$\frac{dz}{dx}=\frac{1}{6}(d^2-3x^2)=0$$

$$d^2=3x^2,\quad x=\frac{d}{\sqrt{3}}$$

$$\frac{d^2z}{dx^2}=-x=-\frac{d}{\sqrt{3}}<0$$

$\therefore\ x=\dfrac{d}{\sqrt{3}}$ 일 때 z는 극대가 되고 동시에 최대가 된다.

$$y^2=d^2-\frac{d^2}{3}=\frac{2}{3}d^2\quad\therefore y=\sqrt{\frac{2}{3}}d$$

$$\therefore\ x:y=\frac{d}{\sqrt{3}}:\frac{\sqrt{2}}{\sqrt{3}}d=1:\sqrt{2}$$

즉 원목의 폭과 춤의 비가 $1:\sqrt{2}$로 할 때 최대단면계수를 갖는다.

Chapter 5
단면의 응력도

부재력에 의한 응력도

(1) 단면응력도

1) 인장 및 압축응력도

$$\sigma = \frac{N}{A}$$

2) 전단응력도

$$v = \frac{SV}{Ib} \text{ 또는 } v_{\max} = k\frac{V}{A}, \quad k = \frac{3}{2} \text{ (직4각형)}, \quad k = \frac{4}{3} \text{ (원형)}$$

3) 휨응력도

$$\sigma = \frac{M}{Z} \text{ 또는 } \sigma = \frac{M}{I} y$$

4) 비틀림응력도

$$v = \frac{M_t \gamma}{I_p}$$

2 조합응력에 의한 응력도

(1) 2방향 휨모멘트에 의한 응력도

$$\sigma = \frac{M_x}{Z_x} \pm \frac{M_y}{Z_y}$$

(2) 휨모멘트와 축방향력에 의한 응력도

$$\sigma = \pm\frac{N}{A} \pm \frac{M}{Z}$$

(3) 핵

$$e = \frac{Z}{A}$$

3 좌굴응력도

(1) 좌굴하중

$$N_k = \frac{\pi^2 EI}{l^2} \quad \text{또는} \quad N_k = \frac{\pi^2 EI}{Cl^2} = \frac{\pi^2 EI}{l_k}$$

$$\lambda = \frac{l_k}{i}$$

재단의 지지조건	C (상수)	l_k (좌굴길이)
일단자유, 타단고정	4	$2\,l$
양단회전	1	l
일단회전, 타단고정	1/2	$0.7\,l$
양단고정	1/4	$0.5\,l$

(2) 좌굴응력도

$$\sigma_k = \frac{\pi^2 E}{\lambda^2}$$

5장 연습 문제

[문제] (P.250)

1 **스팬** $3\,\text{m}$**의 중앙에** $20\,\text{kN}$**의 집중하중과 등분포하중** $w = 3\,\text{kN/m}$**를 받는 육송보를 설계하시오. 다만,** $f_b = 9\,\text{MPa}$, $f_v = 0.7\,\text{MPa}$**로 한다.**

| 풀이 |

$$M_{\max} = \frac{wl^2}{8} + \frac{Pl}{4} = \frac{3 \times 3^2}{8} + \frac{20 \times 3}{4} = 18.4\,\text{kN} \cdot \text{m}$$

$$V_{\max} = \frac{wl}{2} + \frac{P}{2} = 4.5 + 10 = 14.5\,\text{kN}$$

$f_b = 9\,\text{N/mm}^2$, $h = 2b$로 가정하면

$$b = \sqrt[3]{\frac{3M}{2f_b}} = \sqrt[3]{\frac{3 \times 18.4 \times 10^6}{2 \times 9}} \fallingdotseq 145 \rightarrow 150\,\text{mm}$$

즉 단면은 $b \times h = 150\,\text{mm} \times 300\text{mm}$ 이다.

$$v = \frac{3}{2} \cdot \frac{V}{A} = \frac{3}{2} \times \frac{14500}{150 \times 300}$$

$$= 0.3\ (\text{N/mm}^2) < f_v (= 0.7\ \text{N/mm}^2)$$

그러므로 안전하다.

2 **스팬** $6\,\text{m}$**의 3등분점에** $10\,\text{kN}$**의 집중하중을 받는 육송보를 설계하시오. 다만,** $f_b = 9\,\text{MPa}$, $f_v = 0.7\,\text{MPa}$**로 한다.**

| 풀이 |

$$R_A = 10\,\text{kN}$$

$$M_{\max} = 10 \times 2 = 20\,\text{kN} \cdot \text{m}$$

$$V_{\max} = 10\,\text{kN}$$

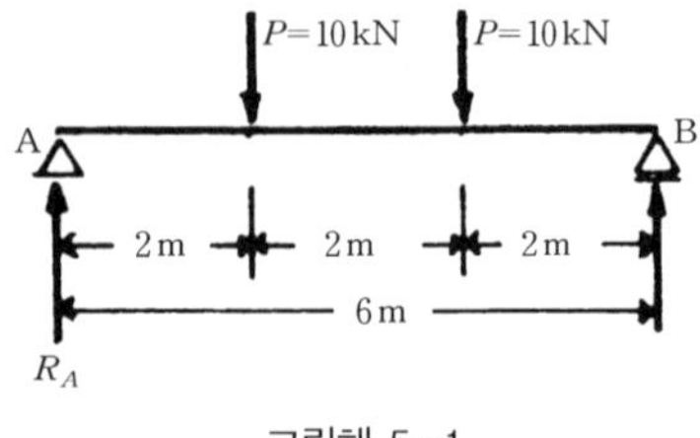

그림해 5 · 1

$f_b=9\,\text{N/mm}^2$, $h=\sqrt{3}b$로

가정하면

$$b=\sqrt[3]{\frac{2M}{f_b}}=\sqrt[3]{\frac{2\times20\times10^6}{9}}=164\,\text{mm} \rightarrow 170\,\text{mm}$$

즉 단면 $b\times h=170\,\text{mm}\times300\text{mm}$이다.

$$v=\frac{3}{2}\cdot\frac{V}{A}=\frac{3}{2}\cdot\frac{10,000}{170\times300}=0.3\ \text{N/mm}^2 < f_v(=0.7\ \text{N/mm}^2)$$

그러므로 안전하다.

3 **스팬 6 m, 단면의 폭 200 mm, 춤 450 mm인 보의 3등분점에 20 kN의 집중하중을 받는 나무보의 허용휨응력도 $f_b=7\,\text{MPa}$일 때 안전한가를 검토하시오.**

| 풀이 |

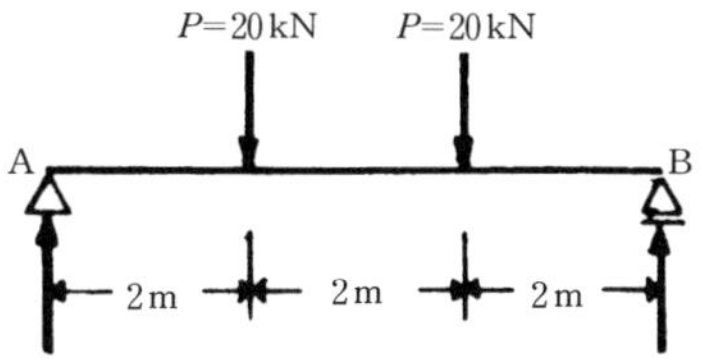

$$M_{max}=20\times2=40\,\text{kN}\cdot\text{m}$$

$$V_{max}=20\,\text{kN}$$

$$Z=\frac{bh^2}{6}=\frac{200\times450^2}{6}$$

$$=6750\times10^3\,\text{mm}^3$$

$P=20$ kN $P=20$ kN

A B

2 m 2 m 2 m

그림해 5 · 2

$$\sigma=\frac{M}{Z}=\frac{40\times10^6}{6750\times10^3}$$

$$=5.93\ \text{N/mm}^2 < f_b(=7\ \text{N/mm}^2)$$

$$v=\frac{3}{2}\cdot\frac{V}{A}=\frac{3}{2}\times\frac{20,000}{200\times450}=0.33\ \text{N/mm}^2 < f_v(=0.7\ \text{N/mm}^2)$$

그러므로 안전하다.

4 **스팬 4 m, 단면 200 mm×300mm의 육송보의 중앙에 재하하려는 허용집중하중을 구하시오.**

| 풀이 |

$f_b=9\,\text{MPa}$, $f_v=0.7\,\text{MPa}$로 가정하면

$$Z=\frac{bh^2}{6}=\frac{200\times300^2}{6}=3\times10^6\,\text{mm}^3$$

$$=6750\times10^3\,\text{mm}^3$$

$\sigma=\dfrac{M}{Z}$ 에서

$$M=Z\cdot f_b=3\times10^6\times9=27\times10^6\,\text{N}\cdot\text{mm}=27\,\text{kN}\cdot\text{mm}$$

그런데 중앙의 휨모멘트 $M=\dfrac{Pl}{4}$ 이므로

$$P=\frac{4M}{l}=\frac{4\times27}{4}=27\,\text{kN}$$

5 **스팬 2 m, 단면 100 mm×200mm의 육송 캔틸레보버의 자유단에 재하하려는 허용집중하중을 구하시오.**

| 풀이 |

$f_b=9\,\text{MPa}$, $f_v=0.7\,\text{MPa}$으로 가정하면

$$Z=\frac{bh^2}{6}=\frac{100\times200^2}{6}=667\times10^3\,\text{mm}^3$$

$$M=Z\cdot f_b=667\times10^3\times9=6.0\times10^6\,\text{N}\cdot\text{mm}=6\,\text{kN}\cdot\text{m}$$

$M=Pl$에서, $P=M/l$이므로

$$P=\frac{M}{l}=\frac{6}{2}=3\,\text{kN}$$

6 **스팬** $4\,\text{m}$**, 폭** $b=150\,\text{mm}$**, 춤** $h=300\,\text{mm}$**인 단순보의 허용등분포하중을 구하시오. 다만 허용휨응력도는** $f_b=9\,\text{MPa}$**으로 한다.**

| 풀이 |

$$Z= bh^2\,6=\frac{150\times300^2}{6}=2.25\times10^6\,\text{mm}^3$$

$$M=Z\cdot f_b=2.25\times10^6\times9=20.3\times10^6\,\text{N}\cdot\text{mm}=20.3\,\text{kN}\cdot\text{m}$$

$M=\dfrac{wl^2}{8}$ 에서 $w=\dfrac{8M}{l^2}$ 이므로

$$w=\frac{8\times20.3}{4^2}=10.15\,\text{kN/m}$$

7 **스팬** $4\,\text{m}$**, 폭** $b=150\,\text{mm}$**, 춤** $h=300\,\text{mm}$**, 등분포화중** $w=10\,\text{kN}$**를 받는 단순보가 전단응력도에 대하여 안전한가를 검토하시오.**
다만, 허용전단응력도 $f_v=0.7\,\text{MPa}$**으로 한다.**

| 풀이 |

$$V_{\max}=\frac{w\cdot l}{2}=\frac{10\times4}{2}=20\,\text{kN}$$

$$A=150\times300=45000\,\text{mm}^2$$

$$v=\frac{3}{2}\cdot\frac{V}{A}=\frac{3\times20,000}{2\times45000}=0.67\ \text{N/mm}^2 < f_v(=0.7\ \text{N/mm}^2)$$

그러므로 안전하다.

8 **직경 D인 통나무에서 가장 강성이 좋은 직4각형의 보를 얻고자 한다. 그 단면의 형상을 정하시오.**

| 풀이 |

단면에 있어서 일반적으로 춤 h를 크게 하면 단면 2차모멘트 I가 크게 되고, 따라서 처짐이 작아지므로 강성이 좋은 보를 얻게 된다.
여기서 직경을 4등분하고, 그 끝에서 4등분점에 수선을 그어 그림과 같이 직4각형을 만든다. 이것이 구하고자 하는 보가 된다. 이 때 $h=\sqrt{3}b$가 된다.

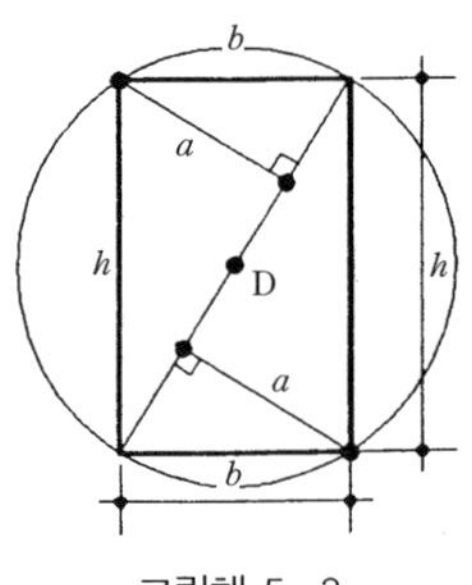

그림해 5 · 3

지금 $I=\dfrac{bh^3}{12}$이므로

bh^3이 최대가 되면 좋다.
여기서 $h=\sqrt{D^2-b^2}$이므로

$$bh^3=b(D^2-b^2)^{\frac{3}{2}}$$

이것을 b에 관해서 미분하면

$$\frac{d[b(D^2-b^2)^{\frac{3}{2}}]}{db}=(D^2-b^2)^{\frac{3}{2}}$$

$$-3b^2(D^2-b^2)^{\frac{1}{2}}=0$$

$$\therefore\ (D^2-b^2)-3b^2=0 \quad D^2=4b^2 \quad \therefore b=\frac{D}{2}$$

여기서, $h=\sqrt{D^2-b^2}=\sqrt{D^2-\dfrac{D^2}{4}}=\dfrac{\sqrt{3}D}{2}$

$$\therefore\ \frac{h}{b}=\sqrt{3} \quad \therefore h=\sqrt{3}b$$

[문제] (P.258)

1 **차축의 회전각이 $6°$ 비틀어졌을 때, $v_{max}=95\,\mathrm{MPa}$되는 최대비틀림응력이 생겼다. 이 차축의 직경이 $50\,\mathrm{mm}$ 전단탄성계수 $G=80\times10^3\,\mathrm{MPa}$일 때 차축의 길이 l을 구하시오.**

| 풀이 |

$v_{max}=\dfrac{M_t\cdot D/2}{I_p}=\dfrac{16M_t}{\pi D^3}$에서 $M_t=\dfrac{\pi D^3\cdot v_{max}}{16}$이므로

$$M_t=\frac{\pi D^3\cdot v_{max}}{16}=\frac{\pi\times50^3\times95}{16}=2.33\times10^6\,\mathrm{N\cdot mm}$$

$$I_p=\frac{\pi\cdot D^4}{32}=\frac{\pi\times50^4}{32}=613\times10^3\,\mathrm{mm}^4$$

$$\theta=\frac{M_t}{G\cdot I_p}=\frac{2.33\times10^6}{80\times10^3\times613\times10^3}=47.5\times10^{-6}\,\mathrm{radian/mm}$$

$\varphi=\theta\cdot l$에서 $l=\dfrac{\varphi}{\theta}$이며 $\varphi=6°=6\times\dfrac{\pi}{180}=\dfrac{\pi}{30}\,\mathrm{rad}$이므로

$$l=\frac{\varphi}{\theta}=\frac{\pi/30}{47.5\times10^{-6}}=2203.5\,\mathrm{mm}=2.2\,\mathrm{m}$$

2 **길이 $5\,\mathrm{m}$, 직경 $50\,\mathrm{mm}$, 두께 $10\,\mathrm{mm}$인 파이프의 1단을 고정시키고 타단에 $P\cdot r$인 비틀림모멘트를 작용시켰다. 이 차축의 최대 비틀림응력 $v_{max}=24\,\mathrm{MPa}$, $G=40,000\,\mathrm{MPa}$, $r=500\,\mathrm{mm}$로 할 때 P의 크기와 회전각 φ를 구하시오.**

| 풀이 |

$$I_p=\frac{\pi(D^4-d^4)}{32}=\frac{\pi(50^4-30^4)}{32}=\frac{1708}{32}=533.8\times10^3\,\mathrm{mm}^4$$

또 $v_{max}=\dfrac{M_t\cdot D/2}{I_p}$에서 $M_t=\dfrac{2I_p\cdot v_{max}}{D}$이므로

$$M_t = P \cdot r = \frac{2I_p \cdot v_{\max}}{I_p} = \frac{2 \times 533.8 \times 10^3 \times 24}{50} = 512.5 \times 10^3 \, \mathrm{N \cdot mm}$$

$$P = \frac{M_t}{r} = \frac{512.5}{500} = 1.03 \, \mathrm{kN}$$

$$\theta = \frac{M_t}{G \cdot I_p} = \frac{512.5 \times 10^3}{40,000 \times 533.8 \times 10^3} = 0.000024 \, \mathrm{radian/mm}$$

$$\varphi = \theta \cdot l = 0.000024 \times 5000 = 0.12 \, \mathrm{rad}(6.9^\circ)$$

3 **그림 5 · 17과 같이 지름이 100 mm인 차축의 1단을 고정시키고 타단에 반지름 $r=300$ mm인 활차를 달고 $P=5$ kN인 힘을 작용시켰을 때 차축에 생기는 최대비틀림응력을 구하시오.**

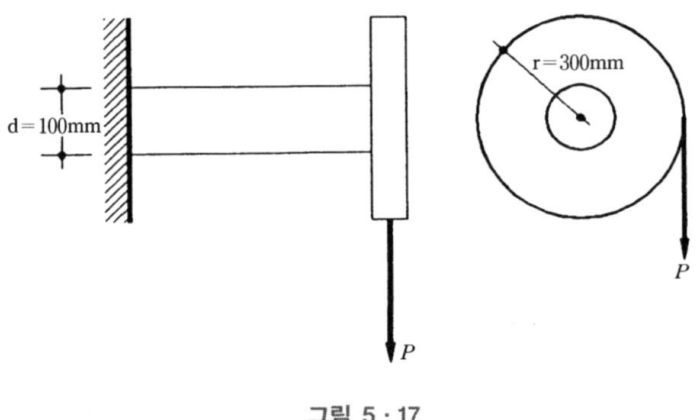

그림 5 · 17

| 풀이 |

$$M_t = P \cdot r = 5,000 \times 300 = 1.5 \times 10^6 \, \mathrm{N \cdot mm}$$

$$v_{\max} = \frac{M_t \cdot D/2}{I_p} = M_t \cdot \frac{D}{2} \cdot \frac{32}{\pi D^4} = \frac{16 M_t}{\pi D^4} = \frac{16 \times 1.5 \times 10^6}{\pi \times 100^3}$$

$$= 7.64 \, \mathrm{N/mm^2(MPa)}$$

[문제] (P.266)

1 **그림 5 · 24와 같이 나무단면** 120mm×150mm, **등분포하중** $w=1\,\text{kN/m}$, $\tan\alpha=\dfrac{1}{3}$, **스팬** 4 m**인 단순보의 단면에 생기는 최대 및 최소휨응력도를 구하시오.**

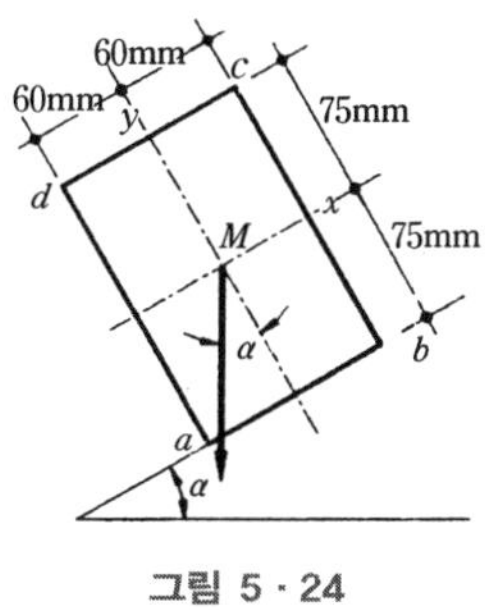

그림 5 · 24

| 풀이 |

$$M=\frac{wl^2}{8}=\frac{1\times4^2}{8}=2\,\text{kN}\cdot\text{m}$$

$$M_y=M\sin\alpha=2\times\frac{1}{\sqrt{10}}$$

$$=0.633\,\text{kN}\cdot\text{m}$$

$$=633\times10^3\,\text{N}\cdot\text{m}$$

$$M_x=M\cos\alpha=2\times\frac{3}{\sqrt{10}}$$

$$=1.9\,\text{kN}\cdot\text{m}$$

$$=1900\times10^3\,\text{N}\cdot\text{m}$$

$$Z_x=\frac{bh^2}{6}=\frac{120\times(150)^2}{6}$$

$$=450\times10^3\,\text{mm}^3$$

$$Z_y=\frac{hb^2}{6}=\frac{150\times(120)^2}{6}=360\times10^3\,\text{mm}^3$$

그림해 5 · 4

$$\sigma_{c(\max)} = \sigma_c = -\frac{M_x}{Z_x} - \frac{M_y}{Z_y} = -\frac{1900\times10^3}{450\times10^3} - \frac{633\times10^3}{360\times10^3}$$

$$= -4.22 - 1.76 = 5.98\,\text{N/mm}^2\,(\text{MPa})(\text{최대압축})$$

$$\sigma_{t(\max)} = \sigma_a = \frac{M_x}{Z_x} + \frac{M_y}{Z_y} = \frac{1900\times10^3}{450\times10^3} + \frac{633\times10^3}{360\times10^3}$$

$$= 4.22 + 1.76 = 5.98\,\text{N/mm}^2(\text{MPa})(\text{최대인장})$$

$$\sigma_{c(\min)} = \sigma_d = -\frac{M_x}{Z_x} + \frac{M_y}{Z_y} = -4.22 + 1.76$$

$$= -2.46\,\text{N/mm}^2(\text{MPa})(\text{최소압축})$$

$$\sigma_{t(\min)} = \sigma_b = \frac{M_x}{Z_x} - \frac{M_y}{Z_y} = 4.22 - 1.76$$

$$= 2.46\,\text{N/mm}^2(\text{MPa})(\text{최소인장})$$

2 **장기하중 $M_x = 800\,\text{N}\cdot\text{m}$, $M_y = 400\,\text{N}\cdot\text{m}$를 받는 중도리를 육송 및 ㄱ 형강으로 그 단면을 결정하시오.**

| 풀이 |

(a) 육송보 설계 :

$f_b = 9\,\text{N/mm}^2$

$f_v = 0.7\,\text{N/mm}^2$로 가정하면

$M_x = 800\times10^3\,\text{N}\cdot\text{mm}$

$M_y = 400\times10^3\,\text{N}\cdot\text{mm}$

$Z_x = \frac{bh^2}{6}$, $Z_y = \frac{hb^2}{6}$

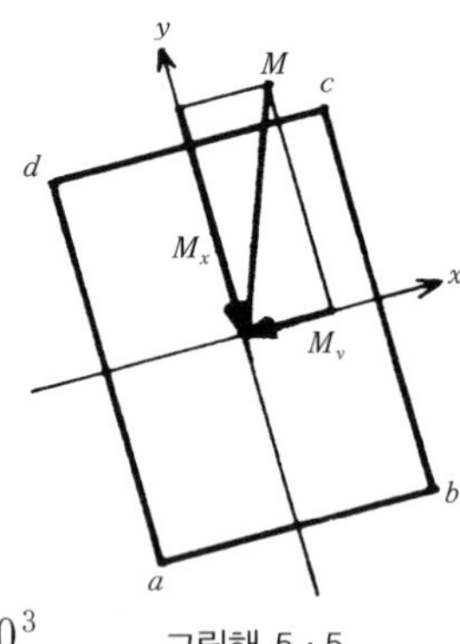

그림해 5 · 5

$$\sigma_c = \sigma_t = \frac{M_x}{Z_x} + \frac{M_y}{Z_y} = \frac{800\times10^3}{\frac{bh^2}{6}} + \frac{400\times10^3}{\frac{hb^2}{6}}$$

$$= \frac{6\times800\times10^3}{bh^2} + \frac{6\times400\times10^3}{hb^2}$$

$h=2b$, $\sigma_c=9\ \mathrm{N/mm^2}\ (=f_b)$로 가정하면

$4800\times10^3 b+2400\times10^3 h=9b^2h^2$

$4800\times10^3 b+2400\times10^3(2b)=9b^2(2b)^2$

$b^3=9600\times10^3\div36=266.7\times10^3\,\mathrm{mm^3}$

$b=64.4\,\mathrm{mm}$ → $70\,\mathrm{mm}$로 함

즉 단면 $b\times h=70\,\mathrm{mm}\times140\mathrm{mm}$

(b) ㄱ형강 설계 :

L－65×65×6을 사용하면

$I_x=I_y=2.94\times10^5\,\mathrm{mm^4}$

$C_x=C_y=18.1\,\mathrm{mm}$에서

$$Z_{xc}=Z_{yc}=\frac{2.94\times10^5}{18.1}$$

$$=16.24\times10^3\,\mathrm{mm^3}$$

$$Z_{xt}=Z_{yt}=\frac{2.94\times10^5}{46.9}=6.27\times10^3\,\mathrm{mm^3}$$

$$\sigma_a=-\left(\frac{M_x}{Z_{xc}}+\frac{M_y}{Z_{yc}}\right)=-\left(\frac{800\times10^3}{16.24\times10^3}+\frac{400\times10^3}{16.24\times10^3}\right)$$

$$=-73.9\,\mathrm{N/mm^2(Mpa)}$$

$$\sigma_b=\frac{-M_x}{Z_{xc}}+\frac{M_y}{Z_{yt}}=\frac{-800\times10^3}{16.24\times10^3}+\frac{400\times10^3}{6.27\times10^3}$$

$$=14.5\,\mathrm{N/mm^2(MPa)}$$

$$\sigma_c=\frac{M_x}{Z_{xt}}-\frac{M_y}{Z_{yt}}=\frac{800\times10^3}{6.27\times10^3}-\frac{400\times10^3}{6.27\times10^3}$$

$$=103\,\mathrm{N/mm^2(MPa)}$$

$\therefore\ f_b=160\ \mathrm{MPa} > \sigma_a,\ \sigma_b,\ \sigma_c$

그러므로 안전하다.

그림해 5 · 6

[문제] (P.277)

1 I－450×175×11 **형강의 핵을 구하시오.**

| 풀이 |

편심하중시

$$\sigma = -\frac{N}{A} + \frac{N \cdot e}{Z} = 0$$

$$N\left(\frac{1}{A} - \frac{e}{Z}\right) = 0, \quad \frac{1}{A} = \frac{e}{Z}, \quad e = \frac{Z}{A}$$

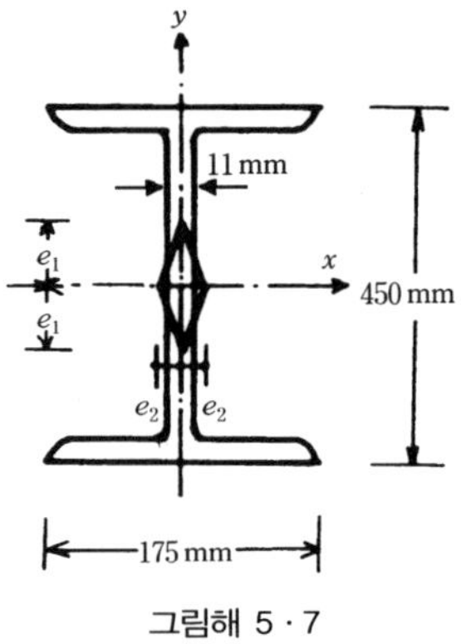

그림해 5 · 7

부록 표 6 표준강재규격(2)에서

$$Z_x = 1.74 \times 10^6 \text{mm}^3$$

$$Z_y = 1.77 \times 10^5 \text{mm}^3$$

$A = 1.168 \times 10^4 \text{mm}^2$이므로

$$e_1 = Z_x / A = 1.74 \times 10^6 / 1.168 \times 10^4 \text{ mm}^2 = 149 \text{mm}$$

$$e_2 = Z_x / A = 1.77 \times 10^5 / 1.168 \times 10^4 \text{ mm}^2 = 15.2 \text{mm}$$

2 ㄷ－300×90×10 **의 형강의 핵을 구하시오.**

| 풀이 |

부록 표 6 표준강재구격(3)에서

$A = 5.574 \times 10^3 \text{mm}^2$, $I_y = 3.73 \times 10^6 \text{mm}^4$

$Z_x = 4.94 \times 10^5 \text{mm}^3$, $Z_y = 5.6 \times 10^4 \text{mm}^3$

$C_y = 23.3 \text{mm}$이므로

$$e_1 = \frac{Z_x}{A} = \frac{4.94 \times 10^5}{5.574 \times 10^3} = 88.6 \text{mm}$$

$$e_2 = \frac{I_y / y_1}{A} = \frac{3.73 \times 10^6 / 23.3}{5.574 \times 10^3}$$

$$= 28.7 \text{mm}$$

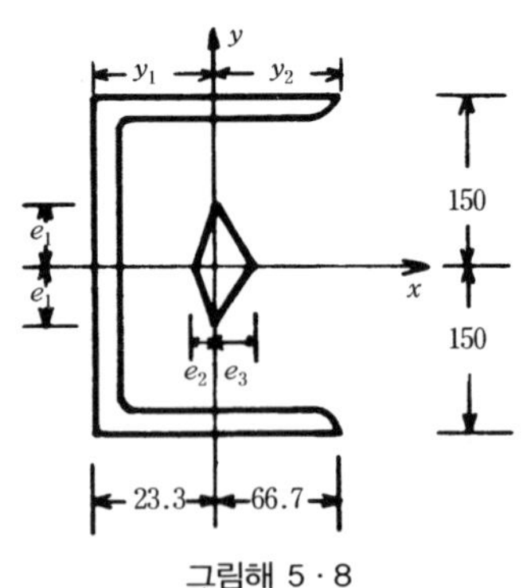

그림해 5 · 8

$$e_3 = \frac{Z_y}{A} = \frac{5.6\times10^4}{5.574\times10^3} = 10.0\,\text{mm}$$

[문제] (P.281)

1 **기초밑면** $1.8\text{m}\times1.5\text{m}$**의 독립기초가 축방향력** $N=120\,\text{kN}$**, 휨모멘트** $M=42\,\text{kN}\cdot\text{m}$**를 받을 때 지반에 생기는 최대압축응력도를 구하시오.**

| 풀이 |

$e=M/N=42/120=0.35\ \text{m} > \frac{l}{6}=1.8/6=0.3$

$e > \frac{l}{6}$ 이므로 $a=\frac{2}{3\left(\frac{1}{2}-e/l\right)}$ 을 사용

$$\therefore\ \sigma_{\max} = \frac{2}{3\left(\frac{1}{2}-e/l\right)}\frac{N}{A} = \frac{2}{3\left(\frac{1}{2}-\frac{0.35}{1.8}\right)}\frac{120}{1.8\times1.5}$$

$$=96.8\,\text{kN/m}^2$$

2 **축방향력** $N=800\,\text{kN}$**, 휨모멘트** $M=200\,\text{kN}\cdot\text{m}$**를 받을 때 안전한 기초밑면의 크기를 구하시오. 다만, 허용지내력도** $f_e=200\,\text{kN/m}^2$**으로 한다.**

| 풀이 |

$e=M/N=200/800=0.25\,\text{m}$, 기초에 인장이 생기지 않기 위해 $l=6e=6\times0.25=1.5\,\text{m}$ 이상이어야 한다.

$A=\frac{N}{f_e}=800/200=4\,\text{m}^2$, 즉 $2\text{m}\times2\text{m}$로 가정함.

$$\sigma_{\max} = \frac{N}{A}\left(1+6\frac{e}{l}\right) = \frac{800}{4}\left(1+6\times\frac{0.25}{2}\right)$$

$$= 350\ \text{kN/m}^2 > 200\ \text{kN/m}^2\ (=f_e)$$

∴ 불안정이므로 단면을 다시 2.6m×2.6m로 가정함

$$\sigma_{\max} = \frac{N}{A}\left(1+6\frac{e}{l}\right) = \frac{800}{6.76}\left(1+6\times\frac{0.25}{2.6}\right)$$

$$= 187\ \text{kN/m}^2 < 200\ \text{kN/m}^2\ (=f_e)$$

∴ 기초저면 : 2.6m×2.6m

[문제] (P.300)

1 [예 3]에서 그림 5 · 43 (a), (c) 및 (d)의 경우에 대하여 각각 기둥의 오이라식 좌굴하중을 구하시오.

| 풀이 |

단면은 150mm×150mm

$E = 8\times10^3\ \text{N/mm}^2$

$l = 5000\ \text{mm}$ 이다.

[예 3]에서 양단회전단일 때 좌굴하중

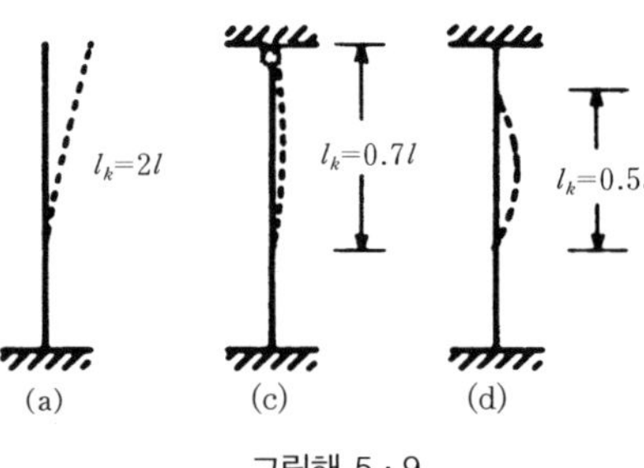

그림해 5 · 9

$N_k = \dfrac{\pi^2 EI}{(l_k)^2} = 133.1\ \text{kN}$ 이므로

식 (5.44)에서

(a)의 경우 : $N_k = \dfrac{\pi^2 EI}{4(l_k)^2} = \dfrac{133.1}{4} = 33.3\ \text{kN}$

(c)의 경우 : $N_k = \dfrac{2\pi^2 EI}{(l_k)^2} = 2\times133.1 = 266.2\ \text{kN}$

(d)의 경우 : $N_k = \dfrac{4\pi^2 EI}{(l_k)^2} = 4\times133.1 = 532.4\ \text{kN}$

2 [예 4]에서 그림 5 · 43 (a), (c) 및 (d)의 경우에 대하여 각각 기둥의 오이라식의 좌굴하중을 구하시오.

| 풀이 |

양단회전단일 때 $l_k = l$, $N_k = \dfrac{\pi^2 EA}{\lambda_y^{\;2}} = 54.4\,\text{kN}$ 이므로

(a)의 경우 : 1단자유, 타단고정이므로 $l_k = 2l$

$$\therefore\ N_k = \pi^2 EA/(2\lambda_y)^2 = \frac{54.4}{4} = 13.6\,\text{kN}$$

(c)의 경우 : 1단회전, 타단고정이므로 $l_k = 1/\sqrt{2}\,l$

$$\therefore\ N_k = \pi^2 EA/\left(\frac{1}{\sqrt{2}}\lambda_y\right)^2 = 2\times 54.4 = 108.8\,\text{kN}$$

(d)의 경우 : 양단고정이므로 $l_k = 0.5l$

$$\therefore\ N_k = \pi^2 EA/(0.5\lambda_y)^2 = 4\times 54.4 = 217.6\,\text{kN}$$

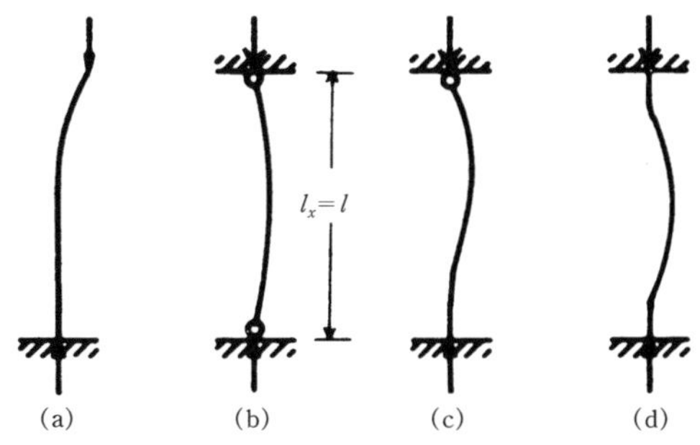

그림해 5 · 10

3 **[예 5]에서 그림 5 · 43 (a), (b) 및 (d)의 경우에 대하여 각각 기둥이 좌굴을 일으키는 최소길이를 구하시오.**

| 풀이 |

1단 회전단, 타단고정 ($l_k=0.7l$)일 때 $l=\sqrt{2}\left(\sqrt{\frac{\pi^2EI}{N_k}}=1.99\,\mathrm{m}\right.$

이므로

(b)의 경우 : $l=1.99/\sqrt{2}=1.40\,\mathrm{m}$

(d)의 경우 : $l=1.40\times2=2.80\,\mathrm{m}$

(a)의 경우 : $l=1.4\times1/2=0.7\,\mathrm{m}$

Chapter 6

구조물의 변형

기하학적 방법

(1) 탄성곡선법

$$\frac{d^2y}{dx^2} = -\frac{M}{EI}$$

$$\theta = \frac{dy}{dx} = -\int \frac{M}{EI}\,dx + c_1$$

$$y = -\int\int \frac{M}{EI}\,dx \cdot dx + c_1x + c_2$$

(2) Mohr의 정리

1) 단순보 : 임의의 점에서 처짐각 θ와 처짐 δ는 각점의 $\frac{M}{EI}$도를 가상하중으로 생각할 때 그 점에 생기는 전단력 및 휨모멘트와 같다.

2) 캔틸레버보 : 임의점에서의 처짐각 θ와 처짐 δ는 각점의 $\frac{M}{EI}$도를 가상하중으로 생각할 때 그 자유단과 고정단을 바꾸어 놓았을 때의 전단력과 휨모멘트와 같다.

2 에너지 법

(1) 외력의 일

$$W_E = \frac{1}{2}P\delta \text{ 또는 } \frac{1}{2}M\theta$$

(2) 내력의 일

$$W_i = \int \frac{N^2}{2EA}dx + k\int \frac{V^2}{2GA}dx + \int \frac{M^2}{2EI}dx$$

$k = \frac{6}{5}$: 직4각형

$\frac{10}{9}$: 원형

(3) 에너지 법

$$W_E = W_i$$

3 카스치리아노의 정리

(1) Castigliano의 정리 1

$$\delta = \frac{\partial W}{\partial P} = \int \frac{N}{EA}\frac{\partial N}{\partial P}dx + k\int \frac{V}{GA}\frac{\partial V}{\partial P}dx + \int \frac{M}{EI}\frac{\partial M}{\partial P}dx$$

$$\theta = \frac{\partial W}{\partial M_n} = \int \frac{N}{EA}\frac{\partial N}{\partial M_n}dx + k\int \frac{V}{GA}\frac{\partial V}{\partial M_n}dx + \int \frac{M}{EI}\frac{\partial M}{\partial M_n}dx$$

(2) Castigliano의 정리 2

$$\frac{\partial W}{\partial P} = \int \frac{N}{EA}\frac{\partial N}{\partial P}dx + k\int \frac{V}{GA}\frac{\partial V}{\partial P}dx + \int \frac{M}{EI}\frac{\partial M}{\partial P}dx = 0$$

$$\frac{\partial W}{\partial M_n} = \int \frac{N}{EA}\frac{\partial N}{\partial M_n}dx + k\int \frac{V}{GA}\frac{\partial V}{\partial M_n}dx + \int \frac{M}{EI}\frac{\partial M}{\partial M_n}dx = 0$$

4 가상일 법

(1) 일반식

$$\delta(\text{또는 } \theta) = \int \frac{\overline{N}N}{EA}dx + k\int \frac{\overline{V}V}{GA}dx + \int \frac{\overline{M}M}{EI}dx$$

(2) 통상산정식

1) 트러스

$$\delta = \int \frac{\overline{N}N}{EA}dx = \Sigma \frac{\overline{N}Nl}{EA}$$

2) 보 및 라멘

$$\delta(\text{또는 } \theta) = \int \frac{\overline{M}M}{El}dx$$

(3) 상반작용의 원리

1) Betti의 법칙

$$P_i\delta_{ik} = \int \frac{N_iN_k}{El}dx + k\int \frac{V_iV_k}{GA}dx + \int \frac{M_iM_k}{EI}dx$$

$$P_k\delta_{k'i} = \int \frac{N_kN_i}{El}dx + k\int \frac{V_kV_i}{GA}dx + \int \frac{M_kM_i}{EI}dx$$

$$P_i\delta_{ik} = P_k\delta_{ki}$$

2) Maxwell의 상반원리

$$P_i = P_k$$

$$\delta_{kl} = \delta_{ik}$$

6장 연습 문제

[문제] (P.325)

1 **다음 그림과 같은 보의 자유단의 처짐을 구하시오.**

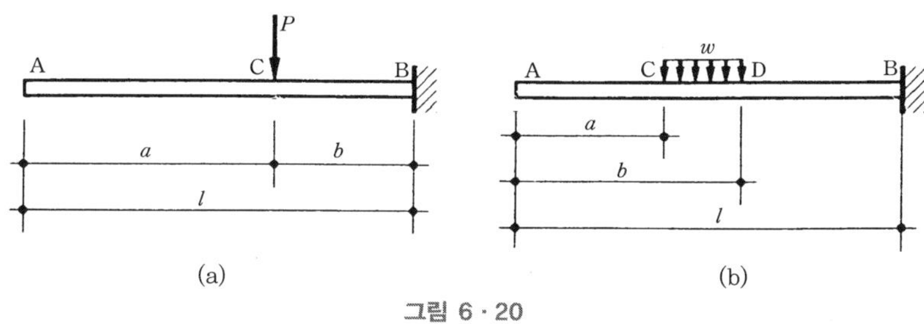

그림 6 · 20

| 풀이 |

(a)

C점의 처짐 y_c는

$$y_c = \frac{Pb^3}{3EI}$$

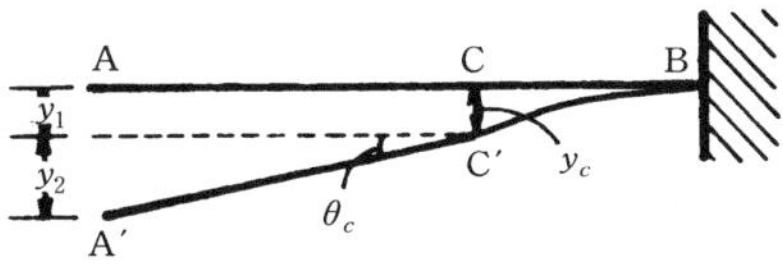

그림해 6 · 1

C점의 처짐각은

$$\theta_c = -\frac{Pb^2}{2EI}$$

AC 사이는 휨모멘트가 0이며 따라서 휘지 않고 직선(A'C')이므로 A점의 처짐은 $y_1 = y_c$와 $y_2 = a\theta_c = \dfrac{Pb^2}{2EI}a$의 합계이다.

$$\therefore \ y_a = \frac{Pb^3}{3EI} + \frac{Pab^3}{2EI} = \frac{Pb^2}{6EI}(3a+2b)$$

(b)

CD 사이의 임의의 점 x에서 미소한 구간 dx의 하중 wdx에 의한 A점의 처짐은 앞 문제의 (y_a)식 중 $a=x$, $b=l-x$, $P=wdx$로 놓으면 구할 수 있다. 즉

$$dy_A = \frac{w}{6EI}(l-x)^2(3x+2l-2x)dx$$

$$= \frac{w}{6EI}(l-x)^2(x+2l)dx$$

그러므로 CD 사이 전부의 분포하중에 의한 A점의 처짐은

$$y_A = \frac{w}{6EI}\int_a^b (l-x)^2(x+2l)dx$$

$$= \frac{w}{6EI}\int_a^b (x^3-3l^2x+2l^3)dx$$

$$= \frac{wl^4}{6EI}\left[\frac{1}{2}\frac{x^4}{l^4} - \frac{3}{2}\frac{x^2}{l^2} + 2\frac{x}{l}\right]_a^b$$

$$= \frac{wl^4}{24EI}\left[\frac{b^4-a^4}{l^4} - 6\frac{b^2-a^2}{l^2} + 8\frac{b-a}{l}\right]$$

2 다음 그림과 같은 보의 탄성곡선을 구하시오.

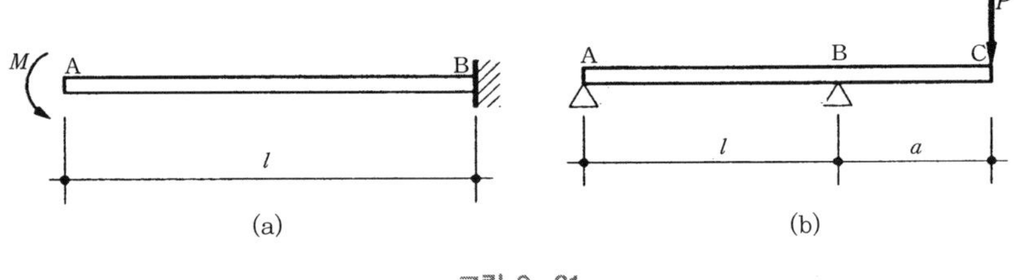

그림 6 · 21

| 풀이 |

(a)

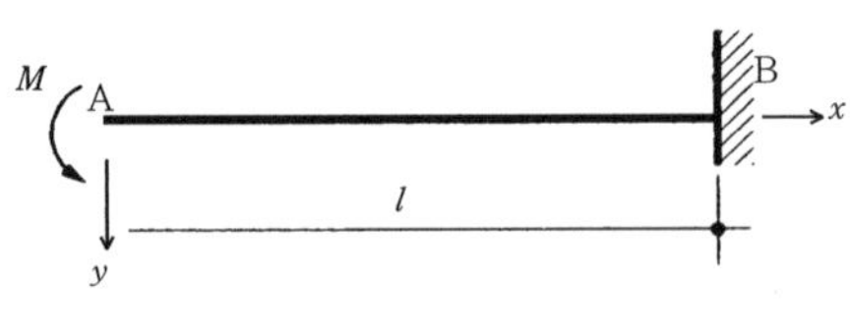

그림해 6 · 2

자유단에 원점을 택하여 그림해 6 · 2와 같이 x, y축을 택하면 임의

점 x의 휨모멘트는

$$M_x = -M$$

$$\therefore \ EIy'' = M \quad \cdots\cdots (1)$$

$$\therefore \ EIy' = Mx + C_1 \quad \cdots\cdots (2)$$

$$EIy = \frac{M}{2}x^2 + C_1x + C_2 \quad \cdots\cdots (3)$$

B점 $x = l$에서 $y' = 0$, $y = 0$이므로

(2)식에서 $C_1 = -Ml$,

(3)식에서 $C_2 = \frac{M}{2}l^2$

이들의 값을 (3)식에 대입하면

$$y = \frac{M}{EI}\left(\frac{x^2}{2} - lx + \frac{l^2}{2}\right) = \frac{M}{2EI}(x-l)^2$$

(b)

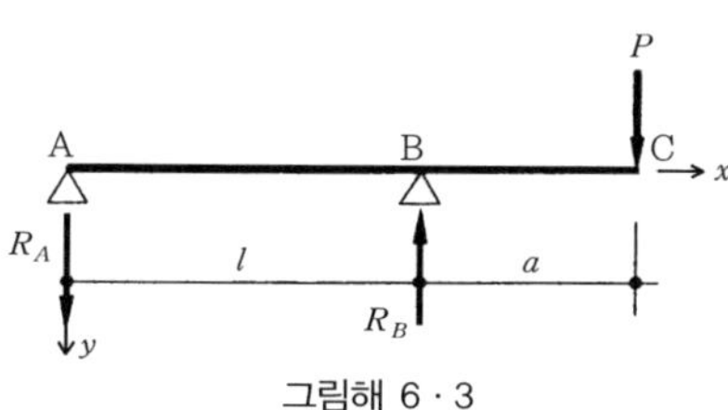

그림해 6 · 3

A점에 원점을 택하여 그림해 6 · 3과 같이 AB 방향에 x축을, 하방향에 y축을 정하면 임의점의 휨모멘트는 A점의 반력이

$R_A = \frac{Pa}{l}$ (하향)이므로

AB 사이에서는 $M = -\frac{Pa}{l}x$

BC 사이에서는 $M = -P(l + a - x)$

그러므로 AB 사이의 처짐을 y_1, BC 사이에서는 y_2라고 하면

$$EIy_1'' = \frac{Pa}{l}x$$

$$EIy_1{}' = \frac{Pa}{2l}x^2 + C_1$$

$$EIy_1 = \frac{Pa}{6l}x^3 + C_1 x + C_2 \quad \cdots\cdots (1)$$

$$EIy_2{}'' = P(l + a - x)$$

$$EIy_2{}' = -\frac{P}{2}(l + a - x)^2 + C_3$$

$$EIy_2 = \frac{P}{6}(l + a - x)^3 + C_3 x + C_4 \quad \cdots\cdots (2)$$

그런데 A점 $x=0$에서 $y_1=0$이므로

$$C_2 = 0$$

또 B점 $x=l$에서 $y_1=0$, $y_2=0$이므로

$$C_1 = -\frac{Pal}{6}$$

$$C_3 l + C_4 = -\frac{Pa^3}{6}$$

또 B점 $x=l$에서 $y_1{}'=y_2{}'$이므로

$$C_3 = \frac{Pa^2}{2} + \frac{Pal}{2} - \frac{Pal}{6} = \frac{Pa}{6}(3a + 2l)$$

이값을 위식에 대입하면

$$C_4 = -\frac{Pa}{6}(a^2 + 3al + 2l^2)$$

그러므로 이들의 적분상수의 값을 (1), (2)식에 대입하면 보 각 부분의 탄성곡선을 구할 수 있다.

$$y_1 = \frac{1}{EI}\left(\frac{Pa}{6l}x^3 - \frac{Pal}{6}x\right) = \frac{Pal^2}{6EI}\left(\frac{x^3}{l^3} - \frac{x}{l}\right)$$

$$y_2 = \frac{1}{EI}\left\{\frac{P}{6}(l + a - x)^3 + \frac{Pa}{6}(3a + 2l)x - \frac{Pa}{6}a^2 \right.$$

$$\left. + 3al + 2l^2\right\}$$

$$= \frac{1}{6EI}\{-x^3 + 3(l + a)x^2 - (3l + 4a)lx + l^2(a + l)\}$$

$$= \frac{Pal^2}{6EI}\left\{\frac{-x^3}{al^2} + 3\left(\frac{l}{a} + 1\right)\frac{x^2}{l^2} - \left(3\frac{1}{a} + 4\right)\frac{x}{l} + 1 + \frac{l}{a}\right\}$$

3 **다음 그림과 같은 보의 탄성곡선과 양단의 처짐각을 구하시오.**

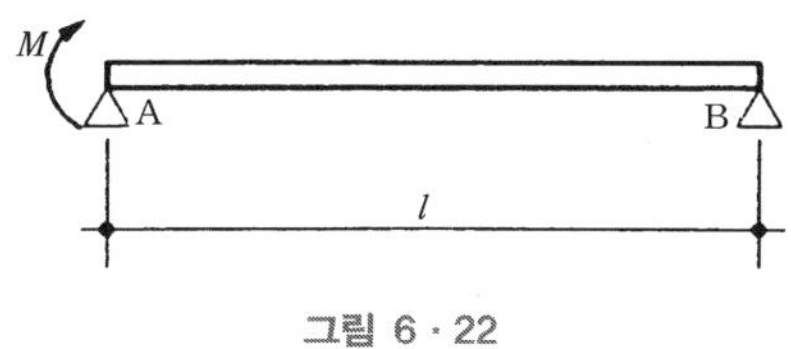

그림 6 · 22

| 풀이 |

A점에 원점을 택하여 좌표축을 그림해 6 · 4와 같이 택하면 임의 점 x의 휨모멘트 M_x는

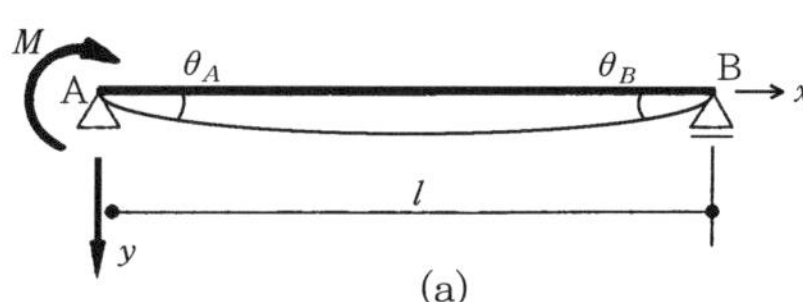

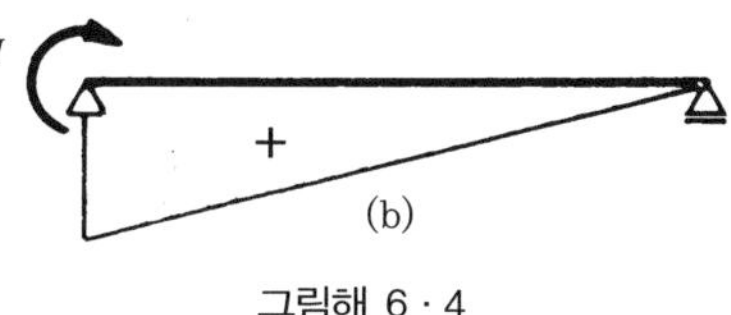

그림해 6 · 4

$$M_x = \frac{M}{l}(l-x)$$

$$\therefore\ EIy'' = -\frac{M}{l}(l-x)$$

$$= \frac{M}{l}(x-l) \cdots\cdots\cdots (1)$$

$$EIy' = \frac{M}{2l}(x-l)^2 + C_1 \cdots\cdots\cdots (2)$$

$$EIy = \frac{M}{6l}(x-l)^3 + C_1x + C_2 \cdots\cdots\cdots (3)$$

A점 $x=0$ 에서 $y=0$ 이므로 $C_2 = \frac{Ml^2}{6}$

B점 $x=l$에서 $y=0$ 이므로 $C_1 = -\frac{Ml}{6}$

이값을 (2),(3)식에 대입하면

$$y' = \frac{Ml}{6EI}\left\{3\left(\frac{x}{l}-1\right)^2 - 1\right\}$$

$$y = \frac{Ml^2}{6EI}\left\{\left(\frac{x}{l}-1\right)^3 - \frac{x}{l} + 1\right\}$$

처짐각

A점 $x=0$에서 $y'_A = \frac{Ml}{3EI} = \theta_A$

B점 $x=l$에서 $y'_B=\dfrac{Ml}{6EI}=\dfrac{\theta_A}{2}=\theta_B$

최대처짐

$y'=0$으로 하면 $3x^2-6lx+2l^2=0$에서

$$x=\frac{3\pm\sqrt{3}}{3}l=0.423l\ (\because x<l)$$

이 점에서 처짐 y는 최대치가 된다.

$$y_{\max}=\frac{\sqrt{3}Ml^2}{27EI}$$

4 다음 그림과 같은 보의 자유단의 처짐각과 처짐을 구하시오.

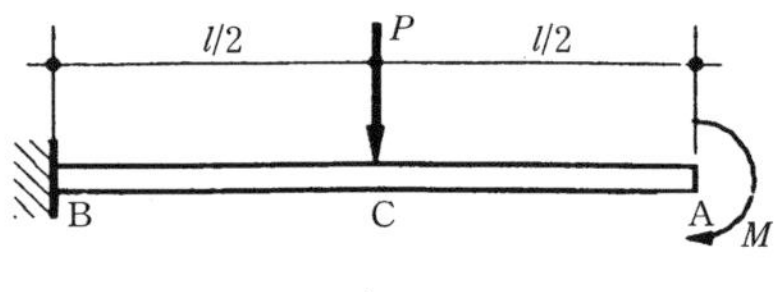

그림 6·23

| 풀이 |

가상하중((b)도 참조)에 의한 A점의 전단력(A점의 회전각 θ_A)은

$$\theta_A=\frac{Ml}{EI}+\frac{Pl}{2EI}\times\frac{l}{4}$$

$$=\frac{l}{EI}\left(M+\frac{Pl}{8}\right)$$

가상하중에 의한 A점의 휨모멘트(A점의 처짐 y_A)는

$$y_A=\frac{Ml}{EI}\times\frac{1}{2}+\frac{Pl^2}{8EI}\times\frac{5}{6}l$$

$$=\frac{l^2}{48EI}(24M+5Pl)$$

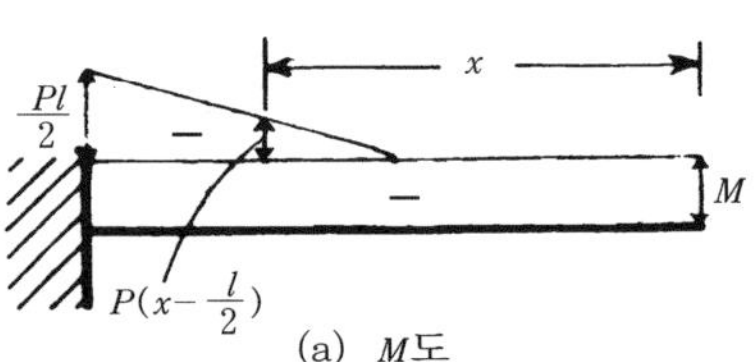

(a) M도

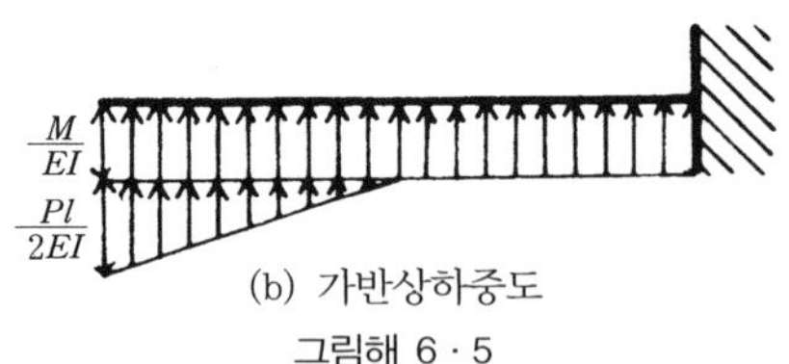

(b) 가반상하중도

그림해 6·5

[문제] (P.337)

1 **다음과 같은 보에서 하중 P_1 및 P_2가 한 변형에너지를 구하시오.**

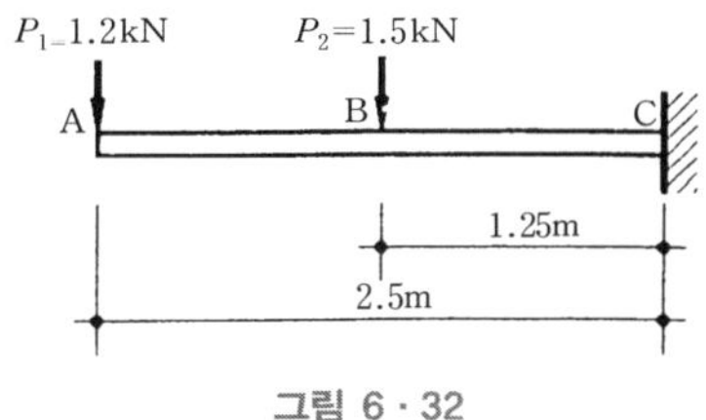

그림 6 · 32

| 풀이 |

그림과 같이 A점에 원점을 택하여 x, y축을 정하면 임의점 x의 휨모멘트는 다음과 같이 된다.

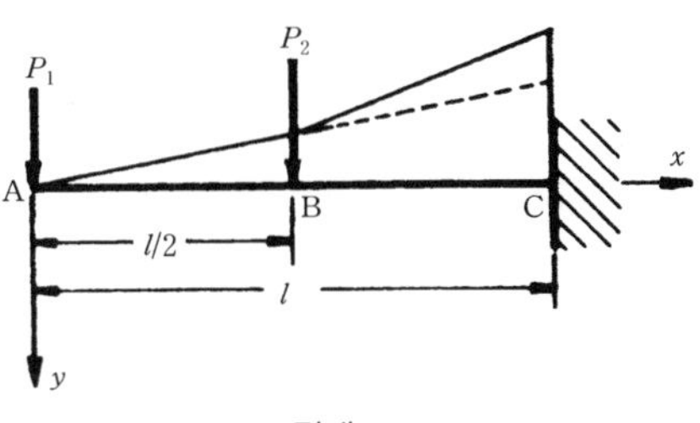

그림해 6 · 6

AB 사이 $M = -P_1 x$

BC 사이 $M = -P_1 x - P_2\left(x - \frac{l}{2}\right)$

$$= -(P_1 + P_2)x + \frac{P_2 l}{2}$$

그러므로 휨모멘트에 의한 변형에너지는

$$W = \frac{1}{2}\int \frac{M^2}{EI}dx$$

$$= \frac{1}{2EI}\left\{\int_0^{\frac{l}{2}} {P_1}^2 x^2 dx + \int_{\frac{l}{2}}^{l} (P_1 + P_2)^2 x^2 dx - \int_{\frac{l}{2}}^{l} P_2 l (P_1 + P_2) x dx + \int_{\frac{l}{2}}^{l} \frac{{P_2}^2 l^2}{3} dx\right\}$$

$$= \frac{1}{2EI}\left\{\frac{{P_1}^2}{3}\left[x^3\right]_0^{\frac{l}{2}} + \frac{(P_1 + P_2)^2}{3}\left[x^3\right]_{\frac{l}{2}}^{l} - \frac{P_2(P_1 + P_2)}{2} l \left[x^2\right]_{\frac{l}{2}}^{l} + \frac{{P_2}^2 l^2}{4}\left[x\right]_{\frac{l}{2}}^{l}\right\}$$

$$=\frac{l^3}{2EI}\left\{P_1{}^2\left(\frac{1}{24}+\frac{7}{24}\right)+P_1P_2\left(\frac{7}{12}-\frac{3}{8}\right)\right.$$

$$\left.+\ P_2{}^2\left(\frac{7}{24}-\frac{3}{8}+\frac{1}{8}\right)\right\}$$

$$=\frac{l^3}{2EI}\left(\frac{1}{3}\ P_1{}^2+\frac{5}{24}P_1P_2+\frac{1}{24}\ P_2{}^2\right)$$

여기에 $P_1=1.2\,\mathrm{kN}$, $P_2=1.5\,\mathrm{kN}$, $l=2.5\,\mathrm{m}$를 대입하면

$$W=\frac{(2.5)^3}{2EI}\left\{\frac{(1.2)^2}{3}+\frac{5\times1.2\times1.5}{24}+\frac{(1.5)^2}{24}\right\}$$

$$=\frac{7.421}{EI}\ (\mathrm{kN}\cdot\mathrm{m})$$

2 다음과 같은 보에서 등분포하중 w가 한 변형에너지를 구하시오.

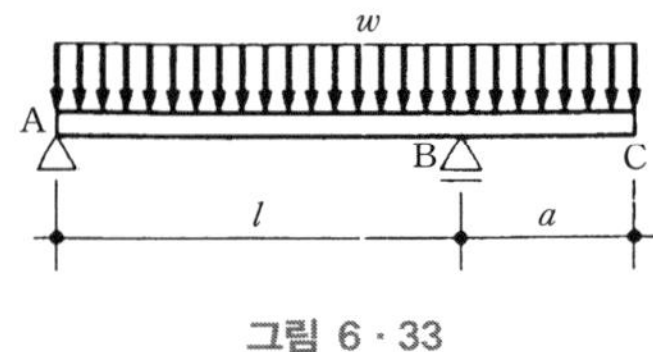

그림 6 · 33

| 풀이 |

A, B점의 반력을 R_A, R_B라고 하면

$\Sigma Y=0$에서 $R_A+R_B-w(l+a)=0$ ·································· (1)

$\Sigma M_A=0$에서 $\dfrac{w(l+a)^2}{2}-R_Bl=0$ ·································· (2)

$$\therefore\ R_B=\frac{w(l+a)^2}{2l}$$

$$R_A=w(l+a)-\frac{w(l+a)^2}{2l}$$

$$=w(l+a)\frac{2l-l-a}{2l}$$

$$=\frac{w(l+a)(l-a)}{2l}=\frac{w(l^2-a^2)}{2l}$$

그림해 6 · 7

그러므로 좌표축을 그림과 같이 택하면 임의점 x의 휨모멘트는

AB 사이

$$M=\frac{w(l^2-a^2)}{2l}x_1-\frac{w}{2}x_1{}^2$$

BC 사이 $M=-\frac{w}{2}(a-x_2)^2$

여기서 x_1은 원점을 A에 택하였을 때이고 x_2는 원점을 B에 택하였을 때이다. 그러므로 변형에너지는 다음과 같다.

$$W=\int\frac{M^2}{2EI}dx=\frac{w^2}{8EI}\left\{\int_0^l\left(\frac{l^2-a^2}{l}x_1-x_1{}^2\right)^2dx_1\right.$$

$$\left.+\int_0^a(a-x_2)^4dx_2\right\}$$

$$=\frac{w^2}{8EI}\left\{\int_0^l\frac{(l^2-a^2)}{l^2}x_1{}^2dx_1-\frac{2(l^2-a^2)}{l}\int_0^l x_1{}^3dx_1\right.$$

$$\left.+\int_0^l x_1{}^4dx-\frac{1}{5}\left[(a-x_2)^5\right]_0^a\right\}$$

$$=\frac{w^2}{8EI}\left\{\frac{(l^2-a^2)^2}{3l^2}l^3-\frac{(l^2-a^2)}{4l}l^2+\frac{l^5}{5}+\frac{a^5}{5}\right\}$$

$$=\frac{w^2}{240EI}\{10l(l^2-a^2)^2-15l^3(l^2-a^2)+6l^5+6a^5\}$$

[문제] (P.344)

1 **다음 그림 6 · 39와 같은 보의 D점의 처짐과 A점의 처짐각을 구하시오.**

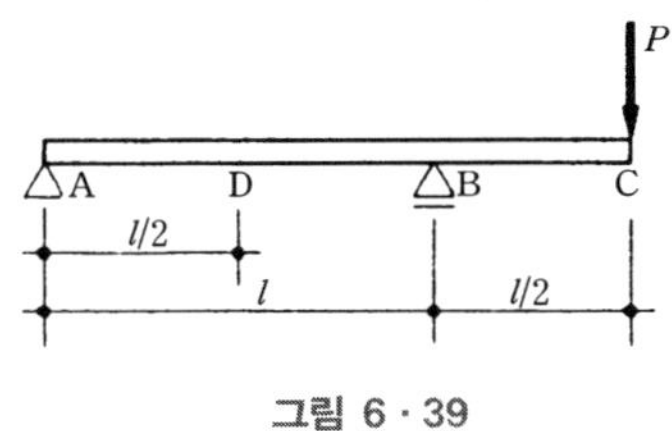

그림 6 · 39

| 풀이 |

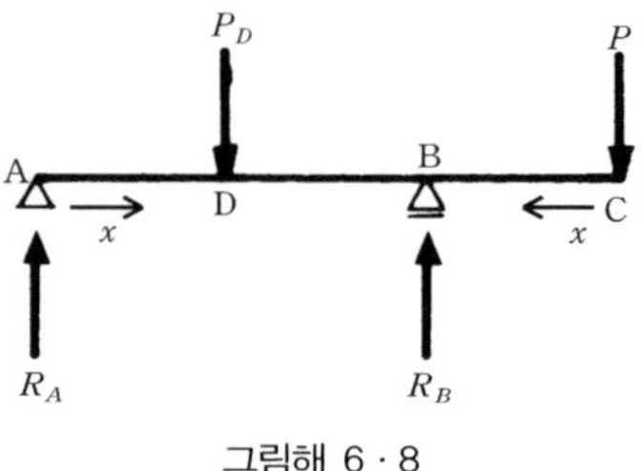

그림해 6 · 8

다음 그림과 같이 D점에 가상의 하중 P_D를 가했을 때 2개의 하중 P_D, P에 의한 보 각 부분의 휨모멘트를 구하면

$$R_A = \frac{P_D}{2} - \frac{P}{2} = \frac{1}{2}(P_D - P)$$

$$R_B = \frac{P_D}{2} + \frac{3}{2}P = \frac{1}{2}(P_D + 3P)$$

A점에 원점을 택하여 AB방향에 x축을 정하면

AD 사이 $M = \frac{1}{2}(P_D - P)x$

DB 사이 $M = \frac{1}{2}(P_D - P)x - P_D\left(x - \frac{l}{2}\right) = -\frac{1}{2}(P_D + P)x + \frac{P_D}{2}l$

C점에 원점을 택하여 CD방향에 x를 정하면

$M = -Px$

그런데 D점의 처짐 δ_D는

$$\delta_D = \left(\frac{\partial W}{\partial P_D}\right)_{P_D=0} = \frac{1}{EI}\int\left(M\frac{\partial M}{\partial P_D}\right)_{P_D=0} dx$$

$\left.\frac{\partial M}{\partial P_D}\right|_{P_D=0} = \frac{1}{2}x$ ……………………………………………………AD 사이

$\left.\frac{\partial M}{\partial P_D}\right|_{P_D=0} = -\frac{1}{2}x + \frac{l}{2}$ ……………………………………………DB 사이

$\left.\frac{\partial M}{\partial P_D}\right|_{P_D=0} = 0$ …………………………………………………………CB 사이

$$\therefore\ \delta_D = \frac{1}{EI}\left\{\int_0^{\frac{l}{2}} -\frac{P}{4}x^2 dx + \int_{\frac{l}{2}}^{l}\left(\frac{P}{4}x^2 - \frac{P}{2}lx\right)dx\right\}$$

$$= \frac{P}{EI}\left\{-\frac{1}{12}\left[x^3\right]_{l}^{\frac{l}{2}} + \frac{1}{12}\left[x\right]_{\frac{l}{2}}^{l} - \frac{l}{8} \leq f\left[x\right]_{\frac{l}{2}}^{l}\right\} = -\frac{Pl_3}{32EI}$$

부호는 D점에 가한 P_D의 작용방향과 반대, 즉 상향의 변위가 된다는

것을 표시한다.

다음에 그림과 같이 하중 P와 A점에 휨모멘트 m을 가할 때 양하중에 의한 보의 각 부분의 휨모멘트를 구하면

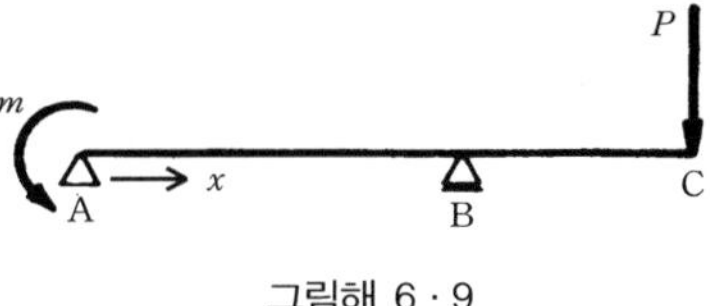

그림해 6 · 9

$$R_A = -\frac{P}{2} + \frac{m}{l} \text{ 에서}$$

A점에 원점을 택하여 AB방향에 x축을 정하면

AB 사이 $M = -m + \left(-\frac{P}{2} + \frac{m}{l}\right)x$

BC 사이 $M = -P\left(\frac{3}{2}l - x\right)$

그런데 A점의 회전각 θ_A는

$$\theta_A = \left(\frac{\partial W}{\partial m}\right)_{m=0} = \frac{1}{EI}\int\left(M\frac{\partial M}{\partial m}\right)_{m=0} dx$$

$\left.\frac{\partial M}{\partial m}\right|_{m=0} = -1 + \frac{x}{l}$ AB 사이

$\left.\frac{\partial M}{\partial m}\right|_{m=0} = 0$ BC 사이

$$\theta_A = \frac{-P}{2EI}\int_0^l\left(-x + \frac{x^2}{l}\right)dx = \frac{-P}{2EI}\left[-\frac{x^2}{2} + \frac{x^3}{3l}\right]_0^l = \frac{Pl^2}{12EI}$$

방향은 m에 의한 것과 같은 방향이다.

2 다음 그림 6 · 40과 같은 보에서 C점의 처짐을 구하시오.

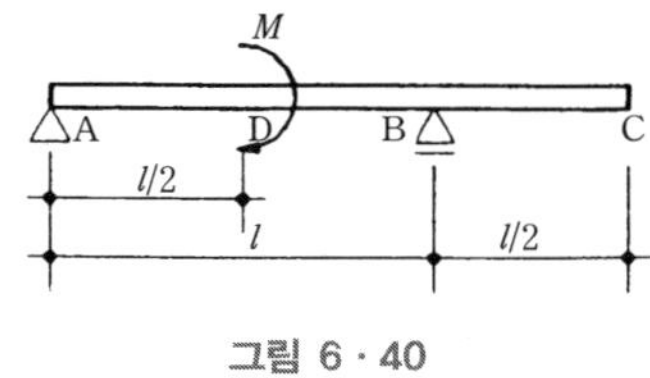

그림 6 · 40

| 풀이 |

C점에 그림과 같이 하중 P를 가할 때의 M와 P에 의한 보 각 부분의 휨모멘트는 다음과 같이 된다.

$R_A = -\frac{M}{l} - \frac{P}{2}$ 이므로

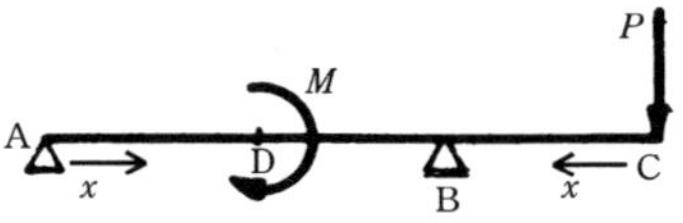

AD 사이 $M_1 = -\left(\frac{M}{l} + \frac{P}{2}\right)x$

DB 사이 $M_2 = -\left(\frac{M}{l} + \frac{P}{2}\right)x + M$

BC 사이 $M_3 = -Px$

그림해 6 · 10

다만, AB 사이에서는 원점을 A에 택하여 x축을 AB방향으로 CB 사이에서는 원점을 C로 택하여 CB방향에 x축을 정하였다.

그러므로 C점의 변위 δ_c는

$$\delta_c = \left(\frac{\partial W}{\partial P}\right)_{P=0} = \frac{1}{EI}\int\left(\frac{\partial W}{\partial P}\right)_{P=0} dx$$

그런데 AD 사이에는

$$\left.\frac{\partial M_1}{\partial P}\right|_{P=0} = -\frac{x}{2} \qquad \therefore M_1 \left.\frac{\partial M_1}{\partial P}\right|_{P=0} = \frac{M}{2l}x^2$$

DB 사이에서는

$$\left.\frac{\partial M_2}{\partial P}\right|_{P=0} = -\frac{x}{2} \qquad \therefore M_2 \left.\frac{\partial M_2}{\partial P}\right|_{P=0} = \frac{M}{2l}x^2 - \frac{M}{2}x$$

BC 사이에서는

$$\left.\frac{\partial M_3}{\partial P}\right|_{P=0} = -x \quad \therefore \left.\frac{\partial M_3}{\partial P}\right|_{P=0} = 0$$

$$\therefore\ \delta_c = \frac{1}{EI}\left\{\int_0^{\frac{l}{2}} \frac{M}{2l}x^2 dx + \int_{\frac{l}{2}}^{l}\left(\frac{M}{2l}x^2 - \frac{M}{2}x\right)dx\right\}$$

$$= \frac{1}{EI}\left\{\frac{M}{6l}\left[x^3\right]_0^{\frac{l}{2}} + \frac{M}{6l}\left[x^3\right]_{\frac{l}{2}}^{l} - \frac{M}{4}\left[x^2\right]_{\frac{l}{2}}^{l}\right\}$$

$$= \frac{Ml^2}{EI}\left(\frac{1}{48} + \frac{7}{48} - \frac{3}{16}\right) = \frac{Ml^2}{48EI}\ (\text{상향})$$

[문제] (P.369)

1 **다음 그림과 같은 보에서 중앙 C점의 처짐을 구하시오.**

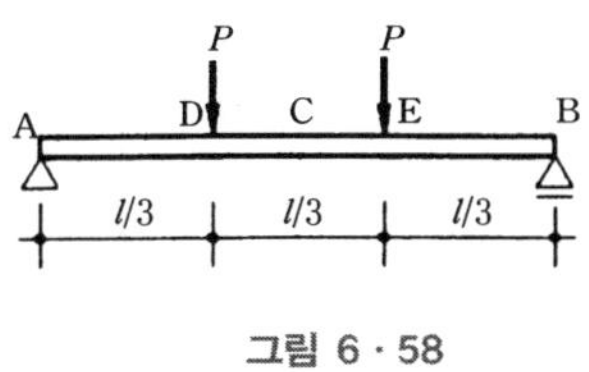

그림 6 · 58

| 풀이 |

가상일법에 의한 (6 · 36)식

$\delta = \int \frac{\overline{M}M}{EI}dx$을 적용한다.

그림해 6 · 11에서

AD 사이 $M = Px \quad \overline{M} = \frac{x}{2}$

DC 사이 $M = \frac{Pl}{3} \quad \overline{M} = \frac{x}{2}$

그림해 6 · 11

$$\therefore \ \delta_c = \frac{2}{EI}\int_0^{\frac{l}{2}} \overline{M}Mdx$$

$$= \frac{2}{EI}\left\{\int_0^{\frac{l}{3}} \frac{Px^2}{2}dx + \int_{\frac{l}{3}}^{\frac{l}{2}} \frac{Pl}{6}xdx\right\}$$

$$= \frac{2}{EI}\left[\frac{P}{6}\left(\frac{l}{3}\right)^3 + \frac{Pl}{12}\left\{\left(\frac{l}{2}\right)^2 - \left(\frac{l}{3}\right)^2\right\}\right]$$

$$= \frac{2}{EI}\left[\frac{Pl^3}{162} + \frac{5Pl^3}{432}\right]$$

$$= \frac{1}{EI}\left[\frac{8Pl^3 + 15Pl^3}{648}\right]$$

$$= \frac{23Pl^3}{648EI}$$

2 **다음 그림 6 · 59와 같은 라멘에서 A점의 수직 및 수평변위와 처짐각을 구하시오.**

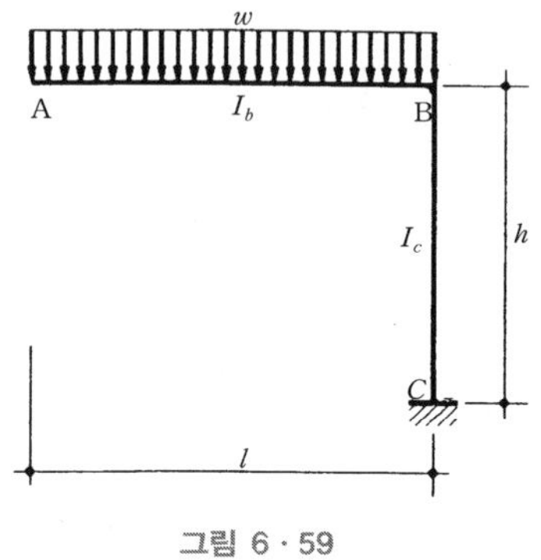

그림 6 · 59

| 풀이 |

그림 (a)의 정정라멘의 A점에서 수직, 수평 처짐 v_A, u_A 및 처짐각 θ_A를 구한다.

(a) v_A의 산정

그림 (a), (b)에서

(A~B) $M_x = -\dfrac{wx^2}{2}$, $\overline{M}_x = -x$

(B~C) $M_y = -\dfrac{wl^2}{2}$, $\overline{M}_y = -l$

그러므로 가상일법에 의하여

$$v_A = \int_0^l \frac{M_x \overline{M}_x}{EI_b} dx + \int_0^h \frac{M_y \overline{M}_y}{EI_c} dy$$

$$= \int_0^l \frac{l}{EI_b}\left(-\frac{w}{2}x^2\right)(-x)\,dx$$

$$+ \int_0^h \frac{1}{EI_c}\left(-\frac{wl^2}{2}\right)(-l)\,dy$$

$$= \frac{wl^4}{8EI_b} + \frac{wl^3h}{2EI_c} = \frac{wl^3}{8E}\left(\frac{l}{I_b} + 4\frac{h}{I_c}\right)$$

$$= \frac{wl^3}{8E}\left(\frac{1}{K_b} + 4\frac{1}{K_c}\right)$$

$$= \frac{wl^3}{8EK_b}(1+4k), \quad \left(단, k = \frac{K_b}{K_c}\right)$$

여기서 $I_c \to \infty$가 되면 캔틸레버보 자유단의 처짐과 일치한다.

(b) u_A의 산정, 그림 (a), (c)에서

(A~B) $M_x = -\frac{wx^2}{2}, \quad \overline{M}_x = 0$

(B~C) $M_y = -\frac{wl^2}{2}, \quad \overline{M}_y = -y$

$$u_A = \int_0^h \frac{M_y \overline{M}_y}{EI_c} dy = \int_0^h \frac{1}{EI_c}\left(-\frac{wl^2}{2}\right)(-y)\,dy$$

$$= \frac{wl^2h^2}{4EI_c} = \frac{wl^2h}{4EK_c}$$

(c) θ_A의 산정, 그림 (a), (d)에서

(A~B) $M_x = -\frac{wx^2}{2}, \quad \overline{M}_x = -1$

(B~C) $M_y = -\frac{wx^2}{2}, \quad \overline{M}_y = -1$

$$\theta_A = \int_0^l \frac{M_x M_x}{EI_b} dx + \int_0^h \frac{M_y M_y}{EI_c} dy$$

$$= \int_0^l \frac{1}{EI_b}\left(-\frac{wx^2}{2}\right)(-1)\,dx$$

$$+ \int_0^h \frac{1}{EI_c}\left(-\frac{wl^2}{2}\right)(-1)\,dy$$

$$= \frac{wl^3}{6EI_b} + \frac{wl^2h}{2EI_c} = \frac{wl^2h}{6E}\left(\frac{l}{I_b} + 3\frac{h}{I_c}\right)$$

$$= \frac{wl^2}{6E}\left(\frac{1}{K_b} + 3\frac{1}{K_c}\right) = \frac{wl^2}{6EK_b}(1+3k),$$

$$\left(다만, \; k = \frac{K_b}{K_c}\right)$$

여기서 $I_c \to \infty$일 때는 캔틸레버보 자유단의 처짐각과 일치한다.

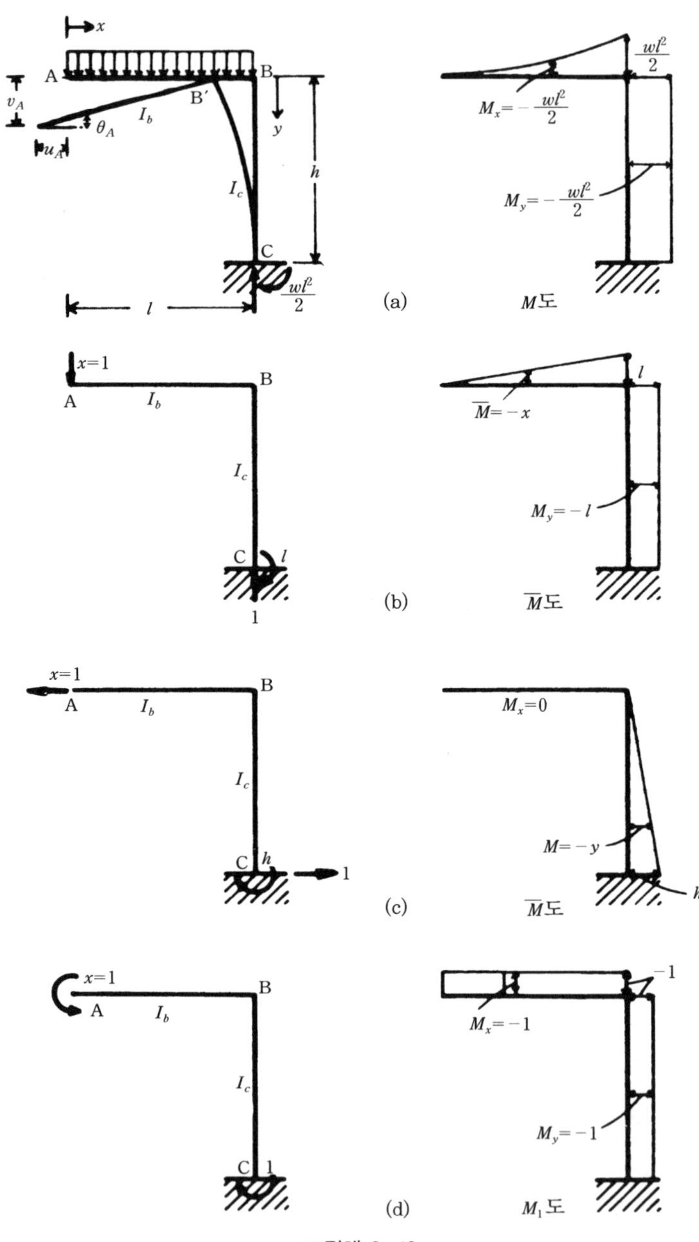
x
A
B
B′
v_A
θ_A
u_A
I_b
y
h
I_c
C
$\frac{wl^2}{2}$
l
(a)
$\frac{wl^2}{2}$
$M_x = -\frac{wl^2}{2}$
$M_y = -\frac{wl^2}{2}$
M도
x=1
A
B
I_b
I_c
C
l
1
(b)
l
$\overline{M} = -x$
$M_y = -l$
$\overline{M}$도
x=1
A
B
I_b
I_c
C
h
1
(c)
$M_x = 0$
$M = -y$
h
$\overline{M}$도
x=1
A
B
I_b
I_c
C
1
(d)
−1
$M_x = -1$
$M_y = -1$
M_1도

그림해 6 · 12

Chapter 7

부정정 구조물

응력법

(1) 해법순서

1) 정정기본형을 선택하여 부정정차수와 같은 잉여력을 택한다.

2) 잉여력의 수와 같은 변형조건식을 만든다.

$$\delta_{10}+\delta_{11}X_1+\delta_{12}X_2+ \cdots\cdots +\delta_{1n}X_n=0$$

$$\delta_{20}+\delta_{21}X_1+\delta_{22}X_2+ \cdots\cdots +\delta_{2n}X_n=0$$

$$\vdots \qquad\qquad \vdots$$

$$\delta_{n0}+\delta_{n1}X_1+\delta_{n2}X_2+ \cdots\cdots +\delta_{nn}X_n=0$$

$\delta_{ik}=\int \frac{M_i M_k}{EI}dx$ 보 및 라멘

$\delta_{ik}=\Sigma \frac{N_i N_k}{EA} l$ 트러스

3) 부정정력 X에 대하여 연립방정식으로 푼다.

4) 구하고자 하는 부재력을 계산한다.

$$M=M_0+M_1X_1+M_2X_2+ \cdots\cdots +M_nX_n$$

$$V: V_0+V_1X_1+V_2X_2+ \cdots\cdots +V_nX_n$$

$$N=N_0+N_1X_1+N_2X_2+ \cdots\cdots +N_nX_n$$

2 처짐각법

(1) 기본식

1) 일반식

$$M_{AB}=2EK(2\theta_A+\theta_B-3R)-C_{AB}$$

$$M_{BA}=2EK(2\theta_B+\theta_A-3R)+C_{BA}$$

2) 실용공식

$$M_{AB}=k(2\varphi_A+\varphi_B+\psi)-C_{AB}$$

$$M_{BA}=k(2\varphi_B+\varphi_A+\psi)+C_{BA}$$

(2) 해법순서

1) 직선부재의 재단모멘트를 부재중간에 가해진 하중 이외에 양단에서의 절점 회전각 (φ)과 부재의 회전각 (ψ)의 함수로 표시하는 기본식을 작성한다.

2) 절점방정식 및 층방정식을 작성한다.

① 절점방정식 $\Sigma M=0$ 또는 $\Sigma M=M$

② 층방정식 $\Sigma V_{柱}=V$ 또는 $\Sigma(M_{上}+M_{下})+Vh=0$

3) 전항의 방정식에 기본식을 대입, 정리하여 φ, ψ를 미지수로 하는 연립방정식을 작성한다.

4) 연립방정식을 풀어 φ, ψ의 값을 구하고, 이를 기본식에 대입하여 각 부재의 재단모멘트를 구하고 이것에 의해 모든 부재력을 구한다.

(3) 등가강비

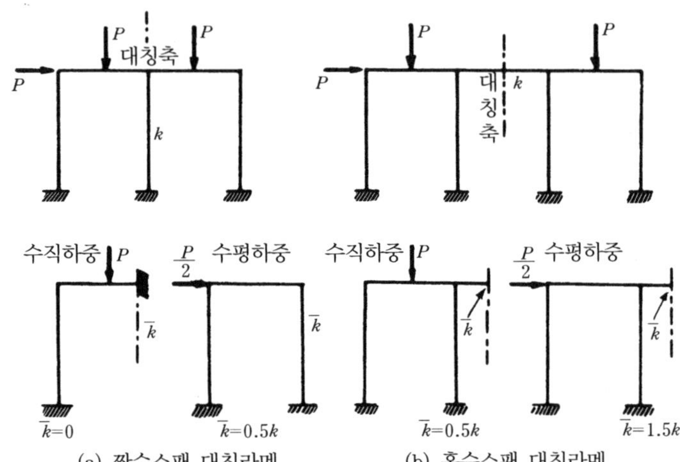

(a) 짝수스팬 대칭라멘　　(b) 홀수스팬 대칭라멘

상 황	$\bar{k}$
타단이 고정일 때	k
타단이 회전단일 때	$3/4\,k$
변형이 대칭일 때	$1/2\,k$
변형이 역대칭일 때	$3/2\,k$

3 3연모멘트법

(1) Clapeyron의 공식

$$M_1 l_1 + 2M_2(l_1 + l_2) + M_3 l_2 = -\frac{6A_1 a_1}{l_1} - \frac{6A_2 b_2}{l_2}$$

4 고정모멘트법

(1) 해법순서

1) 절점이 이동치 않는 골조 :

① 분할계수의 계산 $m=\frac{k}{\Sigma k}$

② 고정모멘트 (FEM)의 계산

③ 분할모멘트 (DM)의 계산

④ 도달모멘트 (CM)의 계산

⑤ 재단모멘트의 계산

i) 해방할 절점이 1개일 때

$$M=\text{FEM}+\text{DM}+\text{CM}$$

ii) 해방할 절점이 2개 이상일 때는 추가고정모멘트가 0으로 수렴할 때까지 DM, CM의 계산을 반복한다.

$$M=\text{FEM}+D_1+C_1+D_2+C_2+\cdots\cdots\cdots\cdots+D_n+C_n$$

만일 도달계수를 이용하는 경우에는

① 도달계수의 계산 $n=\frac{k}{2\Sigma k}$

② 고정모멘트 (FEM)의 계산

③ 도달모멘트 (CM)의 계산

해방할 절점이 2개 이상일 때는 추가고정모멘트가 0으로 수렴할 때까지 CM을 구하여 이를 종합한다.

$$\text{CM}=C_1+C_2+C_3+\cdots\cdots\cdots\cdots\cdots\cdots+C_n$$

④ 분할모멘트 (DM)의 계산

⑤ 재단모멘트의 계산

M= FEM+CM+DM

2) 절점이 이동하는 골조 :

① 도달계수의 계산 $n=\frac{k}{2\Sigma k}$

② 분담계수의 계산 $r=-\frac{k}{2\Sigma k}$

③ 층모멘트의 계산

④ 분담모멘트의 계산

해방할 절점의 이동을 억제하기 위한 지지력의 영향을 고려할 때는 추가층모멘트가 0으로 수렴할 때까지 분담모멘트를 구하여 이를 총합한다.

⑤ 고정모멘트의 계산

⑥ 도달모멘트의 계산

해방할 절점의 이동을 억제하기 위한 지지력의 영향을 고려할 때는 추가층모멘트가 0으로 수렴할 때까지 도달모멘트를 구하여 이를 총합한다.

⑦ 분할모멘트의 계산

⑧ 재단모멘트의 계산

보, M= (도달모멘트) + (분할모멘트)

기둥, M= (도달모멘트) + (분할모멘트) + (분담모멘트)

만일 절점의 이동을 무시할 수 있는 경우에는 전항의 절점이 이동치 않는 골조의 계산 방법에 따른다.

7장 연습 문제

[문제] (P.385)

1 **그림 7 · 7과 같은 라멘의 단면력을 구하시오.**

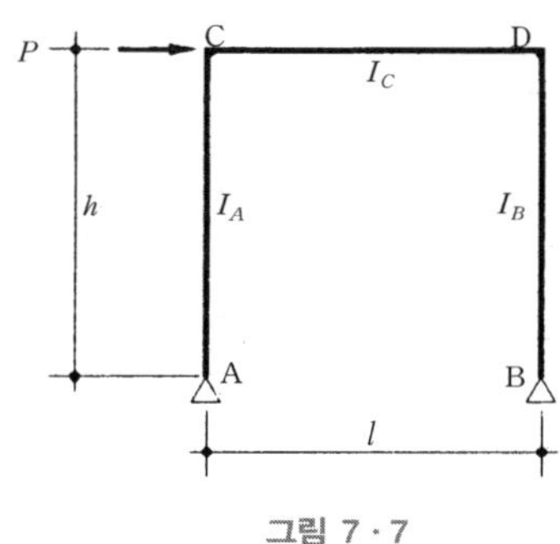

그림 7 · 7

| 풀이 |

2회전단라멘이므로 1차부정정이다.

B점의 수평반력을 잉여력 X_1으로 한다.

정정기본형을 그림 (b)와 같이 표시하고 M_0도는 그림 (c)와 같다. 그림 (d)와 같이 $X_1=1$이 작용할 때의 M_1도는 그림 (e)에 표시한다.

그러므로 δ_{10}, δ_{11}은 다음과 같이 계산할 수 있다.

$$\delta_{10} = \Sigma \int \frac{M_0 M_1}{EI} dx$$

$$= \int_A^C \frac{1}{EI_A}(M_0 M_1)dy + \int_C^D \frac{1}{EI_C}(M_0 M_1)dx$$

$$= \frac{1}{EI_A} \int_0^h (P_y \cdot y)dy + \frac{1}{EI_C} \int_0^l \left(Ph - \frac{Ph}{l}x\right)h dx$$

$$= \frac{P}{EI_A} \int_0^h y^2 dy + \frac{Ph^2}{EI_C} \int_0^l \left(1 - \frac{x}{l}\right)dx$$

$$= \frac{Ph^3}{3EI_A} + \frac{Ph^2 l}{2EI_C}$$

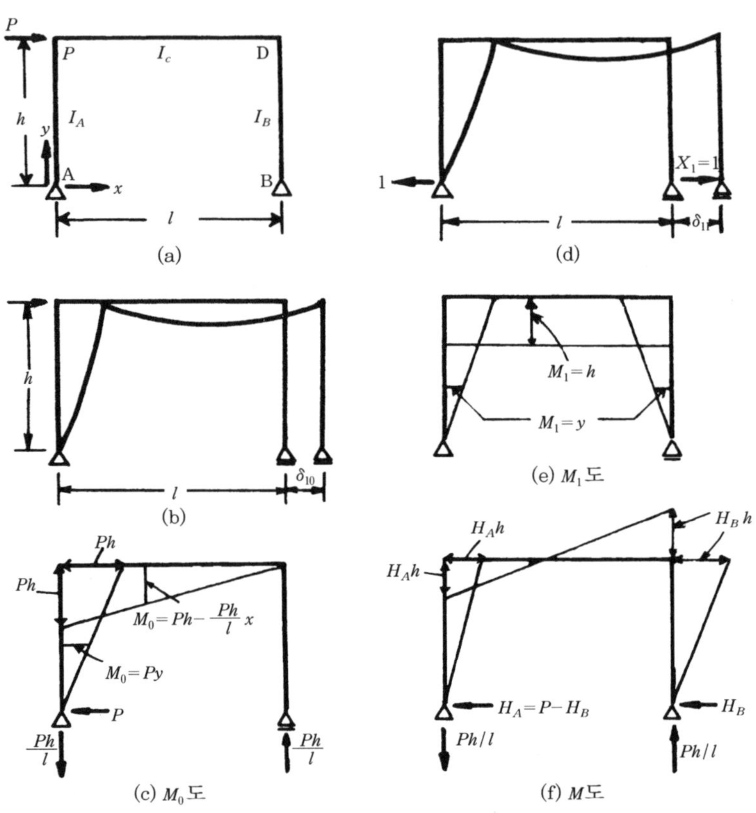

그림해 7 · 1

$$\delta_{11} = \Sigma\int \frac{M_1M_1}{EI}dx$$

$$= \int_A^C \frac{1}{EI_A}(M_1 M_1)dy + \int_C^B \frac{1}{EI_B}(M_1 M_1)dy + \int_C^D \frac{1}{EI_C}h^2dx$$

$$= \int_0^h \frac{1}{EI_A}y^2dy + \int_0^h \frac{1}{EI_B}y^2dy + \int_0^l \frac{1}{EI_C}y^2dx$$

$$= \frac{h^3}{3EI_A} + \frac{h^3}{3EI_B} + \frac{h^2l}{EI_C}$$

변형조건식은 $\delta_{10}+\delta_{11}X_1=0$

위식을 정리하면

$$\left(\frac{Ph^3}{3EI_A}+\frac{Ph^2l}{2EI_C}\right)+\left(\frac{h^3}{3EI_A}+\frac{h^3}{3EI_B}+\frac{h^2l}{EI_C}\right)X_1=0$$

$$X_1=-\frac{\dfrac{Ph}{3I_A}+\dfrac{Pl}{2I_C}}{\dfrac{h}{3I_A}+\dfrac{h}{3I_B}+\dfrac{l}{I_C}}=-\frac{\dfrac{Ph}{3K_A}+\dfrac{Pl}{2K_C}}{\dfrac{h}{3K_A}+\dfrac{h}{3K_B}+\dfrac{l}{K_C}}$$

$$=-H_B$$

여기서 $\dfrac{I_A}{h}=K_A$, $\dfrac{I_B}{h}=K_B$, $\dfrac{I_C}{l}=K_C$

$K_A=K_B$이면 $M_C=\dfrac{Ph}{2}=-M_D$

또 $K_B=0$이면 $H_B=0$이 되어 $M_C=Ph$, $M_D=0$

$K_A=0$이면 $H_B=P$가 되어 $M_C=0$, $M_D=-Ph$

(참고) 위식에서 $K_C\to\infty$ 이면 $1/K_C\to 0$이 되어 다음과 같은 식이 된다.

$$H_B=\frac{\dfrac{l}{3K_A}P}{\dfrac{1}{3K_A}+\dfrac{1}{3K_B}}=\frac{K_B}{K_A+K_B}P$$

즉 이때에는 기둥의 수평반력은 강도에 비례배분된다는 것을 알 수 있다.

2 그림 7·8과 같은 보의 휨모멘트도를 구하시오.

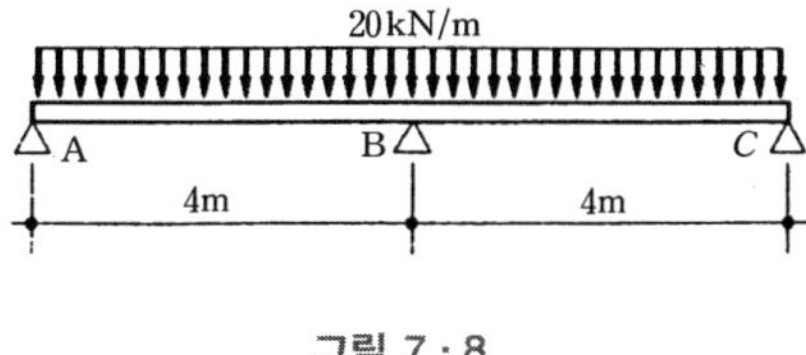

그림 7·8

| 풀이 |

B점의 반력을 잉여력으로 하고 기본형을 그림 (b)에 표시한다.

기본형에서 임의점의 휨모멘트는

$$M_0 = 80x - \frac{20x^2}{2} \text{ (kN · m)}$$

기본형의 B점에 단위의 힘을 가했을 때 임의점의 휨모멘트는

$$M_1 = 0.5x \text{ (m)}$$

기본형에 하중이 가했을 때 B점의 처짐을 δ_{10}, 같은 기본형에 단위의 힘이 작용했을 때의 B점의 처짐을 δ_{11}이라고 하면 본래의 연속보 B점에는

처짐이 생기지 않는다는 변형의 연속조건식은 다음과 같이 된다.

$$\delta_{10} + \delta_{11}X = 0$$

여기서 X는 구하고자 하는 B점의 반력이다.

$$\delta_{10} = 2\int_A^B \frac{M_0 M_1}{EI} dx = \frac{2}{EI}\int_0^4 \left(80x - \frac{20x^2}{2}\right) \times 0.5x\,dx = \frac{3200}{3EI}$$

$$\delta_{11} = 2\int_A^B \frac{M_1 M_1}{EI} dx = \frac{2}{EI}\int_0^4 (0.5x)^2 dx = \frac{32}{3EI}$$

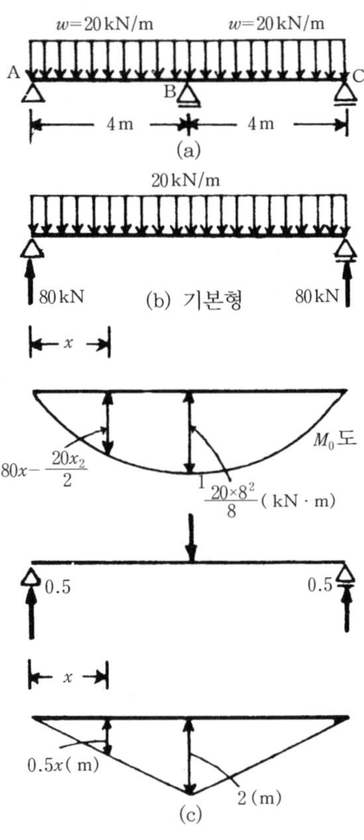

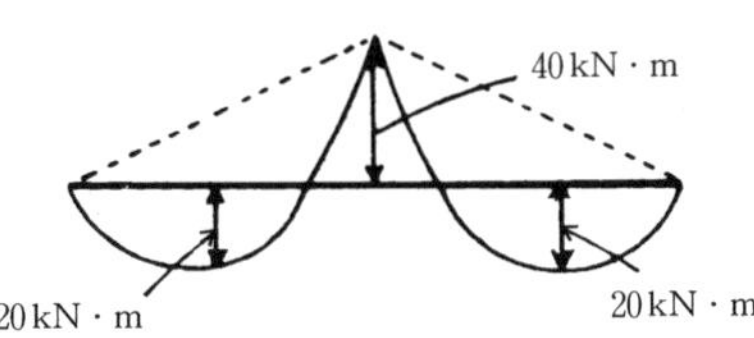

(d) M도

그림해 7 · 2

$$\therefore \; X = -\frac{\delta_{10}}{\delta_{11}} = -100\,(\mathrm{kN})$$

여기서 X의 부호는 X가 단위의 힘과 반대방향, 즉 상향으로 작용한다는 것을 의미한다. 구하고자 하는 M도는 기본형에 하중이 가했을 때의 M_0도와 잉여력이 기본형에 가했을 때의 M도(M_1도의 X배이며 부호가 반대, 즉 부)를 합성하면 된다.

[문제] (P.401)

1 **그림 7 · 18과 같은 트러스의 부재력을 AC부재를 잉여재로 해서 구하시오. 다만, 각 부재의 단면적은 같다고 가정한다.**

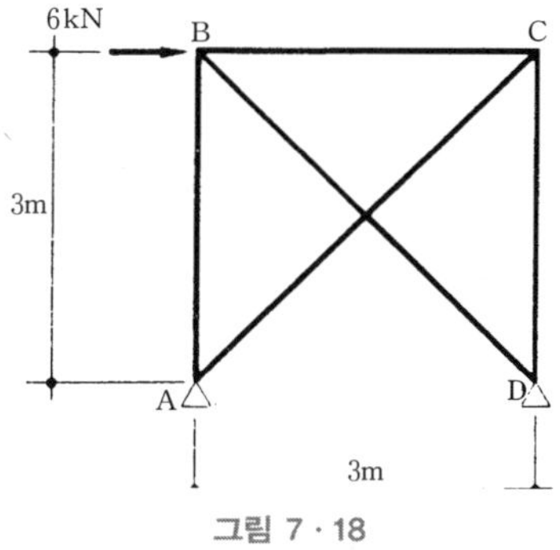

그림 7 · 18

| 풀이 |

이 트러스는 1차 부정정이다. 잉여재 AC의 부재력을 X로 표시하면 그림 (a)에 표시하는 정정기본형의 부재력 N_0는 그림에 표시한 바와 같다.

또 잉여력 X가 존재함으로써 생기는 정정기본형의 부재력 N_1은 그림 (b)에 표시한 바와 같다. 이것을 적용하여 다음 표에 표시한 바와 같이 계산하면

$$\frac{\partial W}{\partial X} = \Sigma \frac{Nl}{EA} \cdot \frac{\partial N}{\partial X} = \frac{1}{EA} \Sigma Nl \frac{\partial N}{\partial X}$$

$$= \frac{1}{EA} \{36 + 9\sqrt{2} + (4.5 + 6\sqrt{2}) X\} = 0$$

$\therefore\ X = -48.73/12.99 = -3.75\,\text{kN}$

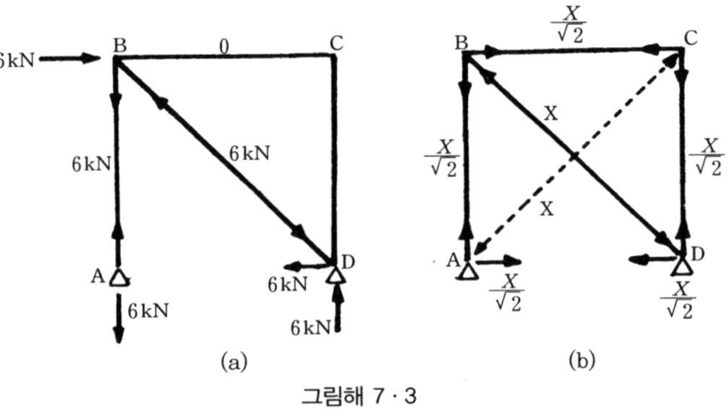

그림해 7 · 3

표해 7 · 1

부재	l (m)	단면적	N_0 (kN)	N_1	$N = N_0 + N_1$	$\partial N/\partial X$	$Nl\frac{\partial N}{\partial X}$
AB	3	A	6	$X/\sqrt{2}$	$6 + X/\sqrt{2}$	$1/\sqrt{2}$	$1.5(6\sqrt{2} + X)$
BC	3	A	0	$X/\sqrt{2}$	$X/\sqrt{2}$	$1/\sqrt{2}$	$1.5X$
CD	3	A	0	$X/\sqrt{2}$	$X/\sqrt{2}$	$1/\sqrt{2}$	$1.5X$
BD	$3\sqrt{2}$	A	$-6\sqrt{2}$	$-X$	$-6\sqrt{2} - X$	-1	$3\sqrt{2}(6\sqrt{2} + X)$
AC	$3\sqrt{2}$	A	0	$-X$	$-X$	-1	$3\sqrt{2}X$

그러므로 구하고자 하는 부재력 N는 다음과 같이 된다.

AB재 : $N = 6 - 3.75/\sqrt{2} = 3.35\,\text{kN}$

BC재 및 CD재 : $N = -3.75/\sqrt{2} = 2.65\,\text{kN}$

BD재 : $N = -6\sqrt{2} + 3.75 = -4.75\,\text{kN}$

AC재 : $N = -X = 3.75\,\text{kN}$

2 그림 7 · 19와 같은 라멘의 휨모멘트를 구하시오.

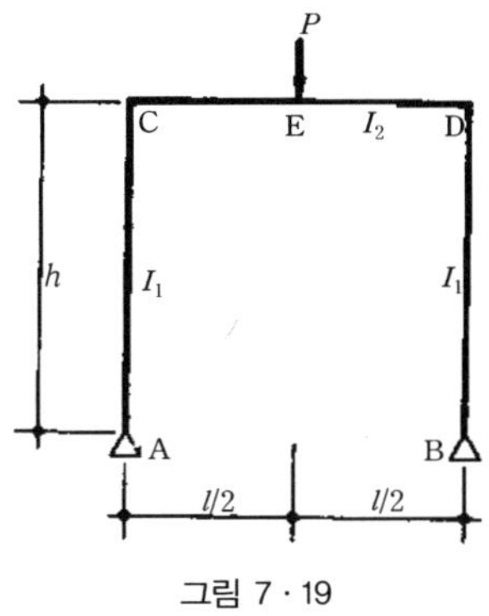

그림 7 · 19

| 풀이 |

1차부정정라멘이다.

잉여력을 H_A로 정한다. 반력은

$$V_A = V_B = \frac{P}{2}, \quad H_A = H_B$$

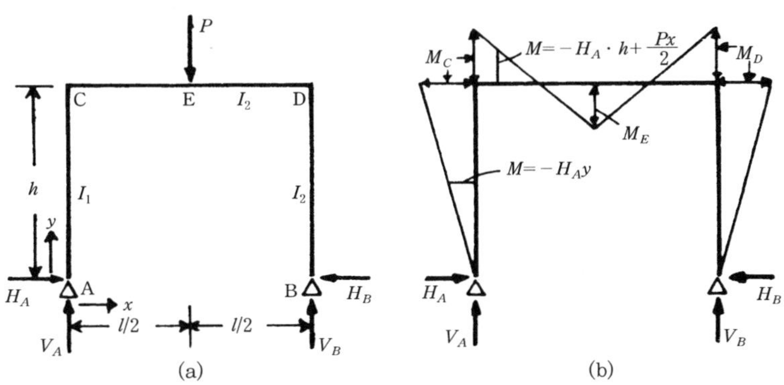

그림해 7 · 4

기둥의 휨모멘트 $M = -H_A y$

$$\therefore \ \frac{\partial M}{\partial H_A} = -y$$

보의 휨모멘트 $M=-H_A h+\frac{P}{2}x$

$$\therefore \quad \frac{\partial M}{\partial H_A}=-h$$

$$\frac{\partial W}{\partial H_A}=\Sigma\int\frac{M}{EI}\left(\frac{\partial M}{\partial H_A}\right)dx=0$$

에 대입하면 다음과 같이 된다.

$$2\int_0^h\frac{1}{EI_1}(-H_A y)(-y)\,dy+2\int_0^{\frac{l}{2}}\frac{1}{EI_2}\left(-H_A h+\frac{P}{2}x\right)(-h)\,dx$$

$$=\frac{2H_A}{EI_1}\left[\frac{y^3}{3}\right]_0^h+\frac{2h}{EI_2}\left[H_A hx-\frac{P}{4}x^2\right]_0^{\frac{l}{2}}$$

$$=\frac{2H_A h^3}{3EI_1}+\frac{hl}{EI_2}\left(H_A h-\frac{Pl}{8}\right)=0$$

$K_1=\frac{I_1}{h}$, $K_2=\frac{I_2}{l}$, $\frac{K_2}{K_1}=h$로 놓고

위 식을 정리하면 잉여력 H_A는 다음과 같이 된다.

$$H_A=\frac{\frac{Pl}{8K}}{h\left(\frac{2}{3K_1}+\frac{1}{K_2}\right)}=\frac{3Pl}{8h(2k+3)}=H_B$$

이상에서

$$M_C=M_D=\frac{3Pl}{8(2k+3)}$$

$$M_E=\frac{(4k+3)Pl}{8(2k+3)}$$

휨모멘트를 그리면 그림 (b)와 같다.

[문제] (P.417)

1 **다음과 같은 부정정보를 처짐각법으로 푸시오.**

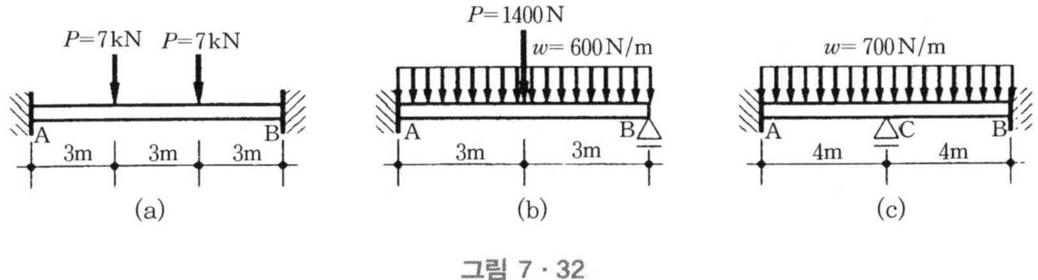

그림 7 · 32

| 풀이 |

(a) 양단이 고정이므로 $\varphi_A=0$, $\varphi_B=0$, $\psi=0$ 따라서

$$M_{AB}=-C_{AB}$$

$$M_{BA}=-C_{BA}$$

(7 · 30)식에서

$$C_{AB}=\frac{2A(2l-3x_A)}{l^2}=\frac{2\times(12\times6)\times(2\times9-3\times4.5)}{9^2}$$

$$=14\ \mathrm{kN\cdot m}=C_{BA}$$

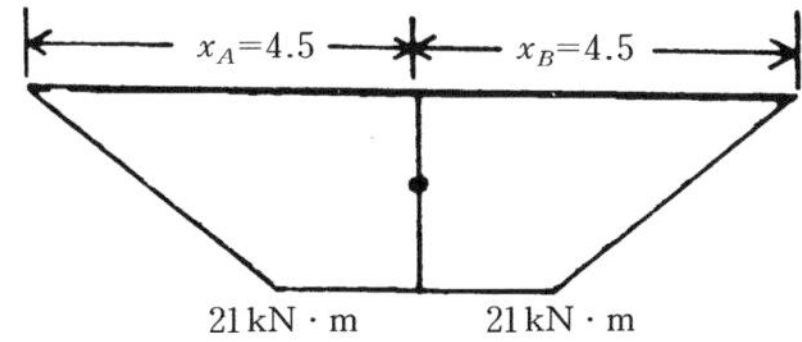

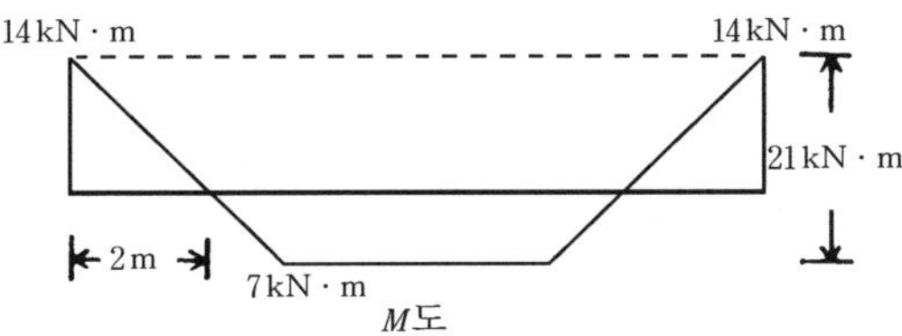

그림해 7 · 5

그림해 7 · 5에서 양단을 점선으로 연결하면 단순보일 때의 M도임을 알 수 있다.

(b) B단이 회전단이므로 (7 · 36)식에서

$$M_{AB}=k\left(\frac{3}{2}\varphi_A+\frac{1}{2}\psi\right)-H_{AB}$$

$M_{BA}=0$ 다만, $-H_{AB}=-\left(C_{AB}+\frac{1}{2}C_{BA}\right)$

$\varphi_A=0$, $\psi=0$이므로 $M_{AB}=-H_{AB}$

$$C_{AB}=\frac{1}{12}wl^2+\frac{1}{8}Pl=\frac{1}{12}\times 600\times 6^2+\frac{1}{8}\times 1,400\times 6$$

$$=1,800+1,050=2,850\ (\mathrm{N\cdot m})=C_{BA}$$

$$H_{AB}=\frac{3}{2}\times 2,850=4,275\ (\mathrm{N\cdot m})$$

$$\therefore\ M_{AB}=-4,275\ (\mathrm{N\cdot m})$$

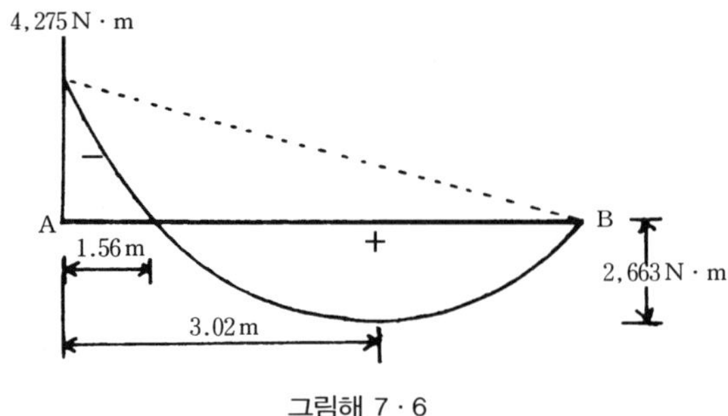

그림해 7 · 6

i) $0\leqq x\leqq 3$

$$R_A=\frac{1,400+600\times 6}{2}+\frac{4,275}{6}=3,212\ \mathrm{N}$$

$$M_x=3,212x-\frac{600x^2}{2}-4,275 \quad M_x=0\rightarrow x=1.56\ \mathrm{m}$$

$\dfrac{dM}{dx}=-600x+3,212=0$, $x=5.35>3$ 해당 안 됨.

ii) $3\leqq x\leqq 6$

$$M_x=3,212x-\frac{600x^2}{2}-1,400(x-3)-4,275$$

$$=-300x^2+1,812x-75$$

$$\frac{dM}{dx} = -600x + 1,812 = 0, \quad x = 3.02$$

$$M_{(x=3.02)} = -2,663\,\text{N}\cdot\text{m}$$

(c) A, B가 완전 고정이고 하중과 보가 대칭이므로 $\varphi_C = 0$가 되어 C 가 고정된 것과 동일하다.

따라서 AC 부재에 대해서만 계산하면,

$$\varphi_A = 0, \quad \varphi_C = 0, \quad \psi = 0$$

$$M_{AC} = k(0+0+0) - C_{AC} = -C_{AC}$$

$$M_{CA} = k(0+0+0) + C_{CA} = +C_{CA}$$

$$C_{AC} = \frac{wl^2}{12} = \frac{700 \times 4^2}{12} = 933\ (\text{N}\cdot\text{m}) = C_{CA}$$

$$R_A = \frac{700 \times 4}{2} = 1,400\,\text{kN}$$

$$M_x = 1,400x - \frac{700x^2}{2} - 933 \quad M_x = 0 \rightarrow x = 0.85\,\text{m}$$

$$\frac{dM}{dx} = 1,400 - 700x = 0, \quad x = 2$$

$$M_{(x=2)} = -467$$

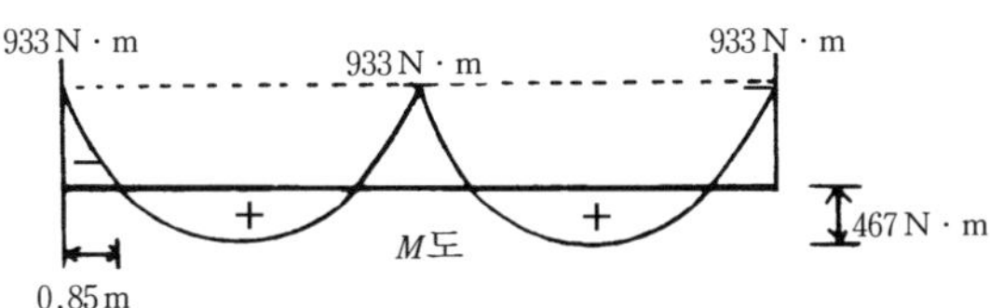

그림해 7 · 7

[문제] (P.428)

1 그림 7 · 43과 같은 구조물의 휨모멘트도를 구하시오.

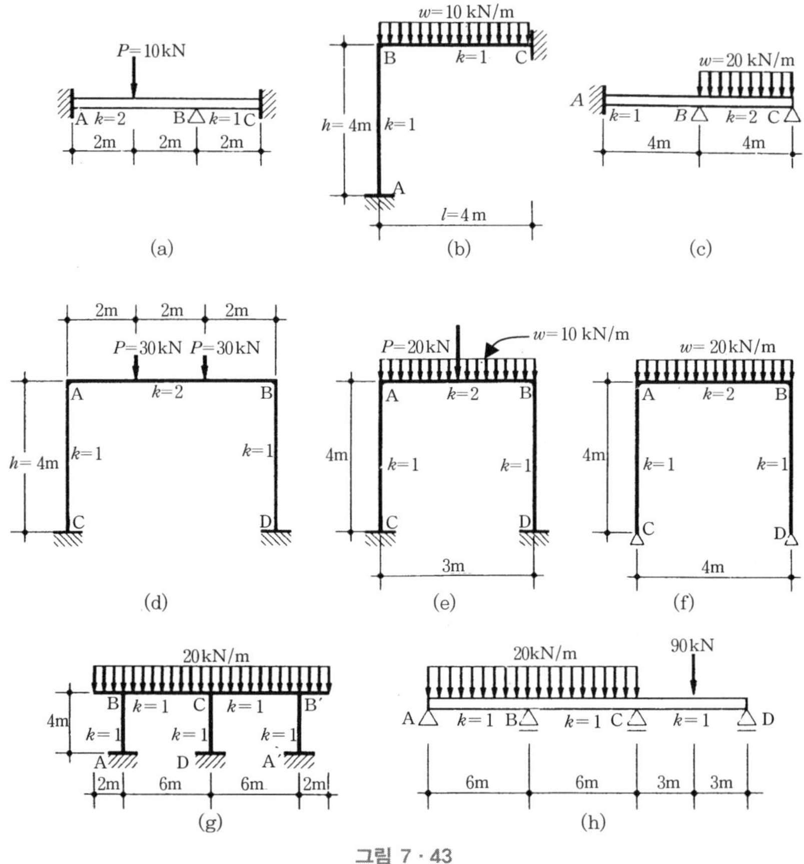

그림 7 · 43

| 풀이 |

(a) 처짐각법의 기본식을 AB, BC 양 부재에 적용하면

$$C_{AB}=\frac{1}{8}\times 10\times 4=5\,\text{kN}\cdot\text{m}$$

$$M_{AB}=2(\varphi_B)-5$$

$$M_{BA}=2(\varphi_B)+5$$

$M_{BC}=1 \cdot (2\varphi_B)$

$M_{CB}=1 \cdot (\varphi_B)$

B점에 대해서 절점방정식을 적용하면

$M_{BA}+M_{BC}=6\varphi_B+5=0 \quad \varphi_B=-0.833$

$\therefore\ M_{AB}=2\times(-0.833)-5=-6.67$

$M_{BA}=4\times(-0.833)+5=1.67$

$M_{BC}=-1.67,\quad M_{CB}=-0.833$

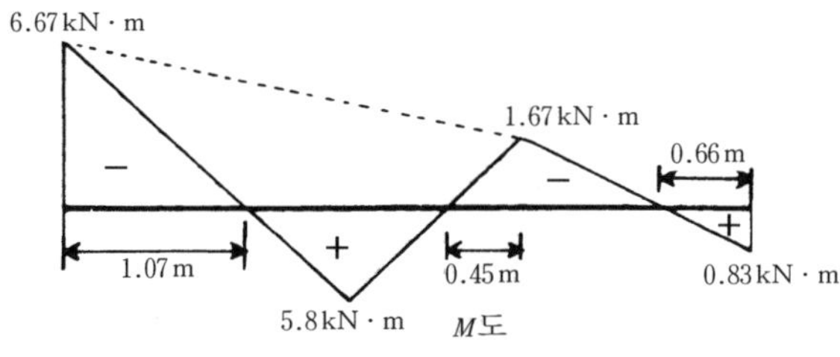

그림해 7 · 8

(b) 부재 AB, BC에 기본식을 적용하면

$C_{BC}=\dfrac{1}{12}\times 10\times 4^2=13.3\,\text{kN}\cdot\text{m}$

$M_{AB}=1 \cdot (\varphi_B)$

$M_{BA}=1 \cdot (2\varphi_B)$

$M_{BC}=1 \cdot (2\varphi_B)-13.3$

$M_{CB}=1 \cdot (\varphi_B)+13.3$

$\Sigma M_B=2\varphi_B+2\varphi_B-13.3=0$

$\varphi_B=3.3$

따라서 $M_{AB}=3.3$

$M_{BA}=6.6$

$M_{BC}=-6.6$

$M_{CB}=16.6$

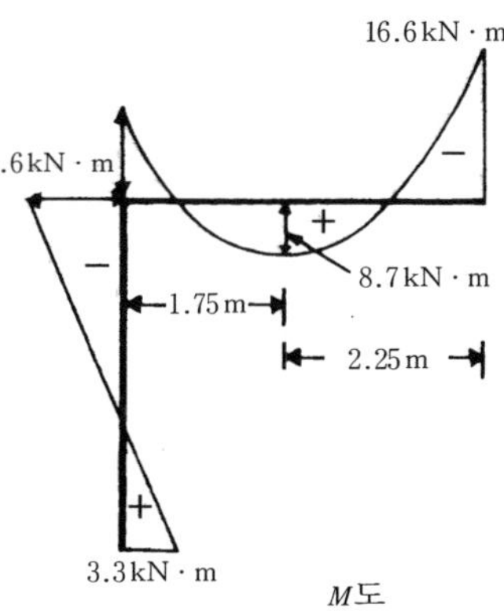

그림해 7 · 9

반력 $R_C = \dfrac{(10 \times 4 \times 2) + 16.6 - 6.6}{4} = 22.5\,\text{kN}$

부재 BC에서 전단력이 0이 되는 점

$x = 22.5/10 = 2.25\,\text{m}$ (C점으로부터)

$M_{(x=2.25)} = 8.7\,\text{kN} \cdot \text{m}$

(c) $M_{AB} = 1 \cdot (\varphi_B) = \varphi_B$

$M_{BA} = 1 \cdot (2\varphi_B) = 2\varphi_B$

$M_{BC} = 2 \cdot (\dfrac{3}{2}\varphi_B) - H_{BC}$

$= 3\varphi_B - 40$

$M_{CB} = 0$

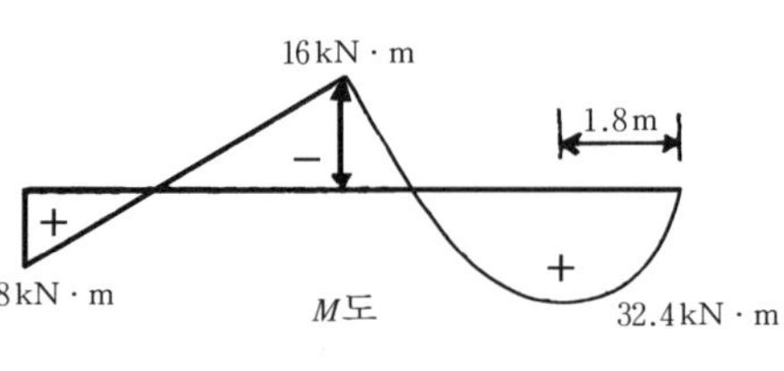

그림해 7 · 10

$H_{BC} = \dfrac{1}{8} \times 20 \times 4^2 = 40\,\text{kN} \cdot \text{m}$

절점 B에 절점 방정식을 적용하면

$(2\varphi_B) + (3\varphi_B - 40) = 0$, $\varphi_B = 8.0$

따라서 $M_{AB} = 8.0$, $M_{BA} = 16.0 = -M_{BC}$, $M_{CB} = 0$

부재 BC에서 전단력이 0이 되는 점

$R_C = \dfrac{20 \times 4 \times 2 - 16}{4} = 36\,\text{kN}$에서

$x = 36/20 = 1.8\,\text{m}$ (C점으로부터)

$M_{x=1.8} = 32.4\,\text{kN} \cdot \text{m}$

(d) 변형이 대칭이므로

$\varphi_A = -\varphi_B$

$M_{CA} = 1 \cdot (2\varphi_C + \varphi_A) = \varphi_A$

$M_{AC} = 1 \cdot (2\varphi_A + \varphi_C) = 2\varphi_A$

$M_{AB} = 2 \cdot (2\varphi_A + \varphi_B) - C_{AB}$

$= 2\varphi_A - 40$

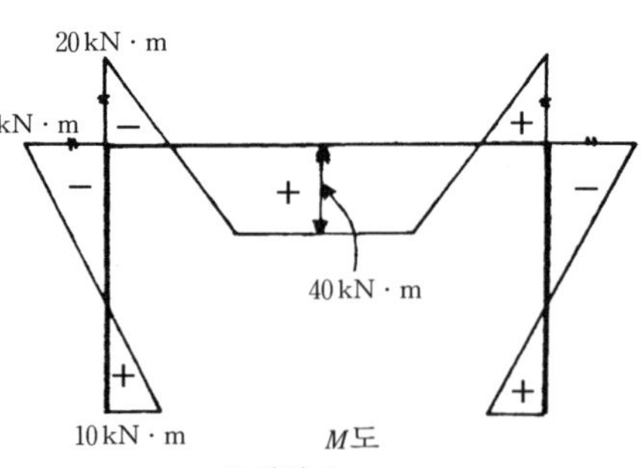

그림해 7 · 11

부록 표 5에서

$$C_{AB}=\frac{2\times30\times6}{9}=40\,\mathrm{kN\cdot m}$$

절점 A에 대한 절점 방정식을 적용하면

$M_{AC}+M_{AB}=4\varphi_A-40=0,\quad \varphi_A=10$

$\therefore\ M_{CA}=10\,\mathrm{kN\cdot m},\quad M_{AC}=+20\,\mathrm{kN\cdot m},\quad M_{AB}=20\,\mathrm{kN\cdot m}$

(e) 변형이 대칭이므로 $\varphi_A=-\varphi_B$

$$C_{AB}=\frac{20\times3}{8}+\frac{10\times3^2}{12}=15\,\mathrm{kN\cdot m}$$

$M_{CA}=1\cdot(2\varphi_C+\varphi_A)=\varphi_A$

$M_{AC}=1\cdot(2\varphi_A+\varphi_C)=2\varphi_A$

$M_{AB}=2\cdot(2\varphi_A+\varphi_B)-C_{AB}=2\varphi_A-15$

절점 A에 대한 절점 방정식을 적용하면

$M_{AC}+M_{AB}=2\varphi_A+2\varphi_A-15=0$

$\varphi_A=3.75$

따라서

$M_{CA}=3.75,\quad M_{AC}=7.5,$

$M_{AB}=-7.5$

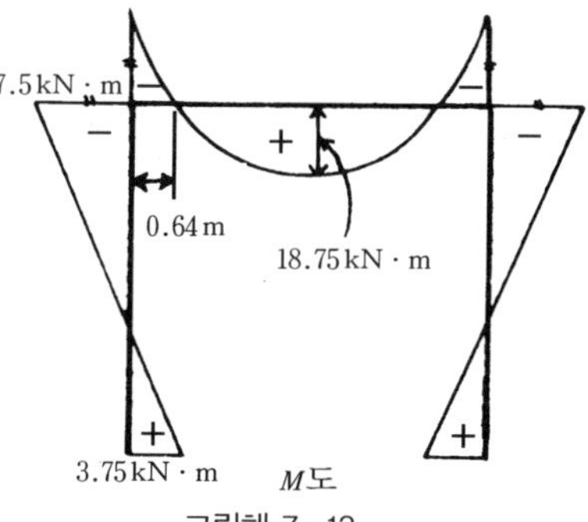

그림해 7 · 12

휨모멘트

AB 부재, $0\leqq x\leqq1.5$일 때

$$M_x=(-7.5)+15x-\frac{10x^2}{2}$$

$$=-5x^2+15x-7.5=0\qquad x=0.64\,\mathrm{m}$$

부재 AB에서 전단력이 0이 되는 점

$$\frac{dM}{dx}=-10x+15=0\quad x=1.5\,\mathrm{m}$$

따라서 $M_{x=1.5}=-18.75\,\mathrm{kN\cdot m}$

(f) 변형이 대칭이므로

$\varphi_A = -\varphi_B$

$C_{AB} = \dfrac{20 \times 4^2}{12} = 26.7\,\text{kN} \cdot \text{m}$

$M_{CA} = 0$

$M_{AC} = 1 \cdot (2\varphi_A + \varphi_C)$

$M_{AB} = 2 \cdot (2\varphi_A + \varphi_B) - C_{AB} = 2\varphi_A - 26.7$

그런데 $M_{CA} = 1 \cdot (2\varphi_C + \varphi_A) = 0$이므로

$\varphi_C = -\dfrac{1}{2}\varphi_A$,

$M_{AC} = 1.5\varphi_A$

따라서 절점 A에 대한 절점 방정식을 적용하면

$M_{AC} + M_{AB} = 3.5\varphi - 26.7 = 0$

$\therefore\ \varphi_A = 7.63$

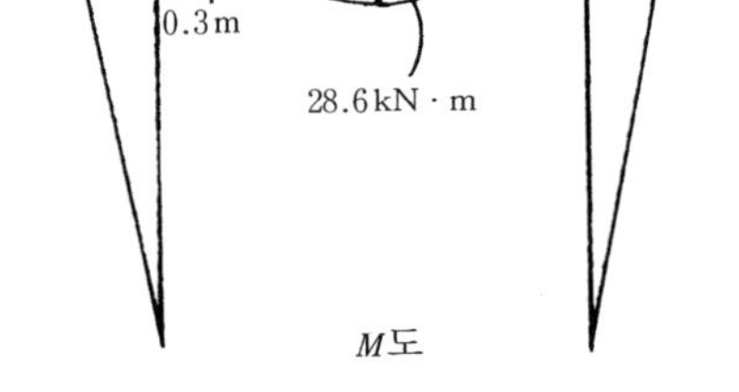

그림해 7 · 13

재단모멘트를 구하면

$M_{CA} = 0$, $M_{AB} = -11.4$, $M_{AC} = 11.4$

부재 AB : $M_x = (11.4) + \left(\dfrac{20}{2}x^2 - \dfrac{20 \times 4}{2}\right)$

$= 10x^2 - 40x + 11.4$

$\dfrac{dM}{dx} = 20x - 40 = 0$, $x = 2$

$M_{(x=2)} = 28.6$

$M = 0$에서 $x = 2 \pm 1.7$(변곡점)

(g) 하중과 라멘이 대칭이므로 미지수는 φ_B 1개이며 절점 B에 대한 절점 방정식, $\Sigma M_B = 0$이다.

$M_{BC} = 1(2\varphi_B) - C_{BC}$

$M_{BA} = 1(2\varphi_B)$

$$C_{BC}=\frac{20\times6^2}{12}=60\,\text{kN}\cdot\text{m}$$

$$M_{BC}+M_{BA}+40=4\varphi_B-20=0$$

$$\therefore\ \varphi_B=5$$

$$M_{BC}=1\cdot(2\varphi_B)-C_{BC}=10-60=50\,\text{kN}\cdot\text{m}$$

$$M_{CB}=1\cdot(\varphi_B)-C_{CB}=5+60=65\,\text{kN}\cdot\text{m}$$

$$M_{BA}=1\cdot(2\varphi_B)=2\times5=10\,\text{kN}\cdot\text{m}$$

그림해 7 · 14

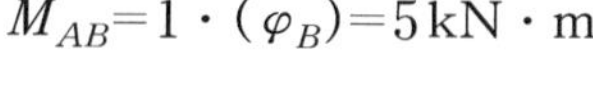

$$M_{AB}=1\cdot(\varphi_B)=5\,\text{kN}\cdot\text{m}$$

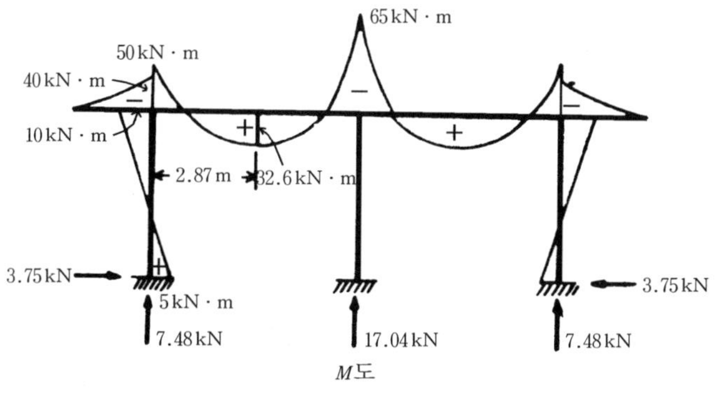

그림해 7 · 15

반력계산과 힘의 평형 검사

i) 수평 반력

$$H=(10+5)/4=3.75\,\text{kN}$$

ii) 수직 반력

BC 부재에서

$$V_B=\left(50-65+\frac{20\times6^2}{2}\right)/6=57.5\,\text{kN}\quad V_C=62.5\,\text{kN}$$

$$\therefore\ R_A=57.5+20\times2=97.5\,\text{kN}$$

$$R_D=2\times62.5=125\,\text{kN}$$

전단력이 0이 되는 점

$$M_x = 57.5x - 50 - \frac{20x^2}{2}$$

$$\frac{dM_x}{dx} = 57.5 - 20x = 0\text{에서} \quad x = 2.875\,\text{m}$$

$$M_{x=2.875} = 32.6\,\text{kN}\cdot\text{m}$$

(h) 기본식

$$M_{AB} = 0$$

$$M_{BA} = 1\left(\frac{3}{2}\varphi_B\right) + H_{BA} = 1.5\varphi_B + 90$$

$$M_{BC} = 1(2\varphi_B + \varphi_C) - C_{BC} = 2\varphi_B + \varphi_C - 60$$

$$M_{CB} = 1(2\varphi_C + \varphi_B) + C_{CB} = 2\varphi_C + \varphi_B + 60$$

$$M_{CD} = 1\left(\frac{3}{2}\varphi_c\right) - H_{CD} = 1.5\varphi_C - 101.3$$

$$M_{DC} = 0$$

$$C_{BC} = \frac{20\times 6^2}{12} = 60\,\text{kN}\cdot\text{m}, \quad H_{BA} = \frac{20\times 6^2}{8} = 90\,\text{kN}\cdot\text{m}$$

$$H_{CD} = \frac{3}{16}\times 90\times 6 = 101.3\,\text{kN}\cdot\text{m}$$

$M_{BA} + M_{BC} = 0 \quad 3.5\varphi_B + \varphi_C + 30 = 0$ ··(1)

$M_{CB} + M_{CD} = 0 \quad 3.5\varphi_C + \varphi_B - 41.3 = 0$ ·······································(2)

(1)식 × 3.5 − (2)식

$11.25\varphi_B + 146.3 = 0, \quad \varphi_B = -13.0, \quad \varphi_C = 15.5$

$$M_{BA} = 1.5(-13.0) + 90 = 70.5$$

$$M_{BC} = 2(-13.0) + 15.5 - 60 = -70.5$$

$$M_{CB} = 2(15.5) - 13.0 + 60 = 78.0$$

$$M_{CD} = 1.5(15.5) - 101.3 = -78.0$$

$$R_D = \frac{90\times 3 - 78.0}{6} = 32\,\text{kN}$$

$$M_{x=3} = 32\times 3 = 96\,\text{kN}\cdot\text{m}$$

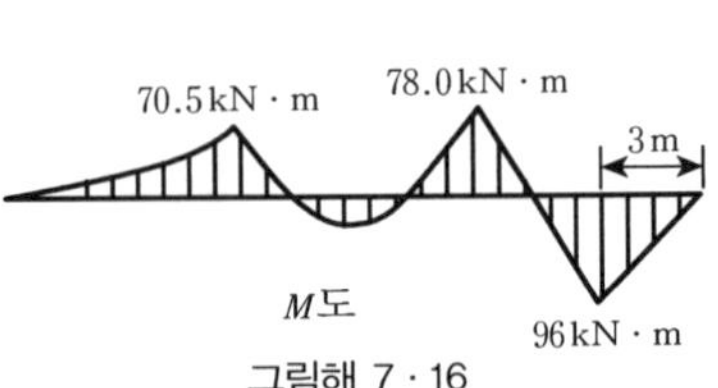

그림해 7 · 16

[문제] (P.463)

1 그림 7 · 65와 같은 라멘을 기계적 작표법을 이용하여 푸시오.

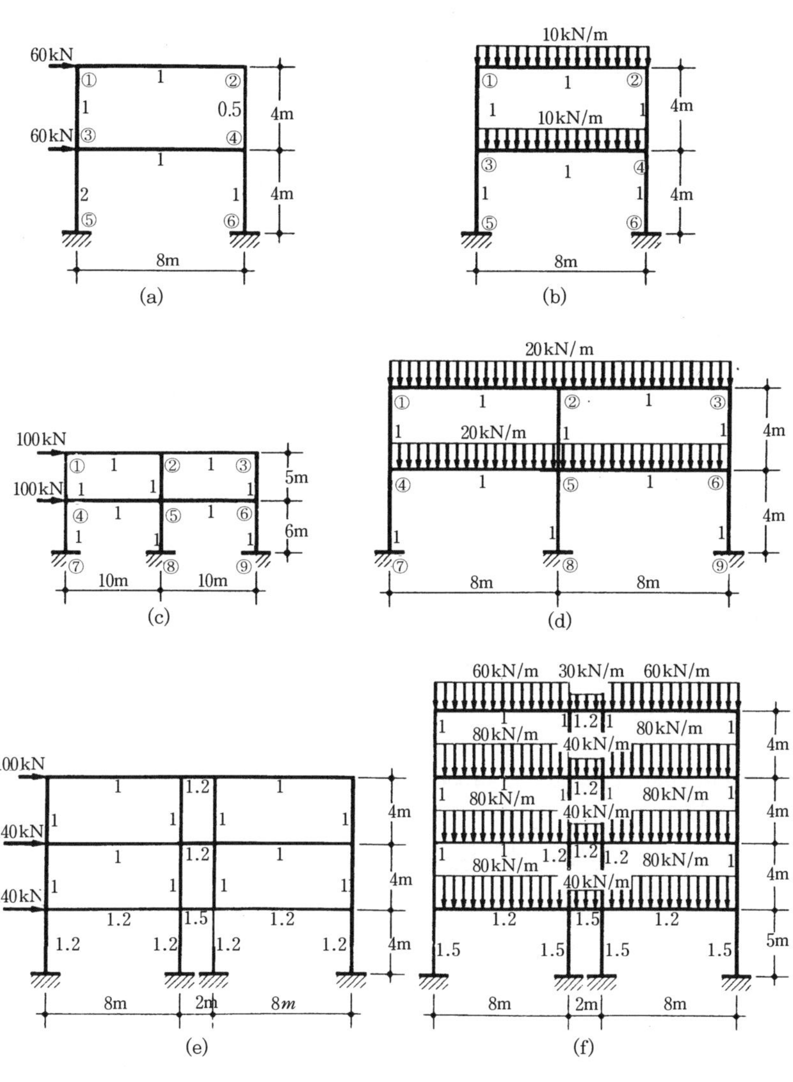

그림 7 · 65

| 풀이 |

(a) 양쪽 기둥의 강비가 대칭이 아니므로 미지수는 φ 4개, ψ 2개 총 6개가 된다.

절점 방정식과 층 방정식에 대한 기계적 작표를 행하면 표해 7 · 2와 같다.

표해 7 · 2

조건식		φ_1	φ_2	φ_3	φ_4	ψ_{II}	ψ_I	하중항
절점 방정식	(1)	4	1	1		1		
	(2)	1	3		0.5	0.5		
	(3)	1		8	1	1	2	
	(4)		0.5	1	5	0.5	1	
층 방정식	(II)	1	0.5	1	0.5	1		−80
	(I)			2	1		2	−160

표해 7 · 2에 표시된 연립 방정식을 점근해법에 의하여 구한다.

표해 7.3

	φ_1	φ_2	φ_3	φ_4	ψ_{II}	ψ_I
가정치	37.8	24.4	49.6	38.3	−222.2	−136.8
제1근사치	37.1	18.3	51.1	37.5	−196.1	−149.9
제2근사치	31.7	15.9	53.3	37.3	−191.6	−152.0
제3근사치	30.6	15.5	53.5	37.3	−190.5	−152.2
제4근사치	30.4	15.4	53.4	37.3	−190.2	−152.0
제5근사치	30.4	15.4	53.3	37.3	−190.1	−152.0

• 가정치 : 미지수가 같은 값을 갖는다고 가정한다.

(1) $4\varphi_1+\varphi_1+\varphi_1+\psi_{II}=0 \quad \varphi_1=-0.17\psi_{II}$

(2) $\varphi_2+3\varphi_2+0.54\varphi_2+0.5\psi_{II}=0, \quad \varphi_2=-0.11\psi_{II}$

(3) $\varphi_3+8\varphi_3+\varphi_3+\phi_{II}+2\phi_I=0$, $\varphi_3=-0.1\phi_{II}-0.2\phi_I$

(4) $0.5\varphi_4+\varphi_4+5\varphi_4+0.5\phi_{II}+\phi_I=0$, $\varphi_4=-0.08\phi_{II}-0.15\phi_I$

(Ⅱ) $\phi_{II}\{0.17+0.5\times0.11+(0.1+0.2)+0.5(0.08+0.15)-1\}$

$=-80$, $\phi_{II}=-222.2$

(Ⅰ) $\phi_I(0.6)-\phi_I(0.23)+2\phi_I=-160$, $\phi_I=-136.8$

다시 ϕ_{II}, ϕ_I의 값을 위식에 대입하여

$\varphi_1=0.17\times222.2=37.8$

$\varphi_2=0.11\times222.2=24.4$

$\varphi_3=0.1\times222.2+0.2\times136.8=49.6$

$\varphi_4=0.08\times222.2+0.15\times136.8=38.3$

ⅰ) 제1근사치

(1) $4\varphi_1+24.4+49.6-222.2=0$ $\varphi_1=37.1$

(2) $37.1+3\varphi_2+0.5\times38.3+0.5\times(-222.2)=0$, $\varphi_2=18.3$

(3) $37.1+8\varphi_3+49.6-222.2-2\times136.8=0$ $\varphi_3=51.1$

(4) $0.5\times18.3+51.1+5\varphi_4-111.1-136.8=0$, $\varphi_4=37.5$

(Ⅱ) $37.1+0.5\times18.3+51.1+0.5\times37.5+\phi_{II}=-80$ $\phi_{II}=-196.1$

(Ⅰ) $2\times51.1+37.5+2\phi_I=-160$ $\phi_I=-149.9$

ⅱ) 제2근사치

(1) $4\varphi_1+18.3+51.1-196.1=0$ $\varphi_1=31.7$

(2) $31.7+3\varphi_2+0.5\times37.5-0.5\times196.1=0$, $\varphi_2=15.9$

(3) $31.7+8\varphi_3+37.5-196.1-2\times149.9=0$ $\varphi_3=53.3$

(4) $0.5\times15.9+53.3+5\varphi_4-0.5\times196.1-149.9=0$, $\varphi_4=37.3$

(Ⅱ) $31.7+7.95+53.3+18.65+\phi_{II}=-80$ $\phi_{II}=-191.6$

(Ⅰ) $2\times53.3+37.3+2\phi_I=-160$ $\phi_I=-151.95$

iii) 제3근사치

(1) $4\varphi_1+15.9+53.3-191.6=0 \quad \varphi_1=30.6$

(2) $30.6+3\varphi_2+0.5\times37.3-0.5\times191.6=0, \quad \varphi_2=15.5$

(3) $30.6+8\varphi_3+37.3-191.6-2\times152=0 \quad \varphi_3=53.5$

(4) $0.5\times15.5+53.5+5\varphi_4-0.5\times191.6-152=0, \quad \varphi_4=37.3$

(Ⅱ) $30.6+0.5\times15.5+53.5+0.5\times37.3+\psi_{\text{II}}=-80$

$\psi_{\text{II}}=-190.5$

(Ⅰ) $2\times53.5+37.3+2\psi_{\text{I}}=-160 \quad \psi_{\text{I}}=152.2$

iv) 제4근사치

(1) $4\varphi_1+15.5+53.5-190.5=0 \quad \varphi_1=30.4$

(2) $30.4+3\varphi_2+0.5\times37.3-0.5\times190.5=0, \quad \varphi_2=15.4$

(3) $30.4+8\varphi_3+37.3-190.5-2\times152.2=0 \quad \varphi_3=53.4$

(4) $0.5\times15.4+53.4+5\varphi_4-0.5\times190.5-152.2=0, \quad \varphi_4=37.3$

(Ⅱ) $30.4+0.5\times15.4+53.4+0.5\times37.3+\psi_{\text{II}}=-80$

$\psi_{\text{II}}=-190.2$

(Ⅰ) $2\times53.4+37.3+2\psi_{\text{I}}=-160 \quad \psi_{\text{I}}=-152.0$

v) 제5근사치

(1) $4\varphi_1+15.4+53.4-190.2=0 \quad \varphi_1=30.4$

(2) $30.4+3\varphi_2+0.5\times37.3-0.5\times190.2=0, \quad \varphi_2=15.4$

(3) $30.4+8\varphi_3+37.3-190.2-2\times152=0 \quad \varphi_3=53.3$

(4) $0.5\times15.4+53.3+5\varphi_4-0.5\times190.2-152=0, \quad \varphi_4=37.3$

(Ⅱ) $30.4+0.5\times15.4+53.3+0.5\times37.3+\psi_{\text{II}}=-80$

$\psi_{\text{II}}=-190.1$

(Ⅰ) $2\times53.3+37.3+2\psi_{\text{I}}=-160 \quad \psi_{\text{I}}=-152$

따라서 구하는 해(解)는 제5근사치에서 충분히 수렴하므로 이를 해로써 택한다.

위의 결과를 기본식

$$M_{AB}=k(2\varphi_A+\varphi_B+\psi)-C_{AB}$$

$M_{BA}=k(2\varphi_B+\varphi_A+\psi)+C_{BA}$ 에 대입하여

재단모멘트를 구하여 보면

$$M_{53}=2(\varphi_3+\psi_1)=2(53.3-152)=-197.4$$

$$M_{35}=2(2\varphi_3+\psi_1)=2(106.6-152)=-90.8$$

$$M_{64}=1\cdot(37.3-152)=-114.7$$

$$M_{46}=1\cdot(2\times 37.3-152)=-77.4$$

$$M_{31}=1\cdot(106.6+30.4-190.1)=-53.1$$

$$M_{13}=1\cdot(60.8+53.3-190.1)=-76$$

$$M_{42}=0.5(2\times 37.3+15.4-190.1)=-50.1$$

$$M_{24}=0.5(2\times 15.4+37.3-190.1)=-61$$

$$M_{34}=1\cdot(106.6+37.3)=143.9$$

$$M_{43}=1\cdot(37.3\times 2+53.3)=127.9$$

$$M_{12}=1\cdot(30.4\times 2+15.4)=76.2$$

$$M_{12}=1\cdot(2\times 15.4+30.4)=61.2$$

이상의 결과로 M도를 그리면

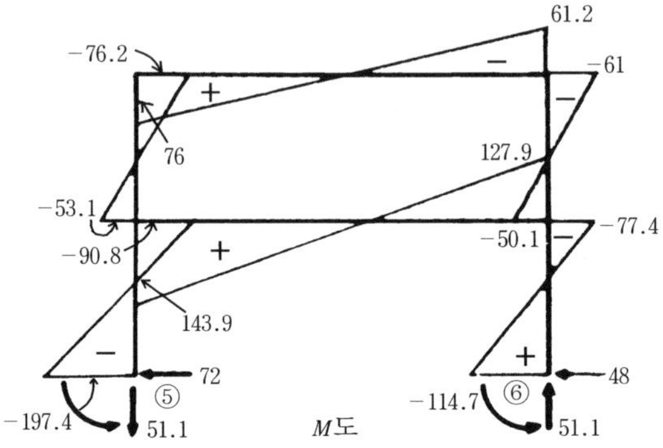

그림해 7 · 17

반력계산과 힘의 평형검사

H =(수평반력) =(기둥의 전단력)

$$H_5 = \frac{197.4+90.8}{4} = 72\,\mathrm{kN}$$

$$H_6 = \frac{114.7+77.4}{4} = 48\,\mathrm{kN}$$

$\Sigma H = 72 + 48 - 2 \times 60 = 0$(만족)

R =(수직반력) =(보의 전단력)

$$R_5 = \frac{76.2+61.2}{8} + \frac{143.9+127.9}{8} = 51.1\,\mathrm{kN}\text{(하향)}$$

$R_6 = 51.1\,\mathrm{kN}$(상향)

(b)

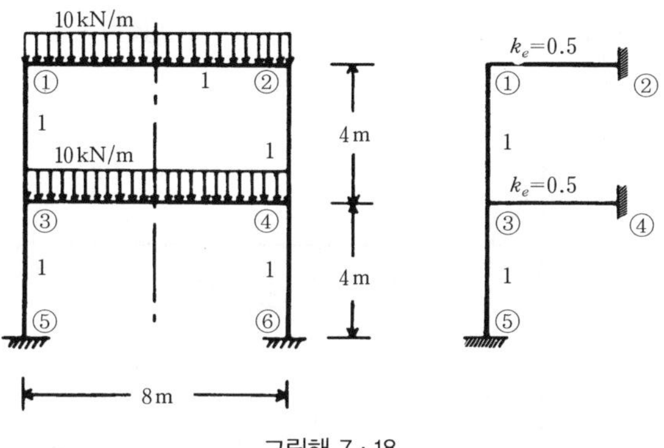

그림해 7 · 18

라멘과 하중이 대칭이므로 미지수는 φ_1, φ_3의 2개, 따라서 좌반부에 대하여 작표하면

표해 7 · 4

조건식	φ_1	φ_3	하중항
절점	3	1	53.3
방정식	1	5	53.3

$$C_{12}=C_{34}=\frac{10\times 8^2}{12}=53.3$$

$$3\varphi_1+\varphi_3=53.3$$

$$\varphi_1+5\varphi_3=53.3$$

$$\varphi_1=15.3,\quad \varphi_3=7.6$$

기본식에 φ_1, φ_3를 대입하여 재단모멘트를 구하면

$$M_{53}=1\cdot(\varphi_3)=7.6\,\text{KN}\cdot\text{m}$$

$$M_{35}=1\cdot(2\varphi_3)=15.2\,\text{KN}\cdot\text{m}$$

$$M_{31}=1\cdot(2\varphi_3+\varphi_1)=2\times 7.6+15.3=30.5\,\text{KN}\cdot\text{m}$$

$$M_{13}=1\cdot(2\varphi_1+\varphi_3)=2\times 15.3+7.6=38.2\,\text{KN}\cdot\text{m}$$

$M_{12}=0.5(2\varphi_1)-C_{12}=15.3-53.3=38\,\text{KN}\cdot\text{m}$

$M_{34}=0.5(2\varphi_3)-C_{34}=7.6-53.3=45.7\,\text{KN}\cdot\text{m}$

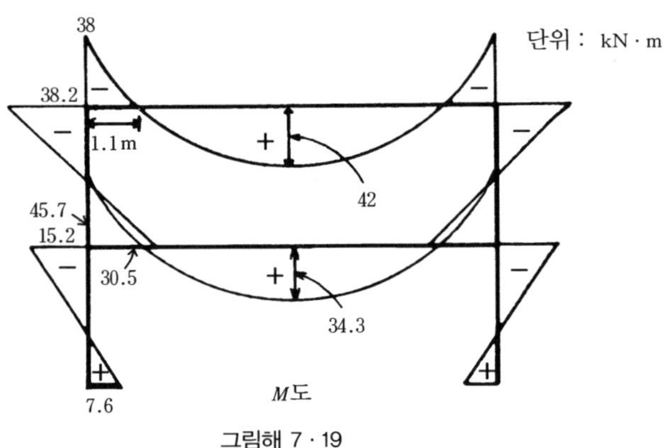

그림해 7 · 19

반력계산과 힘의 평형검사

$$H_5=\frac{7.6+15.2}{4}=5.7\,\text{kN}=H_6$$

$$V_5=V_6=80\,\text{kN}$$

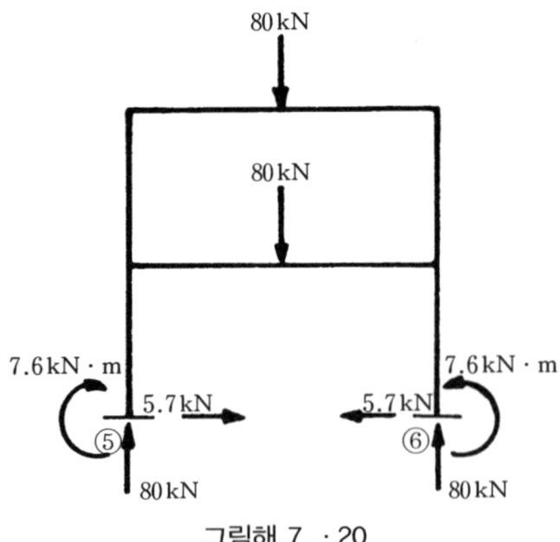

그림해 7 · 20

(c) 라멘이 대칭, 변형이 역대칭인 것을 이용하여 좌반부에 대하여 기계적으로 작표한다.
미지수는 φ_1, φ_2, φ_4, φ_5, ψ_{II}, ψ_{I} 의 6개이다.

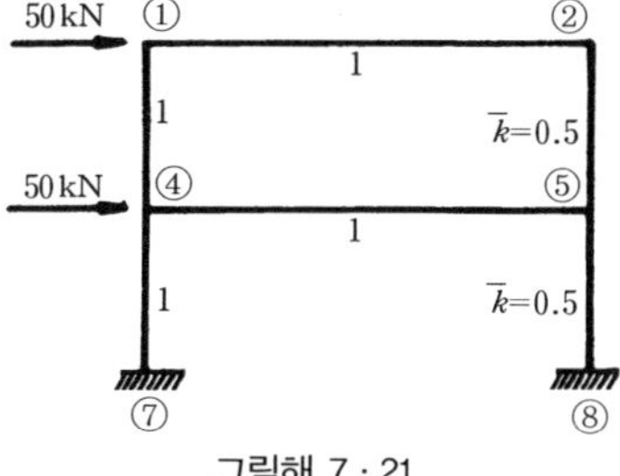

그림해 7 · 21

표해 7 · 5

조건식		φ_1	φ_2	φ_3	φ_4	ψ_{II}	ψ_{I}	하중항
절점 방정식	(1)	4	1	1		1		
	(2)	1	3		0.5	0.5		
	(4)	1		6	1	1	1	
	(5)		0.5	1	4	0.5	0.5	
층 방정식	(Ⅱ)	1	0.5	1	0.5	1		−83.3
	(Ⅰ)			1	0.5		1	−200

이 연립방정식을 소거법에 의해 풀면

표해 7 · 6

방정식번호 (계산순서)	계산조작	하중항	φ_1	φ_2	φ_4	φ_5	ψ_{II}	ψ_{I}
(1)			4	1	1		1	
(7)	(6)×0							
(2)			1	3		0.5	0.5	
(8)	(6)×0							
(4)			1		6	1	1	1
(9)	(6)×1	−200			−1	−0.5		−1
(5)				0.5	1	4	0.5	0.5
(10)	(6)×0.5	−100			−0.5	−0.25		−0.5
(Ⅱ)		83.3	1	0.5	1	0.5	1	
(11)	(6)×0							

(I)		200			1	0.5		1
(6)	(I)×(-1)	-200			-1	-0.5		-1
(12)	(I)+(7)		4	1	1		1	
(18)	(II)×(-1)	-83.3	-1	-0.5	-1	-0.5	-1	
(13)	(2)+(8)		1	3		0.5	0.5	
(19)	(II)×(-0.5)	-41.7	-0.5	-0.25	-0.5	-0.25	-0.5	
(14)	(4)+(9)	-200	1		5	0.5	1	
(20)	(II)×(-1)	-83.3	-1	-0.5	-1	-0.5	-1	
(15)	(5)+(10)	-100		0.5	0.5	3.75	0.5	
(21)	(II)×(-0.5)	-41.7	-0.5	-0.25	-0.5	-0.25	-0.5	
(16)	(II)+(11)	83.3	1	0.5	1	0.5	1	
(17)	(16)×(-1)	-83.3	-1	-0.5	-1	-0.5	-1	
(22)	(12)+(18)	-83.3	3	0.5		-0.5		
(26)	(22)×2	-166.6	6	1		-1		
(23)	(13)+(19)	-41.7	0.5	2.75	-0.5	0.25		
(27)	(26)×0.25	-41.7	1.5	0.25		-0.25		
(24)	(14)+(20)	-283.3		-0.5	4			
(28)	(26)×0							
(25)	(15)+(21)	-141.7	-0.5	0.25		3.5		
(29)	(26)×3.5	-583.1	21	3.5		-3.5		
(30)	(23)+(27)	-83.4	2	3	-0.5			
(33)	(30)×2	-166.8	4	6	-1			
(31)	(24)+(28)	-283.3		-0.5	4			
(34)	(33)×4	-667.2	16	24	-4			
(32)	(25)+(29)	-724.8	20.5	3.75				
(35)	(33)×0							
(36)	(31)+(34)	-850.5	16	23.5				
(39)	(38)×23.5	4542.6	-128.5	-23.5				
(37)	(32)+(35)	-724.8	20.5	3.75				
(38)	(37)× $\frac{-1}{3.75}$	193.3	-5.47	-1				
(40)	(36)+(39)	3592.1	-112.5	$\varphi_1 =$ 31.9				

(37)에서 $-724.8+20.5\times(31.9)+3.75\varphi_2=0$, $\varphi_2=18.9$

(33)에서 $-166.8+4\times(31.9)+6\times18.9-\varphi_4=0$, $\varphi_4=74.2$

(26)에서 $\varphi_5=-166.6+6\times31.9+18.9=43.7$

(12)에서 $\psi_{11}=-4\times31.9-18.9-74.2=220.7$

(Ⅰ)에서 $\psi_1=-200-74.2-0.5\times43.7=-296.1$

$\varphi_1=31.9$, $\varphi_2=18.9$ $\varphi_4=74.2$

$\varphi_5=43.7$, $\psi_{11}=220.7$, $\psi_1=296.1$

기본식에 대입하여 재단모멘트를 구하면

$M_{74}=1\cdot(\varphi_4+\psi_1)=74.2-296.1=-221.9$

$M_{47}=1\cdot(2\varphi_4+\psi_1)=2\times74.2-296.1=-147.7$

$M_{41}=1\cdot(2\varphi_4+\varphi_1+\psi_{11})=148.4+31.9-220.7=-40.4$

$M_{14}=1\cdot(2\varphi_1+\varphi_4+\psi_{11})=2\times31.9+74.2-220.7=-82.7$

$M_{85}=0.5\cdot(\varphi_5+\psi_1)=0.5(43.7-296.1)=-126.2$

$M_{58}=0.5\cdot(2\varphi_5+\psi_1)=0.5(2\times43.7-296.1)=-104.3$

$M_{52}=0.5\cdot(2\varphi_5+\varphi_2+\psi_{11})=0.5(2\times43.7+18.9-220.7)$

$=-57.2$

$M_{25}=0.5\cdot(2\varphi_2+\varphi_5+\psi_{11})=0.5(2\times18.9+43.7-220.7)$

$=-69.6$

$M_{12}=1\cdot(2\varphi_1+\varphi_2)=63.8+18.9=82.7$

$M_{21}=1\cdot(2\varphi_2+\varphi_1)=37.8+31.9=69.7$

$M_{45}=1\cdot(2\varphi_4+\varphi_5)=2\times74.2+43.7=192.1$

$M_{54}=1\cdot(2\varphi_5+\varphi_4)=2\times43.7+74.2=161.6$

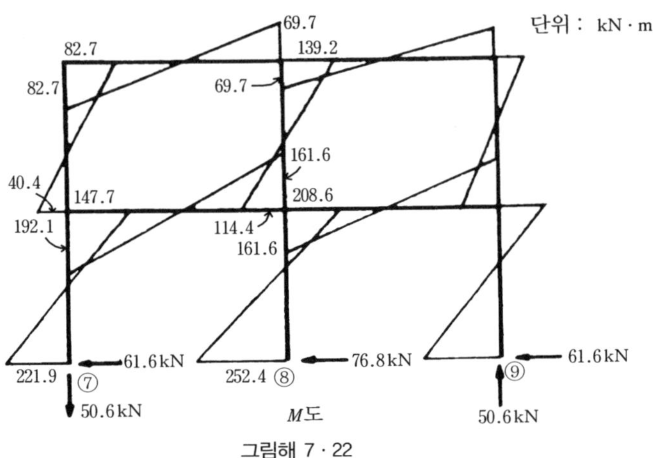

그림해 7 · 22

부재 2-5 및 5-8의 크기는 계산결과의 2배로 한다.

힘의 평형 검사

우선 고정단 ⑦ ⑧ ⑨에서의 반력을 구해보면

⑦ $H_7 = (221.9 + 147.7)/6 = 61.6$

$V_7 =$(부재 ① ②의 전단력) + (부재 ④ ⑤의 전단력)

$$= \frac{(82.7 + 69.7)}{10} + \frac{(192.1 + 161.6)}{10} = 50.6$$

⑧ $H_8 = \dfrac{252.4 + 208.6}{6} = 76.8$

$V_8 = 0$

⑨ $H_9 = 61.6$

$V_9 = 50.6$

$\Sigma H = 200 - 61.6 \times 2 - 76.8 = 0$(만족)

(d) 라멘과 하중이 대칭이므로 미지수는 φ_1, φ_4, 2개이다.

표해 7 · 7

조건식		φ_1	φ_4	하중항
절 점 방정식	(1)	4	1	106.7
	(4)	1	6	106.7

$C_{12}=C_{45}=\dfrac{20\times 8^2}{12}=106.7$

$4\varphi_1+\varphi_4=106.7$

$\varphi_1+6\varphi_4=106.7$

위의 2방정식으로부터

$\varphi_1=23.2,$

$\varphi_4=13.9$

$M_{74}=1\cdot(\varphi_4)=13.9$

$M_{47}=1\cdot(2\varphi_4)=27.8$

$M_{41}=1\cdot(2\varphi_4+\varphi_1)=27.8+23.2=51.0$

$M_{14}=1\cdot(2\varphi_1+\varphi_4)=46.4+13.9=60.3$

$M_{45}=1\cdot(2\varphi_4)-C_{45}=27.8-106.7=-78.9$

$M_{54}=1\cdot(\varphi_4)+C_{54}=13.9+106.7=120.6$

$M_{12}=1\cdot(2\varphi_1)-C_{12}=46.4-106.7=-60.3$

$M_{21}=1\cdot(\varphi_1)+C_{21}=23.2+106.7=129.9$

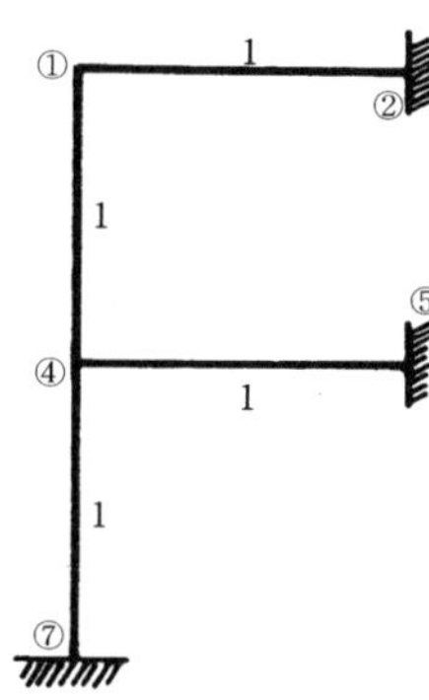

그림해 7 · 23

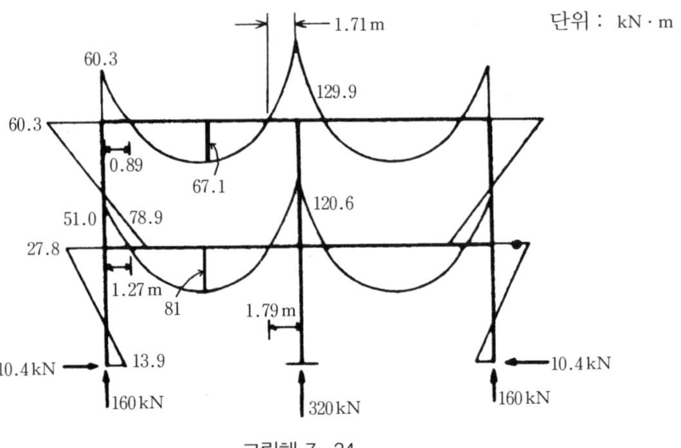

그림해 7 · 24

(e)

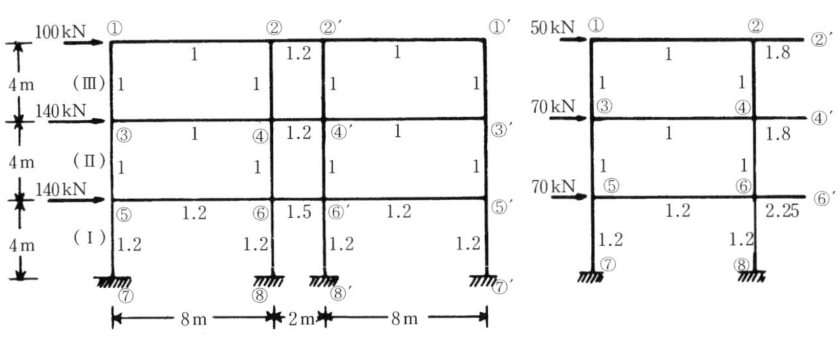

그림해 7 · 25

변형이 역대칭이고 라멘이 대칭이므로 6개의 φ와 3개의 ϕ가 미지수이다. 좌반부를 등가강비 $\overline{k}=\dfrac{3}{2}k$를 이용하여 도표를 만들면 다음과 같다.

표해 7 · 8

		φ_1	φ_2	φ_3	φ_4	φ_5	φ_6	ψ_{III}	ψ_{II}	ψ_{I}	수평하중항
절점방정식	(1)	4	1	1				1			
	(2)	1	7.6		1			1			
	(3)	1		6	1	1		1	1		
	(4)		1	1	9.6		1	1	1		
	(5)			1		6.8	1.2		1	1.2	
	(6)				1	1.2	11.3		1	1.2	
층방정식	(Ⅲ)	1	1	1	1			1.33			−66.7
	(Ⅱ)			1	1	1	1		1.33		−160
	(Ⅰ)					1.2	1.2			1.6	−253.3

표해 7 · 8을 점근계산에 의하여 푼다.

ⅰ) 가정치

미지수가 같은 값을 갖는다고 가정하면

(1) $4\varphi_1+\varphi_1+\varphi_1+\phi_{\text{III}}=0,\quad \varphi_1=-0.167\psi_{\text{III}}$

(2) $\varphi_2+7.6\varphi_2+\varphi_2+\phi_{\text{III}}=0,\quad \varphi_2=-0.104\psi_{\text{III}}$

(3) $\varphi_3+6\varphi_3+\varphi_3+\varphi_3+\phi_{\text{III}}+\psi_{\text{II}}=0,$

$\varphi_3=-0.111\psi_{\text{III}}-0.111\psi_{\text{II}}$

(4) $\varphi_4+\varphi_4+9.6\varphi_4+\varphi_4+\psi_{\text{III}}+\psi_{\text{II}}=0,$

$\varphi_4=-0.079\psi_{\text{III}}-0.076\psi_{\text{II}}$

(5) $\varphi_5+6.8\varphi_5+\varphi_5+1.2\varphi_5+\psi_{\text{II}}+1.2\psi_{\text{I}}=0,$

$\varphi_5=-0.111\psi_{\text{II}}-0.133\psi_{\text{I}}$

(6) $\varphi_6+1.2\varphi_6+11.3\varphi_6+\phi_{\text{II}}+\psi_{\text{I}}=0,$

$\varphi_6=-0.074\psi_{\text{II}}-0.089\psi_{\text{I}}$

(Ⅲ) $-(0.167+0.104+0.111+0.111+0.076+0.079)\psi_{\text{III}}$

$+1.33\psi_{\text{III}}=-66.7$

$\psi_{III} = -98.2$

(Ⅱ) $-(0.111+0.111+0.079+0.079+0.111+0.133+0.074+0.089)\psi_{II} + 1.33\psi_{II} = -160$

$\psi_{II} = -294.6$

(Ⅰ) $-1.2(0.111+0.133+0.074+0.089)\psi_{I} + 1.6\psi_{I} = -253.3$

$\psi_{I} = -227.8$

(1) $\varphi_1 = -0.167 \times (-98.2) = 16.4$

(2) $\varphi_2 = -0.104 \times (-98.2) = 10.2$

(3) $\varphi_3 = -0.111 \times (-98.2) - 0.111 \times (-294.6) = 43.6$

(4) $\varphi_4 = -0.079 \times (-98.2) - 0.079 \times (-294.6) = 31.0$

(5) $\varphi_5 = -0.111 \times (-294.6) - 0.133 \times (-227.8) = 63.0$

(6) $\varphi_6 = -0.074 \times (-294.6) - 0.089 \times (-227.8) = 42.1$

이상의 가정치에서 제1근사치를 구한다.

ii) 제1근사치

(1) $4\varphi_1 + 10.2 + 43.6 - 98.2 = 0$, $\varphi_1 = 11.1$

(2) $11.1 + 7.6\varphi_2 + 31.4 - 98.2 = 0$, $\varphi_1 = 7.3$

(3) $11.1 + 6\varphi_3 + 31.0 + 63.0 - 98.2 - 294.6 = 0$, $\varphi_3 = 48.0$

(4) $7.3 + 48.0 + 9.6\varphi_4 + 42.1 - 98.2 - 294.6 = 0$, $\varphi_4 = 30.8$

(5) $48.0 + 6.8\varphi_5 + 1.2 \times 42.1 - 249.6 + 1.2 \times (-227.8) = 0$,

$\varphi_5 = 69.0$

(6) $30.8 + 1.2 \times 69 + 11.3\varphi_6 - 294.6 - 1.2 \times 227.8 = 0$,

$\varphi_6 = 40.2$

(Ⅲ) $11.1 + 7.3 + 48.0 + 30.8 + 1.33\psi_{III} = -66.7$, $\psi_{III} = -123.2$

(Ⅱ) $48 + 30.8 + 69.0 + 40.2 + 1.33\psi_{II} = -160$, $\psi_{II} = -261.6$

(Ⅰ) $1.2 \times 69.0 + 1.2 \times 40.2 + 1.6\psi_{I} = -253.3$, $\psi_{I} = -240.2$

iii) 제2근사치

(1) $4\varphi_1+7.3+48.0-123.2=0$, $\varphi_1=17.0$

(2) $17.0+7.6\varphi_2+30.8-123.2=0$, $\varphi_2=9.9$

(3) $17.0+6\varphi_3+30.8+69-123.2-261.6=0$, $\varphi_3=44.7$

(4) $9.9+44.7+9.6\varphi_4+40.2-123.2-261.6=0$, $\varphi_4=30.2$

(5) $44.7+6.4\varphi_5+1.2\times40.2-261.6-1.2\times240.2=0$,

$\varphi_5=67.2$

(6) $30.2+1.2\times67.2+11.3\varphi_6-261.6-1.2\times240.2=0$,

$\varphi_6=38.8$

(Ⅲ) $(17+9.9+44.7+30.2)+1.33\psi_{\text{Ⅲ}}=-66.7$

$\psi_{\text{Ⅲ}}=-126.7$

(Ⅱ) $(44.7+30.2+67.2+38.8)+1.33\psi_{\text{Ⅱ}}=-160$

$\psi_{\text{Ⅱ}}=-256.3$

(Ⅰ) $1.2(67.2+38.8)+1.6\psi_{\text{Ⅰ}}=-253.3$

$\psi_{\text{Ⅰ}}=-237.8$

iv) 제3근사치

(1) $4\varphi_1+9.9+44.7-126.7=0$, $\varphi_1=18.0$

(2) $18.0+7.6\varphi_2+30.2-126.7=0$, $\varphi_2=10.3$

(3) $18.0+6\varphi_3+30.2+67.2-126.7-256.3=0$, $\varphi_3=44.6$

(4) $10.3+44.6+9.6\varphi_4+38.8-126.7-256.3=0$, $\varphi_4=30.8$

(5) $44.6+6.8\varphi_5+1.2\times38.8-256.3-1.2\times237.8=0$,

$\varphi_5=66.2$

(6) $30.8+1.2\times66.2+11.3\varphi_6-256.3-1.2\times237.8=0$,

$\varphi_6=38.2$

(Ⅲ) $(4.18+10.3+44.6+30.8)+1.33\psi_{Ⅲ}=-66.7$, $\psi_{Ⅲ}=-128.1$

(Ⅱ) $44.6+30.8+66.2+38.2+1.33\psi_{Ⅱ}=-160$, $\psi_{Ⅱ}=-255.5$

(Ⅰ) $1.2(66.2+38.2)+1.6\psi_{Ⅰ}=-253.3$, $\psi_{Ⅰ}=236.6$

v) 제4근사치

(1) $4\varphi_1=10.3+44.6-128.1=0$, $\varphi_1=18.3$

(2) $18.3+7.6\varphi_2+30.8-128.1=0$, $\varphi_2=10.4$

(3) $18.3+6\varphi_3+30.8+66.2-128.1-255.5=0$, $\varphi_3=44.7$

(4) $10.4+44.7+9.6\varphi_4+38.2-128.1-255.5=0$, $\varphi_4=30.2$

(5) $44.7+6.8\varphi_5+1.2\times38.2-255.5-1.2\times236.6=0$

$\varphi_5=66.0$

(6) $30.2+1.2\times66+11.3\varphi_6-255.5-1.2\times236.6=0$, $\varphi_6=38.0$

(Ⅲ) $(18.3+10.4+44.7+30.2)+1.33\psi_{Ⅲ}=-66.7$

$\psi_{Ⅲ}=-128.0$

(Ⅱ) $44.7+30.2+66+38+1.33\psi_{Ⅱ}=-160$

$\psi_{Ⅱ}=-254.8$

(Ⅰ) $1.2(66+38)+1.6\psi_{Ⅰ}=-253.3$

$\psi_{Ⅰ}=-236.3$

vi) 제5근사치

(1) $4\varphi_1+10.4+44.7-128.0=0$, $\varphi_1=18.2$

(2) $18.2+7.6\varphi_2+30.2-128.0=0$, $\varphi_2=10.5$

(3) $18.2+6\varphi_3+30.2+66.0-128.0-254.8=0$, $\varphi_3=44.7$

(4) $10.5+44.7+9.6\varphi_4+38.0-128.0-254.8=0$, $\varphi_4=30.2$

(5) $44.7+6.8\varphi_5+1.2\times38.0-254.8-1.2\times236.3=0$,

$\varphi_5=65.9$

(6) $30.2+1.2\times65.9+11.3\varphi_6-254.8-1.2\times236.3=0$

$\varphi_6=38.0$

(Ⅲ) $18.2+10.5+44.7+30.2+1.33\psi_{III}=-66.7$

$\psi_{III}=-128.0$

(Ⅱ) $44.7+30.2+65.9+38.0+1.33\psi_{II}=-160$

$\psi_{II}=-254.7$

(Ⅰ) $1.2(65.9+38.0)+1.6\psi_{I}=-253.3$

$\psi_{I}=-236.2$

vii) 제6근사치

(1) $4\varphi_1+10.5+44.7-128.0=0$, $\varphi_1=18.2$

(2) $18.2+7.6\varphi_2+30.2-128.0=0$, $\varphi_2=10.5$

(3) $18.2+6\varphi_3+30.2+65.9-128.0-254.7=0$

$\varphi_3=44.7$

(4) $10.5+44.7+9.6\varphi_4+38.0-128.0-254.7=0$

$\varphi_4=30.2$

(5) $44.7+6.8\varphi_5+1.2\times38.0-254.7-1.2\times236.2=0$

$\varphi_5=65.9$

(6) $30.2+1.2\times65.9+11.3\varphi_6+254.7-1.2\times236.2=0$

$\varphi_6=37.9$

(Ⅲ) $(18.2+10.5+44.7+30.2)+1.33\psi_{III}=-66.7$

$\psi_{III}=-128.0$

(Ⅱ) $(44.7+30.2+65.9+37.9)+1.33\psi_{II}=-160.0$

$\psi_{II}=-254.7$

(Ⅰ) $1.2(65.9+37.9)+16.\psi_{I}=-253.3$

$\psi_{I}=-236.2$

표해 7 · 9

	φ_1	φ_2	φ_3	φ_4	φ_5	φ_6	ψ_{III}	ψ_{II}	ψ_{I}
가정치	16.4	10.2	43.6	31.0	63.0	42.1	−98.2	−294.6	−227.8
제 1근사치	11.1	7.3	48.0	30.8	69.0	40.2	−123.2	−261.6	−240.2
제 2근사치	17.0	9.9	44.7	30.2	67.2	38.8	−126.7	−256.3	−237.8
제 3근사치	18.0	10.3	44.6	30.8	66.2	38.2	−128.1	−255.5	−236.6
제 4근사치	18.3	10.4	44.7	30.2	66.0	38.0	−128.0	−254.8	−236.3
제 5근사치	18.2	10.5	44.7	30.2	65.9	38.0	−128.0	−254.7	−236.2
제 6근사치	18.2	10.5	44.7	30.2	65.9	37.9	−128.0	−254.7	−236.2

이상의 6회의 점근에 의하여 얻은 수렴치를 해로 택하여 재단모멘트를 구하면

$M_{12}=1\cdot(2\varphi_1+\varphi_2)=(2\times18.2+10.5)=46.9$

$M_{13}=1\cdot(2\varphi_1+\varphi_3+\psi_{III})=(2\times18.2+44.7-128.0)=-46.9$

$M_{21}=1\cdot(2\varphi_2+\varphi_1)=2\times10.5+18.2=39.2$

$M_{22}'=1.8\times(2\varphi_2)=3.6\times10.5=37.8$

$M_{24}=1\cdot(2\varphi_2+\varphi_4+\psi_{III})=21.0+30.2-128.0=-76.8$

$M_{31}=1\cdot(2\varphi_3+\varphi_1+\psi_{III})=2\times44.7+18.2-128.0=-20.4$

$M_{34}=1\cdot(2\varphi_3+\varphi_4)=2\times44.7+30.2=119.6$

$M_{35}=1\cdot(2\varphi_3+\varphi_5+\psi_{II})=2\times44.7+65.9-245.7=-99.4$

$M_{42}=1\cdot(2\varphi_4+\varphi_2+\psi_{III})=60.4+10.5-128.0=-57.1$

$M_{43}=1\cdot(2\varphi_4+\varphi_3)=60.4+44.7=105.1$

$M_{44}'=1.8\times(2\varphi_4)=3.6\times30.2=108.7$

$M_{46}=1\cdot(2\varphi_4+\varphi_6+\psi_{II})=60.4+37.9-254.7=-156.4$

$M_{53}=1\cdot(2\varphi_5+\varphi_3+\psi_{II})=131.8+44.7-254.7=-78.2$

$M_{56}=1.2\cdot(2\varphi_5+\varphi_6)=1.2(131.8+37.9)=203.6$

$M_{57}=1.2\cdot(2\varphi_5+\psi_{I})=1.2(131.8-236.2)=-125.3$

$M_{64}=1\cdot(2\varphi_6+\varphi_4+\psi_{II})=75.8+30.2-254.7=-148.7$

$$M_{65} = 1.2 \cdot (2\varphi_6 + \varphi_5) = 1.2 \times (75.8 + 65.9) = 170.0$$

$$M_{66}' = 2.25 \times (2\varphi_6) = 4.5 \times 37.9 = 170.6$$

$$M_{68} = 1.2 \times (2\varphi_6 + \psi_{\mathrm{I}}) = 1.2 \times (75.8 - 236.2) = -192.5$$

$$M_{75} = 1.2 \times (\varphi_5 + \psi_{\mathrm{I}}) = 1.2 \times (65.9 - 236.2) = -204.4$$

$$M_{86} = 1.2 \times (\varphi_6 + \psi_{\mathrm{I}}) = 1.2 \times (37.9 - 236.2) = -238.0$$

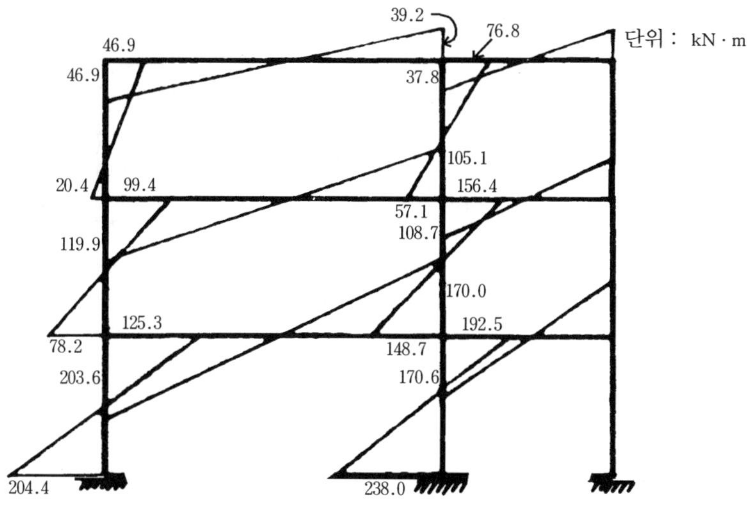

그림해 7 · 26

(f)

변형과 하중이 대칭이므로 미지수는 φ, 8개이다. 등가강비 $\overline{k} = 0.5k$를 이용하여 라멘의 좌반부에 대하여 기계적 작표를 하면 표 해 7 · 10과 같다.

$$C_{12} = \frac{6 \times 8^2}{12} = 320\,\mathrm{kN \cdot m} \qquad C_{34} = \frac{80 \times 8^2}{12} = 427\,\mathrm{kN \cdot m}$$

$$C_{22}' = \frac{30 \times 2^2}{12} = 10\,\mathrm{kN \cdot m} \qquad C_{44}' = \frac{40 \times 2^2}{12} = 13\,\mathrm{kN \cdot m}$$

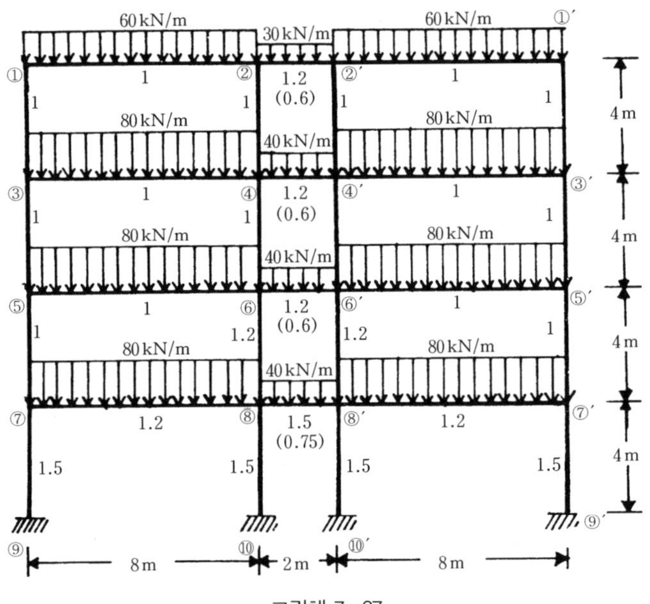

그림해 7 · 27

표해 7 · 10

조건식		φ_1	φ_2	φ_3	φ_4	φ_5	φ_6	φ_7	φ_8	하중항
절점방정식	(1)	4	1	1						320
	(2)	1	5.2		1					−310
	(3)	1		6	1	1				427
	(4)		1	1	7.2		1			−414
	(5)			1		6	1	1		427
	(6)				1	1	7.6		1.2	−414
	(7)					1		7.4	1.2	427
	(8)						1.2	1.2	9.3	−414

점근해법에 의하여 연립방정식의 해를 구한다. 구하고자 하는 미지수 이외에는 0으로 놓는 방법을 택하여 가정치를 구한다.

방정식

(1) $4\varphi_1+\varphi_{2+}\varphi_3=320$

(2) $\varphi_1+5.2\varphi_2+\varphi_4=-310$

(3) $\varphi_1+6\varphi_3+\varphi_4+\varphi_5=427$

(4) $\varphi_2+\varphi_3+7.2\varphi_4+\varphi_6=-414$

(5) $\varphi_3+6\varphi_5+\varphi_6+\varphi_7=427$

(6) $\varphi_4+\varphi_5+7.6\varphi_6+1.2\varphi_8=-414$

(7) $\varphi_5+7.4\varphi_7+1.2\varphi_8=427$

(8) $1.2\varphi_6+1.2\varphi_7+9.3\varphi_8=-414$

i) 가정치

(1) $4\varphi_1=320$, $\varphi_1=80$

(2) $80+5.2\varphi_2=-310$, $\varphi_2=-75$

(3) $80+6\varphi_3=427$, $\varphi_3=57.8$

(4) $-75+57.8+7.2\varphi_4=-414$, $\varphi_4=-55.1$

(5) $57.8+6\varphi_5=427$, $\varphi_5=61.5$

(6) $-55.1+61.5+7.6\varphi_6=-414$, $\varphi_6=-55.3$

(7) $61.5+7.4\varphi_7=427$, $\varphi_7=49.4$

(8) $1.2\times(-55.3)+1.2\times(49.4)+9.3\varphi_8=-414$, $\varphi_8=-43.4$

이상의 가정치에서 근사치를 구한다.

표해 7 · 11

	φ_1	φ_2	φ_3	φ_4	φ_5	φ_6	φ_7	φ_8
가정치	80	−75	57.8	−55.1	61.5	−55.3	49.4	−43.4
제1근사치	84.3	−65.2	56.1	−48.6	62.8	−49.5	56.3	−45.4
제2근사치	82.3	−66.1	55.1	−49.1	60.9	−48.9	58.6	−45.7
제3근사치	82.8	−66.1	55.4	−49.2	60.3	−48.7	57.0	−45.6
제4근사치	82.8	−66.1	55.5	−49.3	60.6	−48.8	56.9	−45.6

ii) 제1근사치

(1) $4\varphi_1 - 75 + 57.8 = 320$, $\varphi_1 = 84.3$

(2) $84.3 + 5.2\varphi_2 - 55.1 = -310$, $\varphi_2 = 65.2$

(3) $84.3 + 6\varphi_3 - 55.1 + 61.5 = 427$, $\varphi_3 = 56.1$

(4) $-65.2 + 56.1 + 7.2\varphi_4 - 55.3 = -414$, $\varphi_4 = 48.6$

(5) $56.1 + 6\varphi_5 - 55.3 + 49.4 = 427$, $\varphi_5 = 62.8$

(6) $-48.6 + 62.8 + 7.6\varphi_6 + 1.2 \times (-43.4) = -414$, $\varphi_6 = -49.5$

(7) $62.8 + 7.4\varphi_7 + 1.2 \times (-43.4) = 427$, $\varphi_7 = 56.3$

(8) $1.2 \times (-49.5 + 56.3) + 9.3\varphi_8 = -414$, $\varphi_8 = -45.4$

iii) 제 2근사치

(1) $4\varphi_1 - 65.2 + 56.1 = 320$, $\varphi_1 = 82.3$

(2) $82.3 + 5.2\varphi_2 - 48.6 = -310$, $\varphi_2 = -66.1$

(3) $82.3 + 6\varphi_3 - 48.6 + 62.8 = 427$, $\varphi_3 = 55.1$

(4) $-66.1 + 55.1 + 7.2\varphi_4 - 49.5 = -414$, $\varphi_4 = 49.1$

(5) $55.1 + 6\varphi_5 - 49.5 + 56.3 = 427$, $\varphi_5 = 60.9$

(6) $-49.1 + 60.9 + 7.6\varphi_6 + 1.2 \times (-45.4) = -414$, $\varphi_6 = 48.9$

(7) $60.9 + 7.4\varphi_7 + 1.2 \times (-45.4) = -427$, $\varphi_7 = 58.6$

(8) $1.2 \times (-48.9) + 1.2 \times (58.6) + 9.3\varphi_8 = -414$, $\varphi_8 = -45.7$

iv) 제 3근사치

(1) $4\varphi_1 - 66.1 + 55.1 = 320$, $\varphi_1 = 82.8$

(2) $82.8 + 5.2\varphi_2 - 49.1 = -310$, $\varphi_2 = -66.1$

(3) $82.8 + 6\varphi_3 - 49.1 + 60.9 = 427$, $\varphi_3 = 55.4$

(4) $-66.1 + 55.4 + 7.2\varphi_4 - 48.9 = -414$, $\varphi_4 = -49.2$

(5) $55.4 + 6\varphi_5 - 48.9 + 58.6 = 427$, $\varphi_5 = 60.3$

(6) $-49.2+60.3+7.6\varphi_6+1.2\times(-45.7)=-414$, $\varphi_6=-48.7$

(7) $60.3+7.4\varphi_7+1.2\times(-45.7)=427$, $\varphi_7=57.0$

(8) $1.2(-48.7+57.0)+9.3\varphi_8=-414$, $\varphi_8=-45.6$

v) 제 4근사치

(1) $4\varphi_1-66.1+55.4=320$, $\varphi_1=82.8$

(2) $82.8+5.2\varphi_2-49.2=-310$, $\varphi_2=-66.1$

(3) $82.8+6\varphi_3-49.2+60.3=427$, $\varphi_3=55.5$

(4) $-66.1+55.5+7.2\varphi_4-48.7=-414$, $\varphi_4=-49.3$

(5) $55.4+6\varphi_5-48.7+57.0=427$, $\varphi_5=60.6$

(6) $-49.3+60.6+7.6\varphi_6+1.2\times(-45.6)=-414$, $\varphi_6=-48.8$

(7) $60.6+7.4\varphi_7-1.2\times45.6=427$, $\varphi_7=56.9$

(8) $1.2(-48.4+56.9)+9.3\varphi_8=-414$, $\varphi_8=-45.6$

이상에서 제4회 근사치를 φ의 값으로 택한다. 기본식에 대입하여 재단모멘트를 구하면

$M_{12}=1\cdot(2\varphi_1+\varphi_2)-12=2\times82.8-66.1-320=-220.5$

$M_{13}=1\cdot(2\varphi_1+\varphi_3)=2\times82.8+55.5=221.1$

$M_{21}=1\cdot(2\varphi_2+\varphi_1)+320=-2\times66.1+82.8+320=270.6$

$M_{22}'=0.6\cdot(2\varphi_2)-10=1.2\times(-66.1)-10=-89.3$

$M_{24}=1\cdot(2\varphi_2+\varphi_4)=-2\times66.1-49.3=-181.5$

$M_{31}=1\cdot(2\varphi_3+\varphi_1)=2\times55.5+82.8=193.8$

$M_{34}=1\cdot(2\varphi_3+\varphi_4)-427=2\times55.5-49.3-427=-365.3$

$M_{35}=1\cdot(2\varphi_3+\varphi_5)=2\times55.5+60.6=171.6$

$M_{42}=1\cdot(2\varphi_4+\varphi_2)=-2\times49.3-66.1=-164.7$

$M_{43} = 1 \cdot (2\varphi_4 + \varphi_3) + 427 = -2 \times 49.3 + 55.5 + 427 = 383.9$

$M_{44}' = 0.6 \times (2\varphi_4) - 13 = -1.2 \times 49.3 - 13 = -72.2$

$M_{46} = 1 \cdot (2\varphi_4 + \varphi_6) = -98.6 - 48.8 = -147.4$

$M_{53} = 1 \cdot (2\varphi_5 + \varphi_3) = 2 \times 60.6 + 55.5 = 176.7$

$M_{56} = 1 \cdot (2\varphi_5 + \varphi_6) - 427 = 121.2 - 48.8 - 427 = -354.6$

$M_{57} = 1 \cdot (2\varphi_5 + \varphi_7) = 121.2 + 56.9 = 178.1$

$M_{65} = 1 \cdot (2\varphi_6 + \varphi_5) + 427 = 1.2(-2 \times 48.8 + 60.6) + 427 = 390$

$M_{64} = 1 \cdot (2\varphi_6 + \varphi_4) = 1.2(-2 \times 48.8 - 49.3) = -146.9$

$M_{66}' = 0.6 \cdot (2\varphi_6) - 13 = 1.2 \times (-48.8) - 13 = -71.6$

$M_{68} = 1 \cdot 2(2\varphi_6 + \varphi_8) = 1.2(-2 \times 48.8 - 45.6) = -171.8$

$M_{75} = 1 \cdot (2\varphi_7 + \varphi_5) = 1.2(-2 \times 56.9 + 60.6) = 174.4$

$M_{78} = 1.2 \cdot (2\varphi_7 + \varphi_8) - 427 = 1.2 \times (2 \times 56.9 - 45.6) - 427$

$= -345.2$

$M_{79} = 1.5(2\varphi_7) = 1.5 \times (2 \times 56.9) = 170.7$

$M_{86} = 1.2(2\varphi_8 + \varphi_6) = 1.2(-2 \times 45.6 - 48.8) = -168$

$M_{87} = 1.2(2\varphi_8 + \varphi_7) + 427 = 1.2(-2 \times 45.6 + 56.9) + 427$

$= 385.8$

$M_{88}' = 0.75 \cdot (2\varphi_8) - 13 = 1.5 \times (-45.6) - 13 = -81.4$

$M_{8.10} = 1.5 \cdot (2\varphi_8) = 1.5 \times (-2 \times 45.6) = -136.8$

$M_{97} = 1.5 \cdot (\varphi_9) = 1.5 \times (56.9) = 85.4$

$M_{10.8} = 1.5 \cdot (\varphi_8) = 1.5(-45.6) = -68.4$

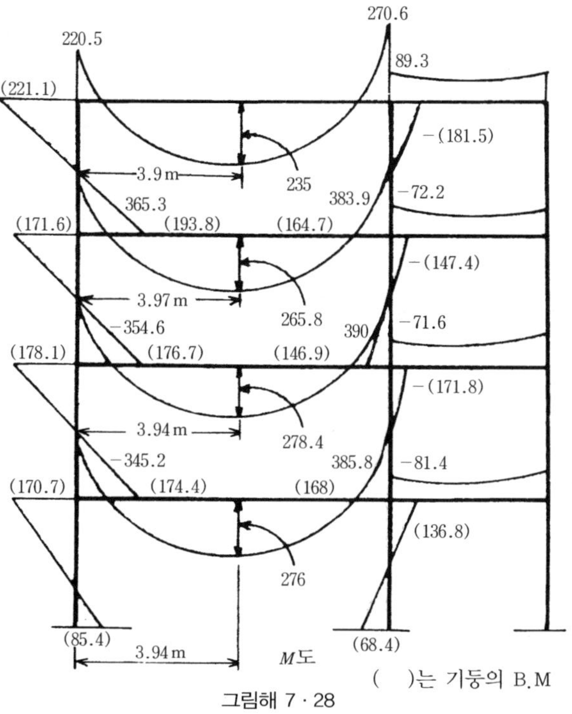

그림해 7 · 28

i) 부재 ①-②에 대해

$$R_1 = \frac{60 \times 8}{2} - \frac{270.6 - 220.5}{8}$$

$$= 233.7\,\text{kN}$$

$$M_x = 233.7x - \frac{60}{2}x^2 - 220.5$$

$$\frac{dM_x}{dx} = 233.7 - 60x = 0, \quad x = 3.9\,\text{m}$$

$$M_{(x=3.8)} = 235\,\text{kN} \cdot \text{m}$$

220.5 kN · m　60 kN/m　270.6 kN · m

①　8 m　②

R_1　R_2

그림해 7 · 29

ii) 부재 ③-④에 대해

$$R_3 = \frac{80 \times 8}{2} - \frac{383.9 - 365.3}{8}$$

$$= 317.7\,\text{kN}$$

$M_x = 317.7x - \frac{80}{2}x^2 - 365.3$

$\frac{dM_x}{dx} = 317.7 - 80x = 0,$

$x = 3.97\,\text{m}$

$M_{(x=3.97)} = 265.6\,\text{kN} \cdot \text{m}$

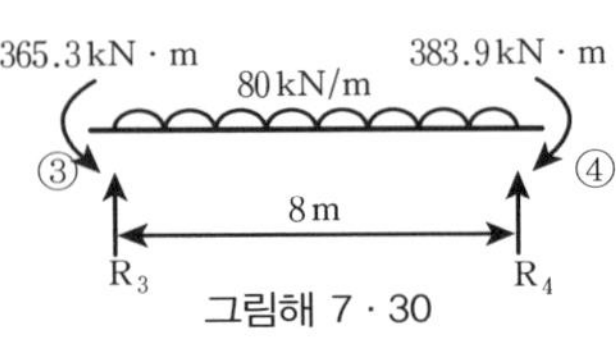

그림해 7 · 30

iii) 부재 ⑤-⑥에 대해 같은 방법으로 구하면

$R_5 = \frac{80 \times 8}{2} - \frac{390 - 354.6}{8} = 315.6\,\text{kN}$

$M_x = 315.6x - \frac{80x^2}{2} - 354.6$

$\frac{dM_x}{dx} = 315.6 - 80x = 0, \quad x = 3.94\text{m}$

$M_{(x=3.94)} = 278.4\,\text{kN} \cdot \text{m}$

iv) 부재 ⑦-⑧에 대해

$R_7 = \frac{80 \times 8}{2} - \frac{385.8 - 345.2}{8} = 315\,\text{kN}$

$M_x = 315x - \frac{80}{2}x^2 - 345.2$

$\frac{dM_x}{dx} = 315 - 80x = 0, \quad x = 3.94\,\text{m}$

$M_{(x=3.94)} = 246\,\text{kN} \cdot \text{m}$

[문제] (P.476)

1 그림 7 · 76과 같은 연속보를 푸시오.

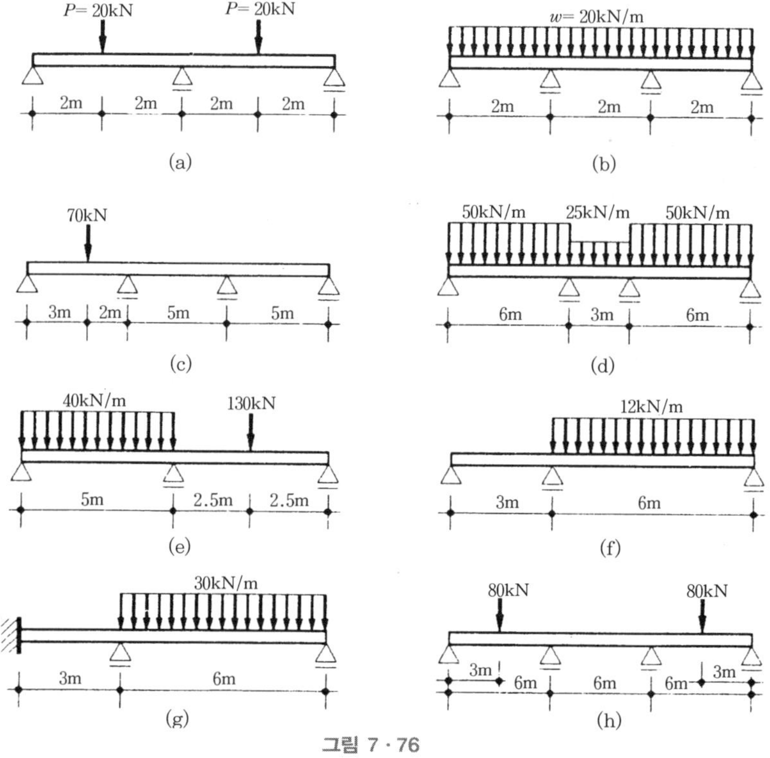

그림 7 · 76

| 풀이 |

(a)

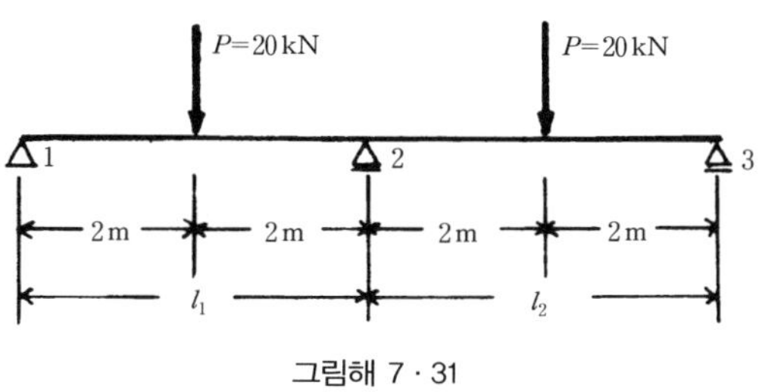

그림해 7 · 31

구간 1, 2, 3에 대하여 3연모멘트법을 적용하면

$$M_1 l_1 + 2M_2(l_1 + l_2) + M_3 l_2 = -\frac{6A_1 a_1}{l_1} - \frac{6A_2 b_2}{l_2}$$

$M_1 = 0$, $M_3 = 0$, $l_1 = l_2 = 4$

표 7 · 13 하중항에서

$$\frac{6A_1 a_1}{l_1} = \frac{20 \times 2}{4}(4^2 - 2^2) = 120$$

$$\frac{6A_2 b_2}{l_2} = 120$$

$$\therefore\ 16M_2 = -240,\quad M_2 = -15$$

반력

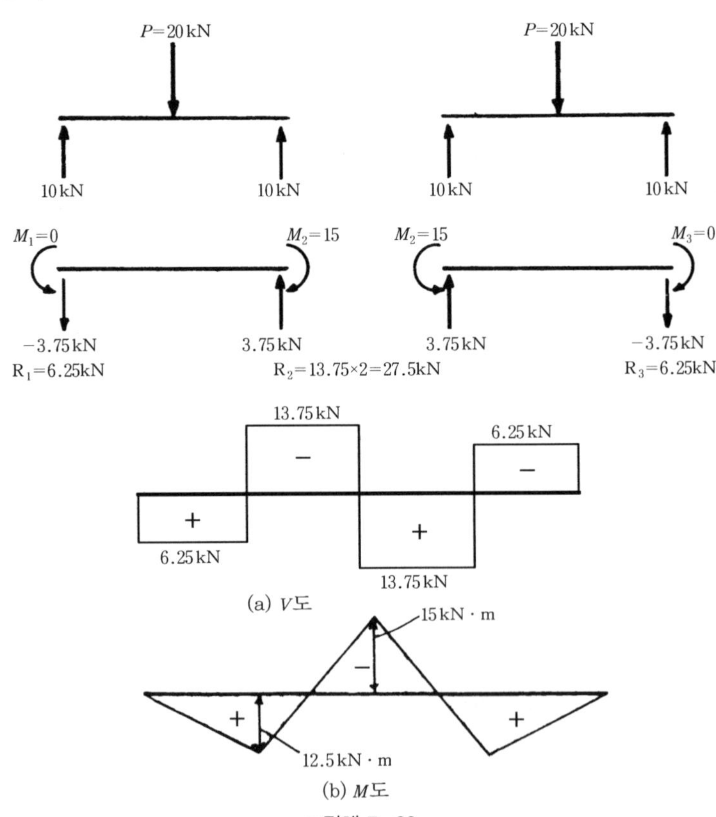

(a) V도

(b) M도

그림해 7 · 32

(b)

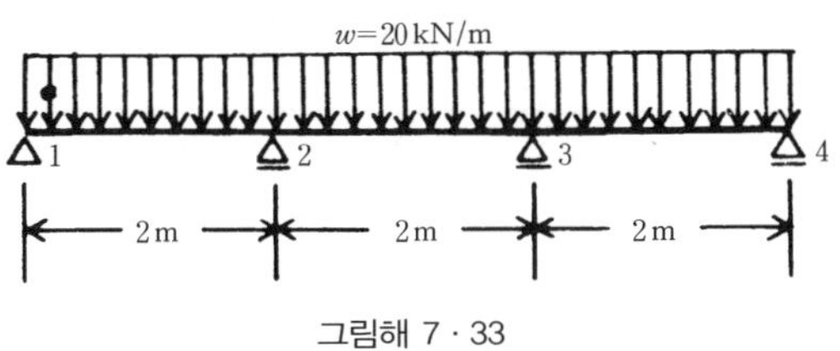

그림해 7 · 33

i) 구간 1, 2, 3에 대한 3연모멘트식을 적용하면

표 7 · 13 하중항에서

$$\frac{6A_1a_1}{l_1}=\frac{6A_2a_2}{l_2}=\frac{wl^3}{4}=40$$

$$2M_2(2+2)+M_3(2)=-80$$

$$4M_2+M_3=-40$$

ii) 구간 2, 3, 4에 대한 3연모멘트식을 적용하면

$$2M_2+8M_3=-80$$

$$M_2+4M_3=-40$$

i), ii)에서 $M_2=-8\,\text{kN}\cdot\text{m}$, $M_3=-8\,\text{kN}\cdot\text{m}$

반력

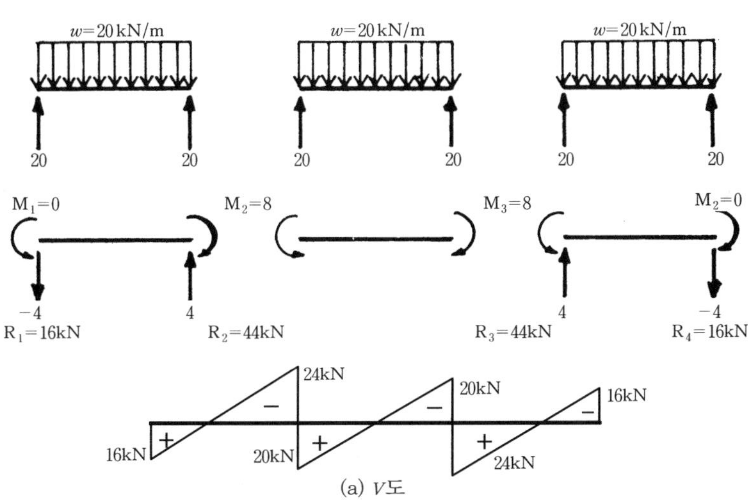

(a) V도

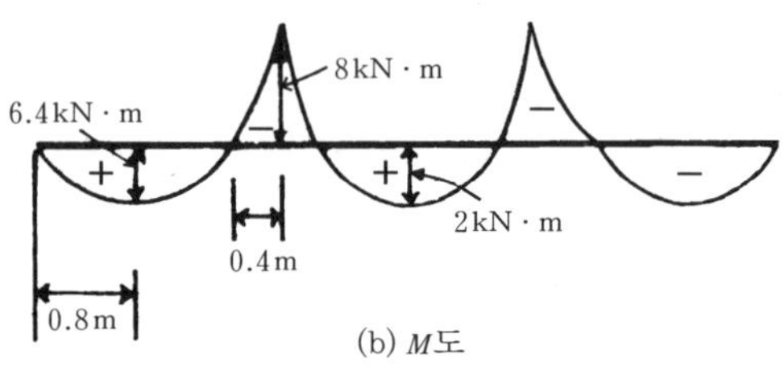

(b) M도

그림해 7 · 34

(c)

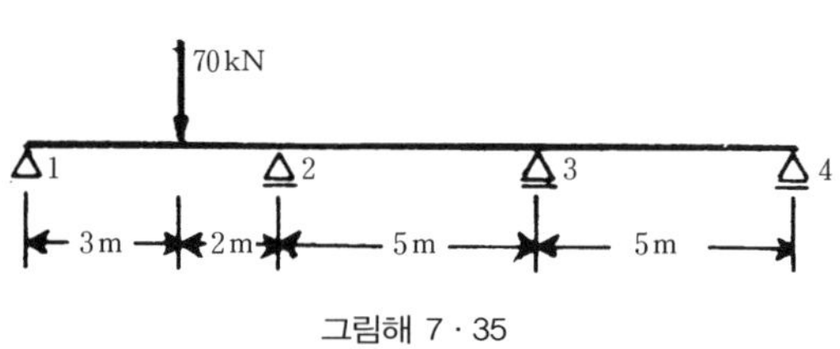

그림해 7 · 35

i) 구간 1, 2, 3에 대한 3연모멘트식을 적용하면

$$2M_2(5+5)+M_3(5)=-\frac{6A_1a_1}{l_1}=\frac{-70\times 3}{5}(5^2-3^2)=-672$$

$$4M_2=M_3=-134.4$$

ii) 구간 2, 3, 4에 대한 3연모멘트식을 적용하면

$$5M_2+2M_3(5+5)=0$$

$$M_2+4M_3=0$$

i), ii)에서 $M_3=9.0$, $M_2=-35.9$

반력

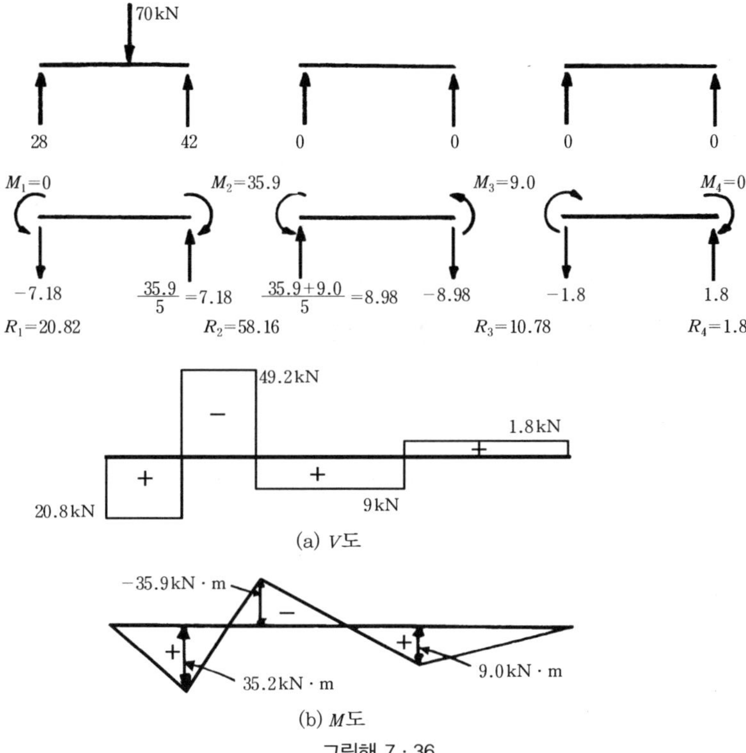

(a) V도

(b) M도

그림해 7 · 36

(d)

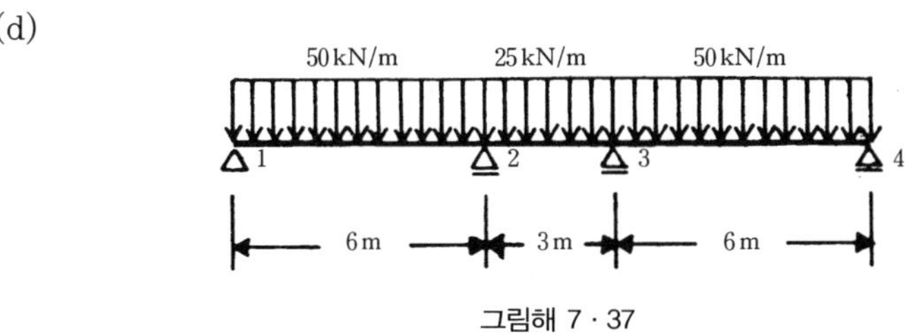

그림해 7 · 37

i) 구간 1, 2, 3에 대한 3연모멘트식을 적용하면

$$2M_2(6+3)+M_3(3)=-\frac{50}{4}\times 6^3-\frac{25}{4}\times 3^3$$

$$18M_2+3M_3=-2868.7$$

$$6M_2+M_3=-956.2$$

ii) 구간 2, 3, 4에 대한 3연모멘트식을 적용하면

$$3M_2 + 2M_3(3+6) = -2868.7$$

$$M_2 + 6M_3 = -956.2$$

i), ii)에서 $M_3 = -136.6$, $M_2 = 136.6$

반력

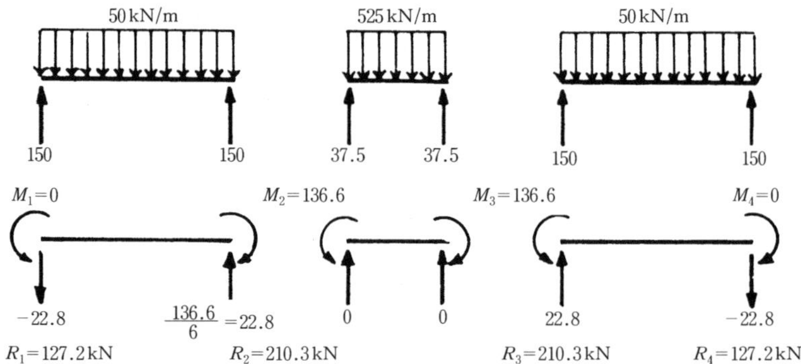

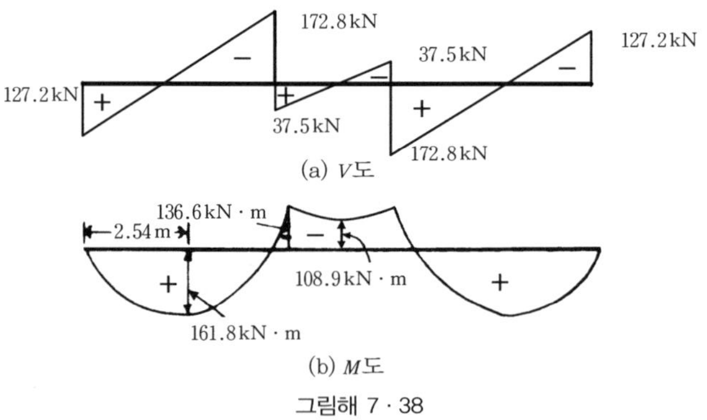

(a) V도

(b) M도

그림해 7 · 38

(e)

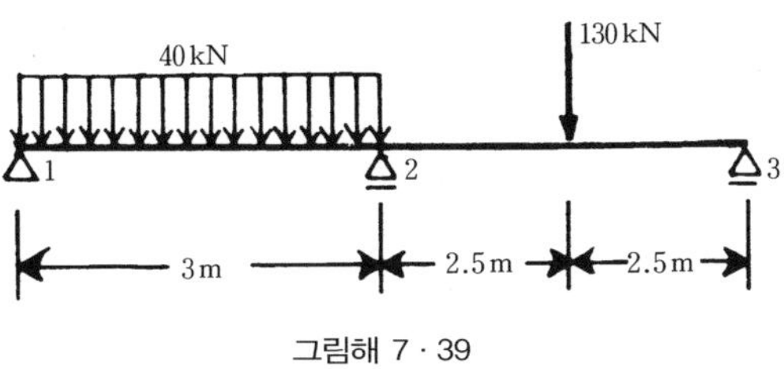

그림해 7 · 39

구간 1, 2, 3에 대하여 3연모멘트식을 적용하면

$M_1 = M_3 = 0$이므로

$$2M_2(5+5) = -\frac{40}{4} \times 5^3 - \frac{130}{5} \times 2.5(5^2 - 2.5^2)$$

$$M_2 = -123.4$$

반력

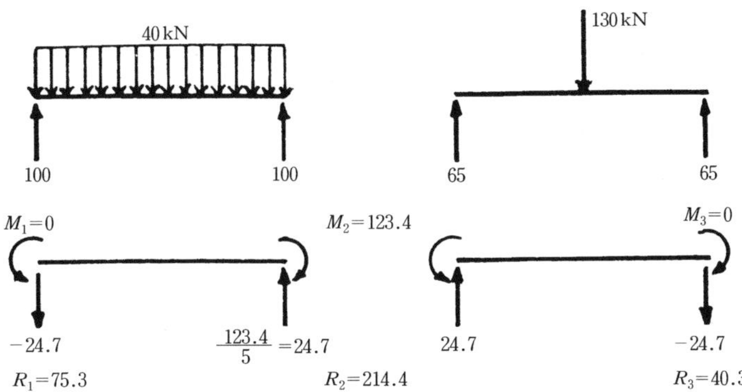

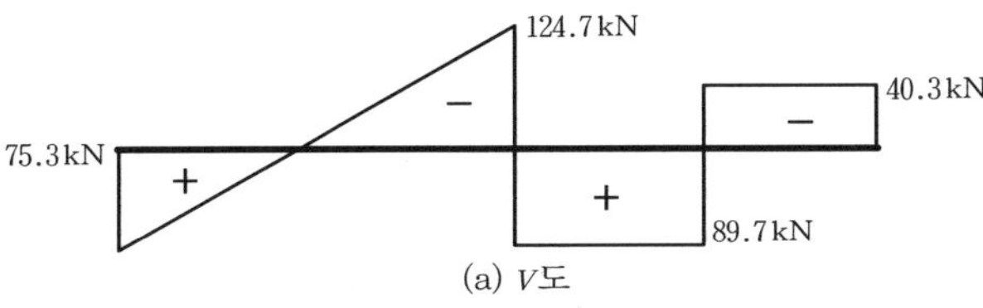

(a) V도

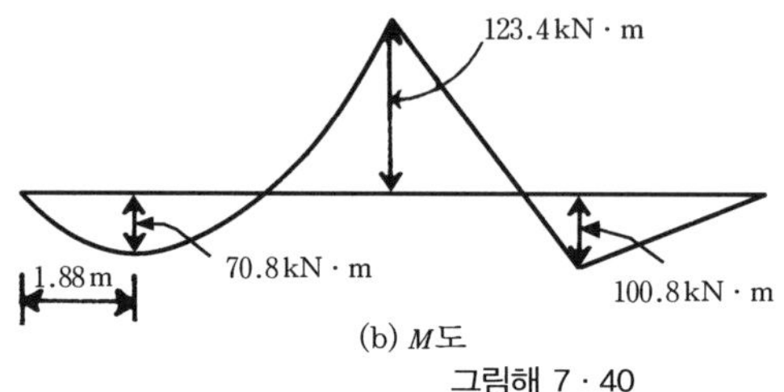

(b) M도

그림해 7 · 40

(f)

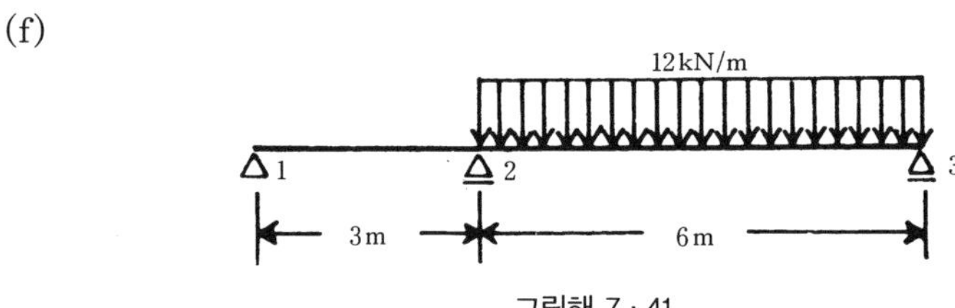

그림해 7 · 41

구간 1, 2, 3에 대하여 3연모멘트식을 적용하면

$M_1=0,\quad M_3=0$

$$2M_2(3+6)=-\frac{12}{4}\times 6^3$$

$18M_2=-648,\quad \therefore M_2=-36$

반력

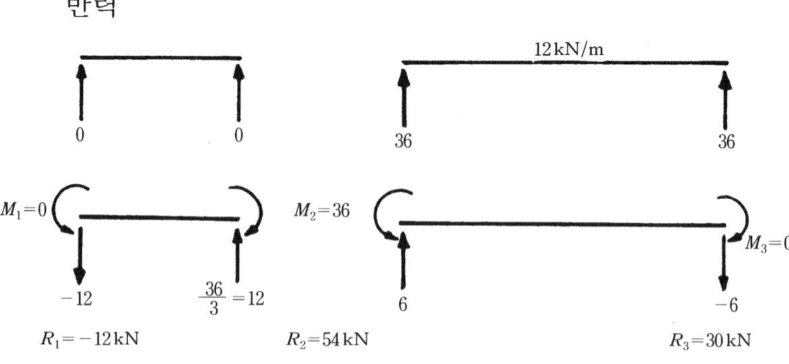

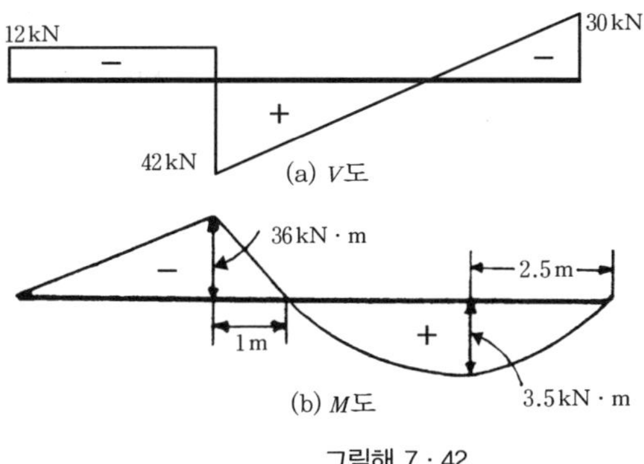

그림해 7 · 42

(g)

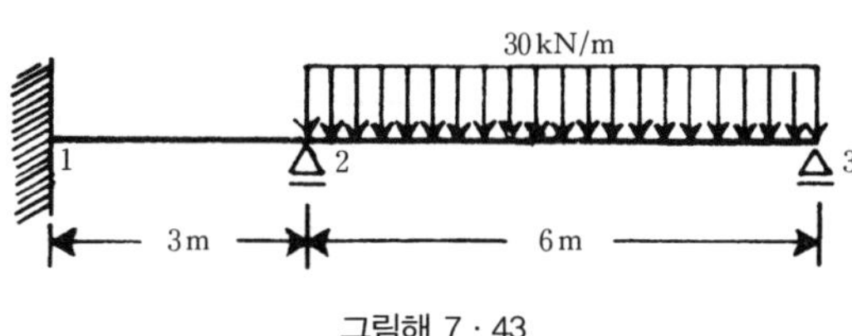

그림해 7 · 43

구간 1, 2, 3에 대한 3연모멘트식을 적용하면

$$3M_1 = 2M_2(3+6) = -\frac{30}{4} \times 6^3 = -1620$$

또 $M_1 = -\frac{1}{2}M_2$이므로

$$3M_1 + 2(-2M_1)(9) = -1620$$

$$-33M_1 = -1620, \quad M_1 = 49.1$$

$$M_2 = -2M_1 = -98.2$$

반력

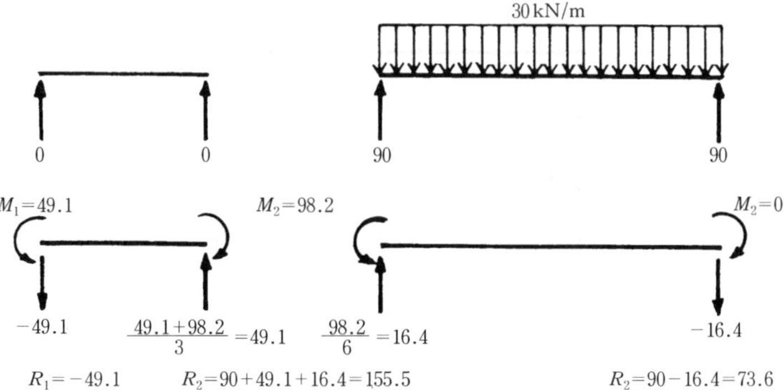

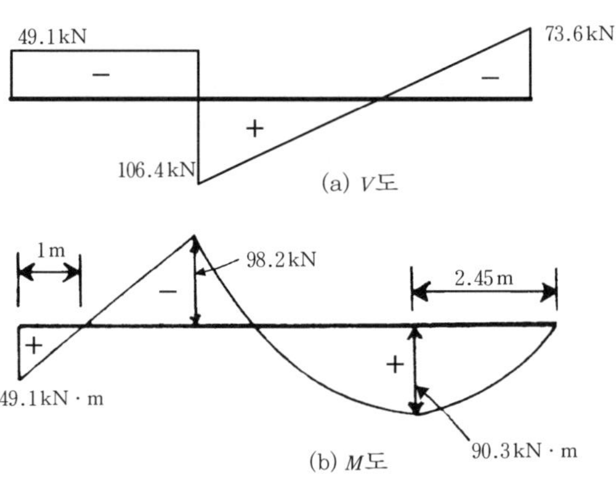

그림해 7 · 44

(h)

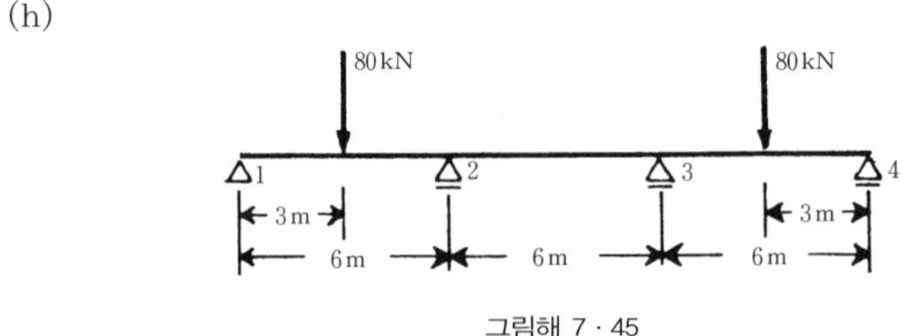

그림해 7 · 45

i) 구간 1, 2, 3에 대한 3연모멘트식을 적용하면

$$2M_2(6+6)+6M_3=-\frac{800\times3}{6}(6^2-3^2)=-1,080$$

$$4M_2+M_3=-180$$

ii) 구간 2, 3, 4에 대한 3연모멘트식을 적용하면

$$6M_2+2M_3(6+6)=-1,080$$

$$M_2+4M_3=-180$$

$$M_2=M_3=-36$$

반력

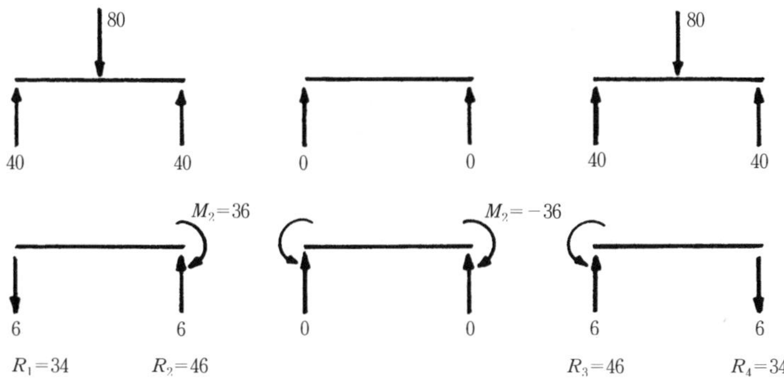

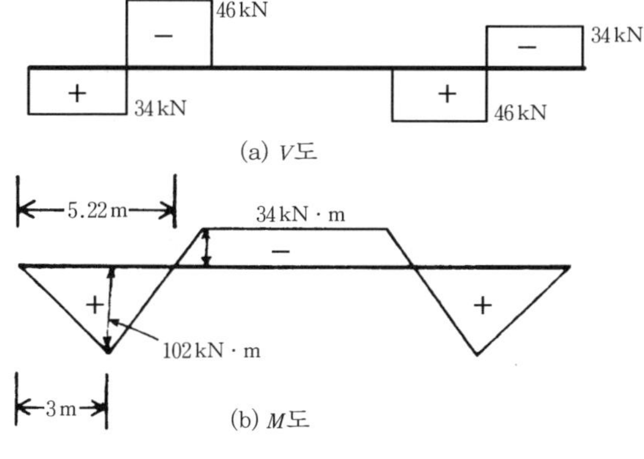

그림해 7 · 46

[문제] (P.521)

1 **그림 7·103과 같은 라멘을 푸시오.**

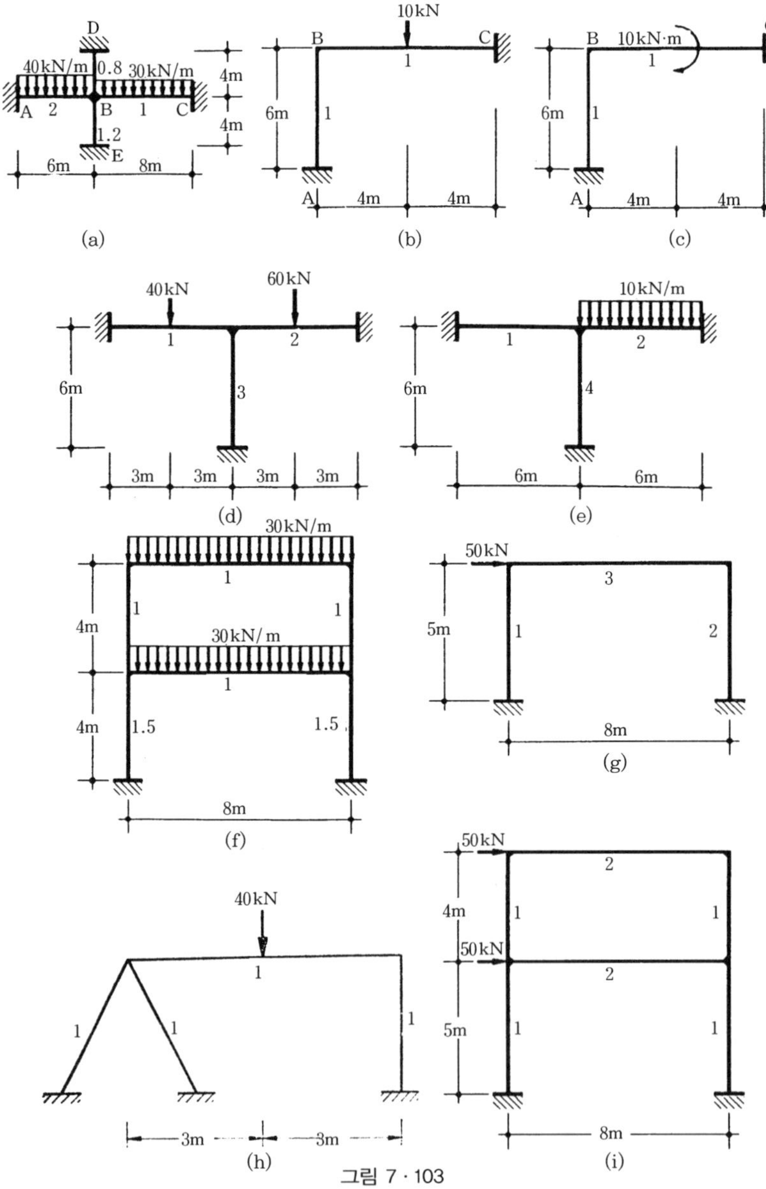

그림 7·103

| 풀이 |

(a) $\Sigma k = 2 + 0.8 + 1 + 1.2 = 5$이며

$$C_{AB} = -\frac{1}{12} \times 40 \times 6^2 = -120\,\text{kN} \cdot \text{m}, \quad C_{BA} = 120\,\text{kN} \cdot \text{m}$$

$$C_{BC} = -\frac{1}{12} \times 30 \times 8^2 = -160\,\text{kN} \cdot \text{m}$$

따라서 B에서의 불균형모멘트 $-(120-160) = 40\,\text{kN} \cdot \text{m}$를 해방한다.

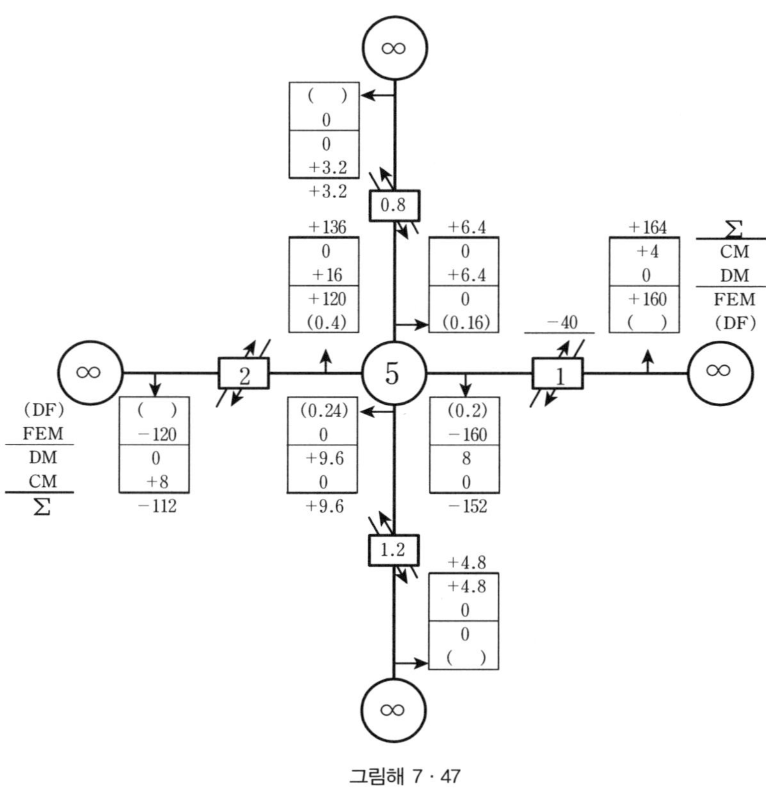

그림해 7 · 47

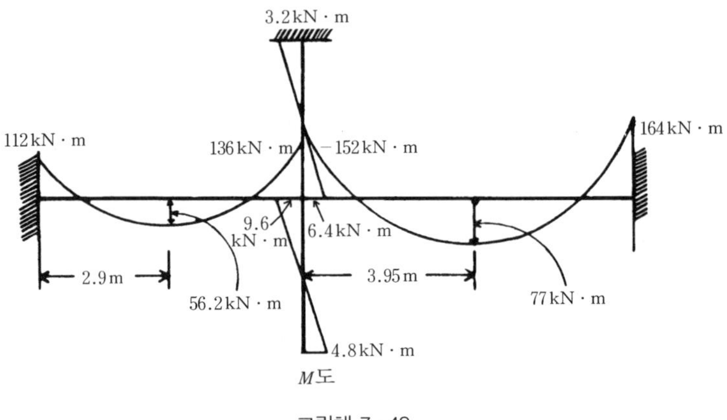

그림해 7 · 48

$M_{AB}=-112\,\text{kN}\cdot\text{m}$　　$M_{BC}=-152\,\text{kN}\cdot\text{m}$

$M_{BD}=6.4\,\text{kN}\cdot\text{m}$　　$M_{BE}=9.6\,\text{kN}\cdot\text{m}$

$M_{BA}=136\,\text{kN}\cdot\text{m}$　　$M_{CB}=164\,\text{kN}\cdot\text{m}$

$M_{DB}=3.2\,\text{kN}\cdot\text{m}$　　$M_{EB}=4.8\,\text{kN}\cdot\text{m}$

i) 부재 AB에 대해

$$V_A=\frac{40\times6}{2}-\frac{136-112}{6}=120-4=116$$

$$M_x=116x-\frac{40}{2}x^2-112$$

$$\frac{dM_x}{dx}=116-40x=0,\quad x=2.9\,\text{m}$$

$$M_{(x=2.9)}=56.2\,\text{kN}\cdot\text{m}$$

ii) 부재 BC에 대해

$$V_B=\frac{30\times8}{2}-\frac{(164-152)}{8}=120-1.5=118.5$$

$$M_x=118.5x-\frac{30}{2}x^2-152$$

$$\frac{dM_x}{dx}=118.5-30x=0,\quad x=3.95\,\text{m}$$

$$M_{(x=3.95)}=77\,\text{kN}\cdot\text{m}$$

(b) $C_{BC}=-\frac{1}{8}\times 10\times 8=-10\,\text{kN}\cdot\text{m},\quad C_{CB}=10\,\text{kN}\cdot\text{m}$

절점 B에서의 불균형모멘트, $-(-10)=10\,\text{kN}\cdot\text{m}$를 해방하여 구한다.

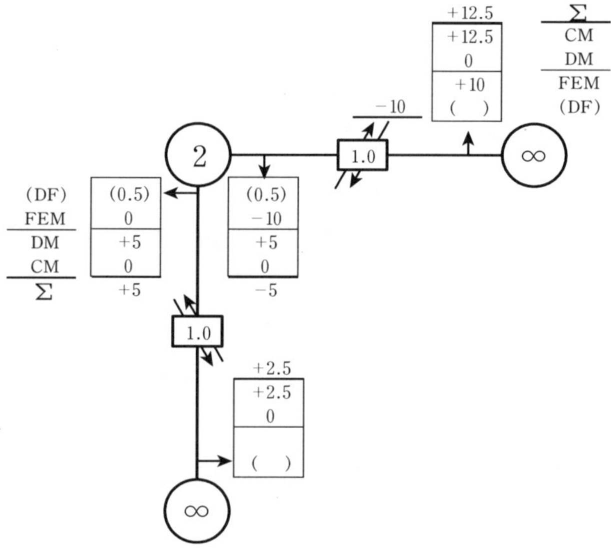

그림해 7 · 49

$M_{BA}=-5\,\text{kN}\cdot\text{m}\quad M_{BC}=5\,\text{kN}\cdot\text{m}$

$M_{AB}=2.5\,\text{kN}\cdot\text{m}\quad M_{CB}=12.5\,\text{kN}\cdot\text{m}$

부재 BC에 대해

전단력이 0이 되는 점 $x=4\,\text{m}$

$M_{(x=4)}=11.2\,\text{kN}\cdot\text{m}$

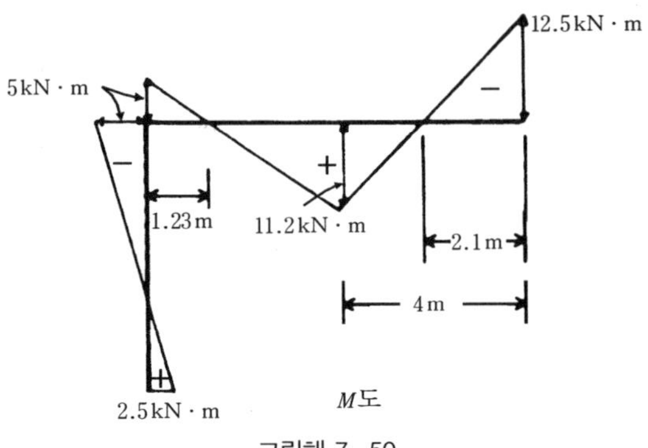

그림해 7 · 50

(c) 부록 표 5 하중항 (1)에서

$$C_{BC} = \frac{Mb}{l^2}(3a-l) = \frac{10 \times 4}{8^2}(3 \times 4 - 8)$$

$$= 2.5\,\text{kN} \cdot \text{m} = C_{CB}$$

절점 B에서의 불균형 모멘트 −2.5kN · m를 해방하여 DF에 따라 분배하고 각각의 1/2을 도달시킨다.

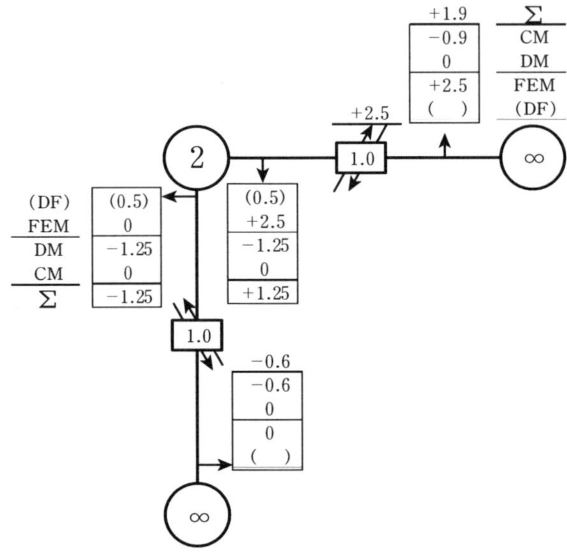

그림해 7 · 51

$M_{AB} = -0.6\,kN \cdot m$

$M_{BA} = -1.25\,kN \cdot m$

$M_{AC} = 1.25\,kN \cdot m$

$M_{CB} = 1.9\,kN \cdot m$

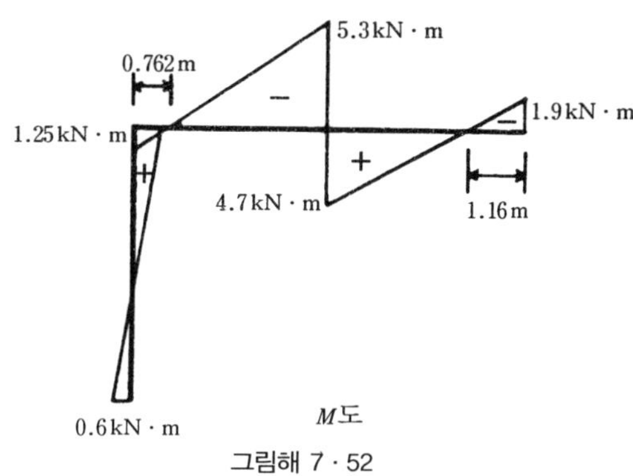

그림해 7 · 52

부재 BC에 대해

$$V_B = \frac{1.25 + 1.9 + 10}{8} = 1.64\,kN$$

$$M_{(x=4)} = -1.64 \times 4 + 1.25$$

$$= -5.3\,kN \cdot m$$

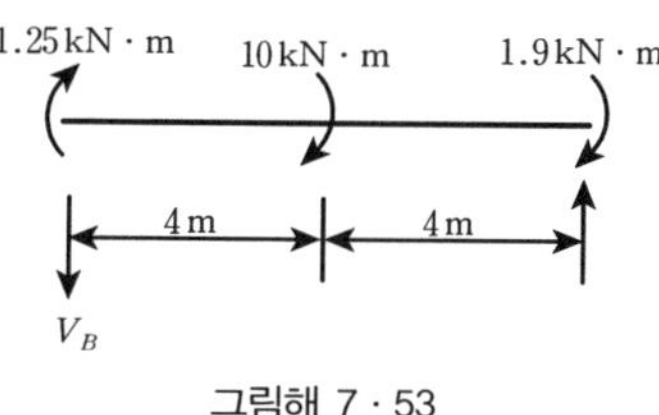

그림해 7 · 53

(d)

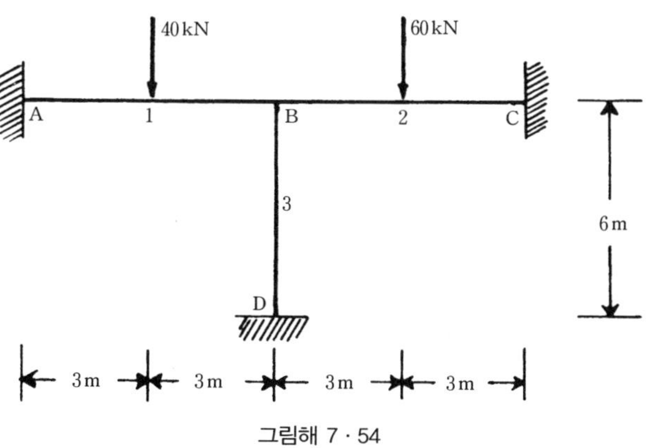

그림해 7 · 54

$$C_{AB} = -\frac{40 \times 6}{8} = -30\,kN \cdot m \quad C_{BA} = 30\,kN \cdot m$$

$$C_{BC} = -\frac{60 \times 6}{8} = -45\,kN \cdot m \quad C_{CB} = 45\,kN \cdot m$$

절점 B에서의 불균형 모멘트를 해방시킨다.

즉 $-(-45+30)=15$를 분배하고 각각의 1/2을 도달시킨다.

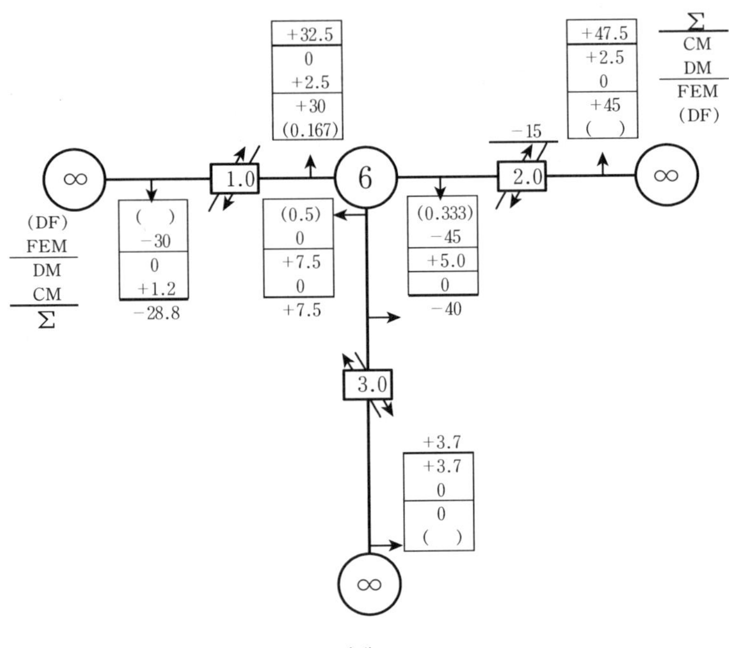

그림해 7 · 55

$M_{AB}=-28.8\,\text{kN}\cdot\text{m}$ $\quad M_{BC}=-40\,\text{kN}\cdot\text{m}$

$M_{BD}=7.5\,\text{kN}\cdot\text{m}$ $\quad M_{BA}=32.5\,\text{kN}\cdot\text{m}$

$M_{CB}=47.5\,\text{kN}\cdot\text{m}$ $\quad M_{DB}=3.7\,\text{kN}\cdot\text{m}$

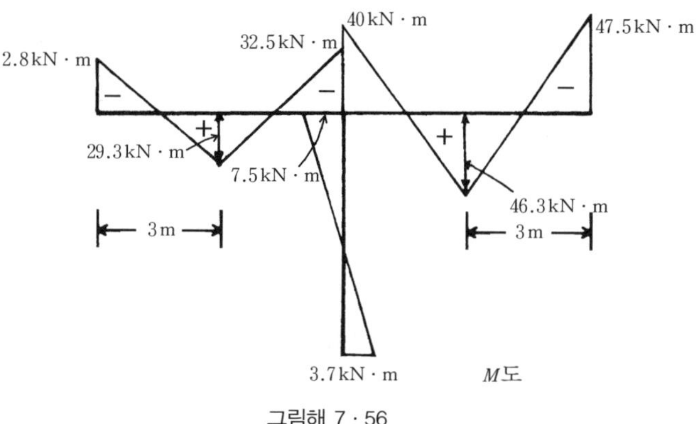

그림해 7 · 56

앞의 문제와 마찬가지 방법으로 AB와 BC부재의 중앙(midspan)에서의 모멘트를 구하면 각각 29.3kN · m와 46.3kN · m가 됨을 알 수 있다.

(e)

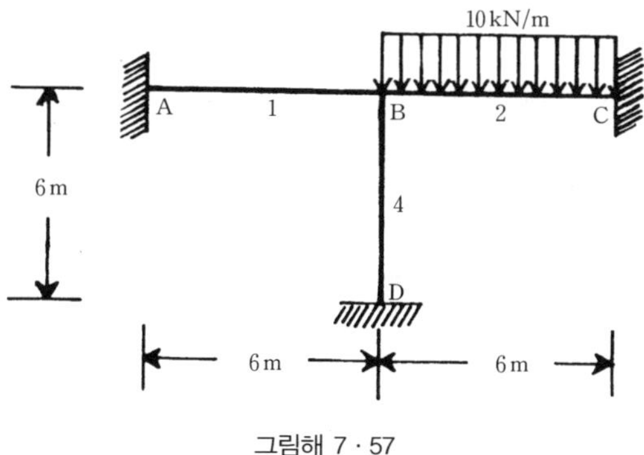

그림해 7 · 57

$$C_{BC} = -\frac{10 \times 6^2}{12} = -30\,\text{kN} \cdot \text{m} \quad C_{CB} = 30\,\text{kN} \cdot \text{m}$$

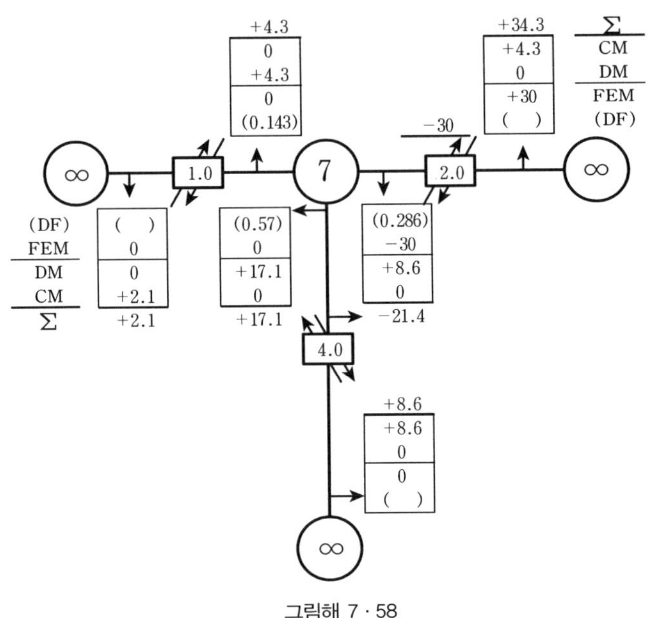

그림해 7 · 58

M_{BA}=4.3kN · m　　M_{BC}=−21.4kN · m

M_{BD}=17.1kN · m　　M_{AB}=2.1kN · m

M_{CB}=34.3kN · m　　M_{DB}=8.6kN · m

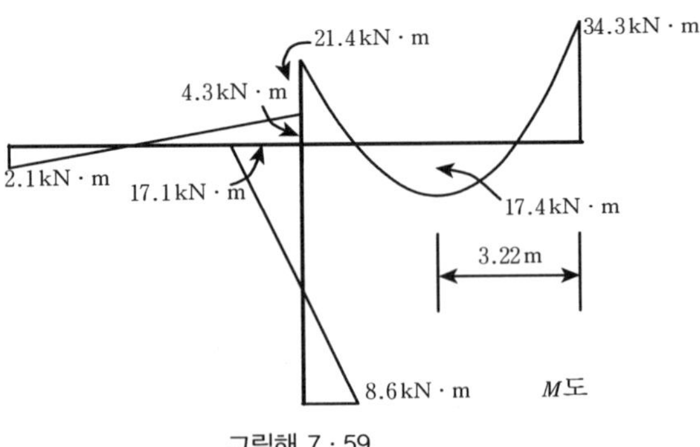

그림해 7 · 59

부재 BC에 대하여

$$V_C = \frac{10 \times 6}{2} + \frac{34.3 - 21.4}{6} = 32.15\,\text{kN}$$

$$M_x = 32.15x - \frac{10}{2}x^2 - 34.3$$

$$\frac{dM_x}{dM} = 32.15 - 10x = 0, \quad x = 3.22\,\text{m}$$

$$M_{(x=3.22)} = 17.4\,\text{kN} \cdot \text{m}$$

(f)

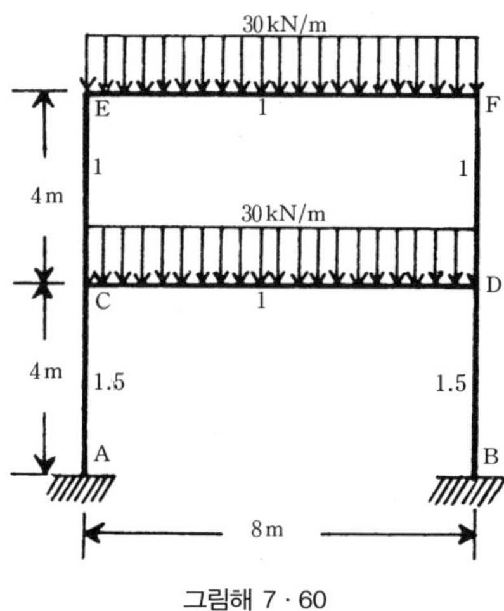

그림해 7 · 60

등가강비 $\overline{k} = 0.5 \times 1 = 0.5$를 사용하여 좌반부에 대하여 분할계수를 이용하여 계산한다.

$$C_{EF} = -\frac{30 \times 8^2}{12} = -160\,\text{kN} \cdot \text{m} \quad C_{CD} = -160\,\text{kN} \cdot \text{m}$$

E, C의 불균형 모멘트 160 kN · m를 해방하여 분할계수에 따라 분배하고, 도달하는 것을 반복하여 구한다.

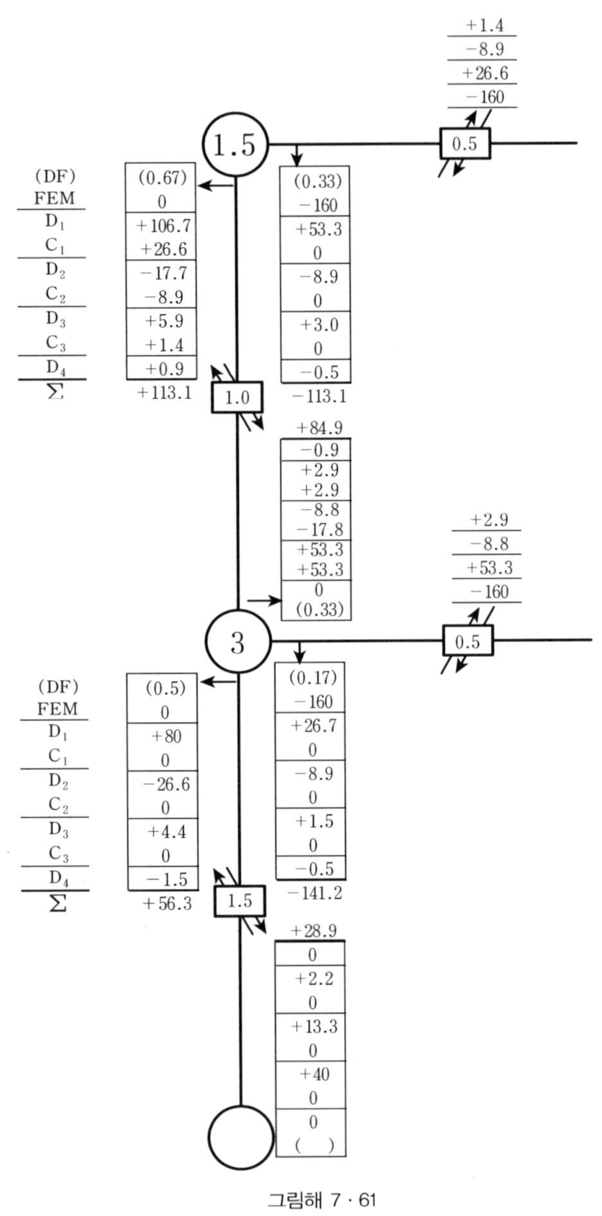

+1.4
−8.9
+26.6
−160
1.5
0.5
(DF)
FEM
D1
C1
D2
C2
D3
C3
D4
Σ
(0.67)
0
+106.7
+26.6
−17.7
−8.9
+5.9
+1.4
+0.9
+113.1
(0.33)
−160
+53.3
0
−8.9
0
+3.0
0
−0.5
−113.1
1.0
+84.9
−0.9
+2.9
+2.9
−8.8
−17.8
+53.3
+53.3
0
(0.33)
+2.9
−8.8
+53.3
−160
3
0.5
(DF)
FEM
D1
C1
D2
C2
D3
C3
D4
Σ
(0.5)
0
+80
0
−26.6
0
+4.4
0
−1.5
+56.3
(0.17)
−160
+26.7
0
−8.9
0
+1.5
0
−0.5
−141.2
1.5
+28.9
0
+2.2
0
+13.3
0
+40
0
0
( )

그림해 7 · 61

평형 조건식의 음미

절점 E : $(113.1-11.3)=0$

절점 C : $(56.3+84.9-141.2)=0$ 모두 충분

$M_{EC}=113.1$ $M_{EF}=-113.1$ $M_{CA}=56.3$

$M_{CE}=84.9$ $M_{CD}=-141.2$ $M_{AC}=28.9$

휨모멘트

부재 EF에 대해 대칭이므로

$$M_{(x=4)}=\frac{30\times8^2}{8}-113.1=126.9$$

부재 CD에 대해

$$M_{(x=4)}=\frac{30\times8^2}{8}-141.2=98.8$$

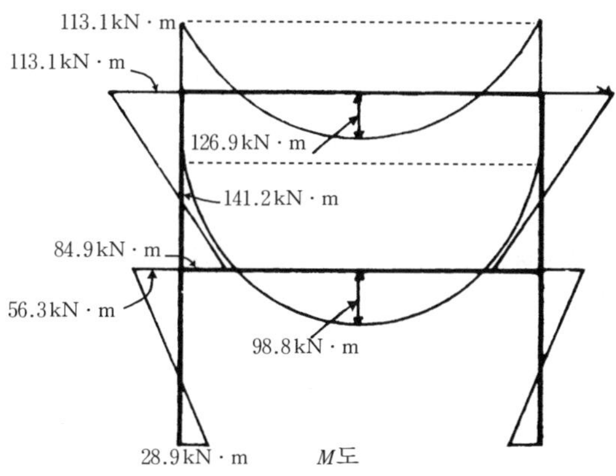

그림해 7 · 62

(g)

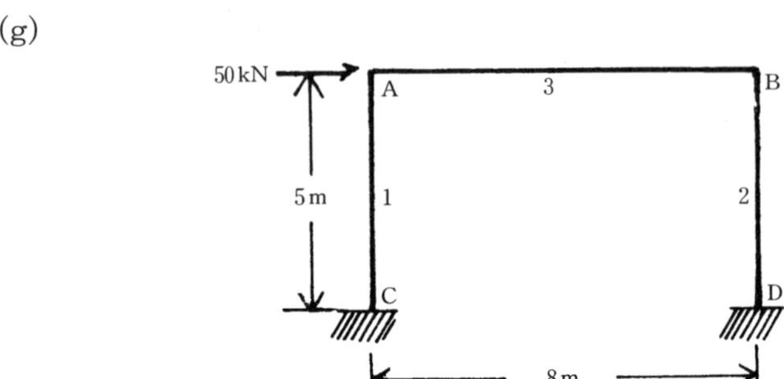

그림해 7 · 63

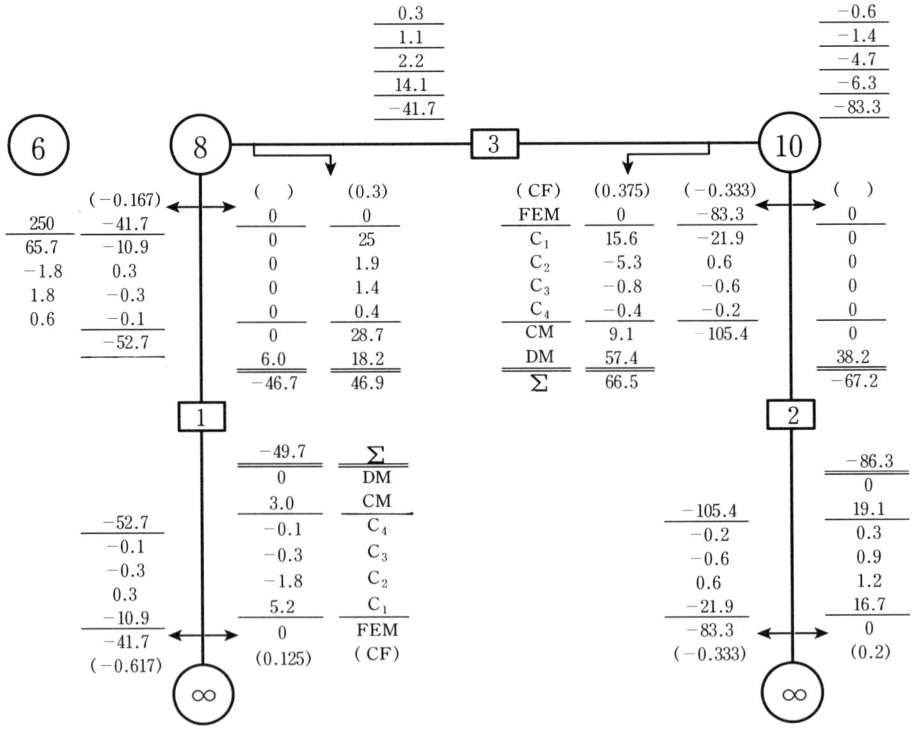

0.3
1.1
2.2
14.1
−41.7

−0.6
−1.4
−4.7
−6.3
−83.3

6 8 3 10

250
65.7
−1.8
1.8
0.6

(−0.167)
−41.7
−10.9
0.3
−0.3
−0.1
−52.7

( )	(0.3)	(CF)	(0.375)	(−0.333)	( )
0	0	FEM	0	−83.3	0
0	25	C_1	15.6	−21.9	0
0	1.9	C_2	−5.3	0.6	0
0	1.4	C_3	−0.8	−0.6	0
0	0.4	C_4	−0.4	−0.2	0
0	28.7	CM	9.1	−105.4	0
6.0	18.2	DM	57.4		38.2
−46.7	46.9	Σ	66.5		−67.2

1 2

	−49.7	Σ			−86.3
	0	DM			0
−52.7	3.0	CM	−105.4		19.1
−0.1	−0.1	C_4	−0.2		0.3
−0.3	−0.3	C_3	−0.6		0.9
0.3	−1.8	C_2	0.6		1.2
−10.9	5.2	C_1	−21.9		16.7
−41.7	0	FEM	−83.3		0
(−0.617)	(0.125)	(CF)	(−0.333)		(0.2)

∞ ∞

그림해 7 · 64

절점의 이동이 있는 라멘이므로 층 모멘트와 추가층 모멘트를 고려해야 하며, 기둥 상하단의 분담계수 및 분담 모멘트를 추가한다.

1) 도달계수의 기입

$j_A = 2(1+3) = 8$, $j_B = 2(3+2) = 10$

따라서 $n_{BA} = 3/8 = 0.375$, $n_{CA} = 0.125$

$n_{AB} = 0.3$ $n_{DB} = 0.2$

$n_{AC} = 1/\infty = 0$, $n_{BD} = 2/\infty = 0$

2) 분담계수

$2(1+2) = 6$ 좌측기둥 상하단 : $r = -\frac{1}{6} = -0.167$

우측기둥 상하단 : $r = -\frac{2}{6} = -0.333$

3) 층 모멘트

$Ph = 50 \times 5 = 250\,\text{kN} \cdot \text{m}$

4) 분담모멘트

좌측기둥 : $250 \times (-0.167) = -41.7$

우측기둥 : $250 \times (-0.333) = -83.3$

5) 고정모멘트

절점 A : -41.7 절점 B : -83.3

6) 절점의 해방

절점 A,B에 대하여 각각 $+41.7$, $+83.3$을 해방하고, 타단에 도달시킨다.

7) 1차 추가층 모멘트

(추가층 모멘트) $= 3(0+5.3+16.7+0) = 65.7$

8) 2차 분담모멘트

좌측기둥 : $65.7 \times (-0.167) = -10.9$

우측기둥 : $65.7 \times (-0.333) = -21.9$

9) 1차 추가모멘트

A : $(-10.9) + 25 = 14.1$

B : $(15.6 - 21.9 + 0) = -6.3$

10) 절점의 2차 해방

$-14.1 + 6.3$을 A, B점에서 각각 해방하여 부재의 타단에 도달시킨다.

11) 이상의 절차를 반복하여 계산한다.

12) 재단의 모멘트

(보) = (도달모멘트) + (분할모멘트)

(기둥) = (도달모멘트) + (분할모멘트) + (층 모멘트)

$M_{AB} = 28.7 + 18.2 = 46.9\,\mathrm{kN \cdot m}$

$M_{AC} = 0 + 6 - 52.7 = -46.7\,\mathrm{kN \cdot m}$

$M_{CA} = 3.0 + 0 - 52.7 = -49.7\,\mathrm{kN \cdot m}$

$M_{BA} = 9.1 + 57.4 = 66.5\,\mathrm{kN \cdot m}$

$M_{BD} = 0 + 38.2 - 105.4 = -67.2\,\mathrm{kN \cdot m}$

$M_{DB} = 19.1 + 0 - 105.4 = -86.3\,\mathrm{kN \cdot m}$

방정식의 음미

$M_{AB} + M_{AC} = 46.9 - 46.7 = -0.2$

$M_{BA} + M_{BD} = 66.5 - 67.2 = -0.7$

따라서 실용적으로 충분한 정도가 확보되었다고 볼 수 있다.

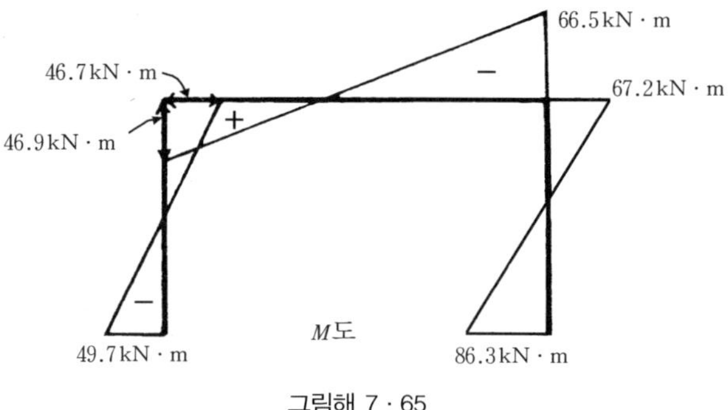

그림해 7 · 65

(h)

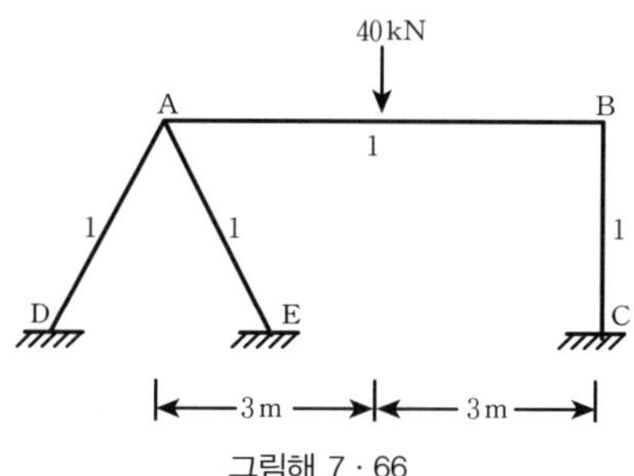

그림해 7 · 66

절점 A 및 B는 수평이동이 없으므로 각 부재의 부재각은 $\psi=0$이 된다.

$$C_{AB}=C_{BA}=\frac{40\times 6}{8}=30\,\text{kN}\cdot\text{m}$$

도달계수를 이용하여 휨모멘트를 구한다.

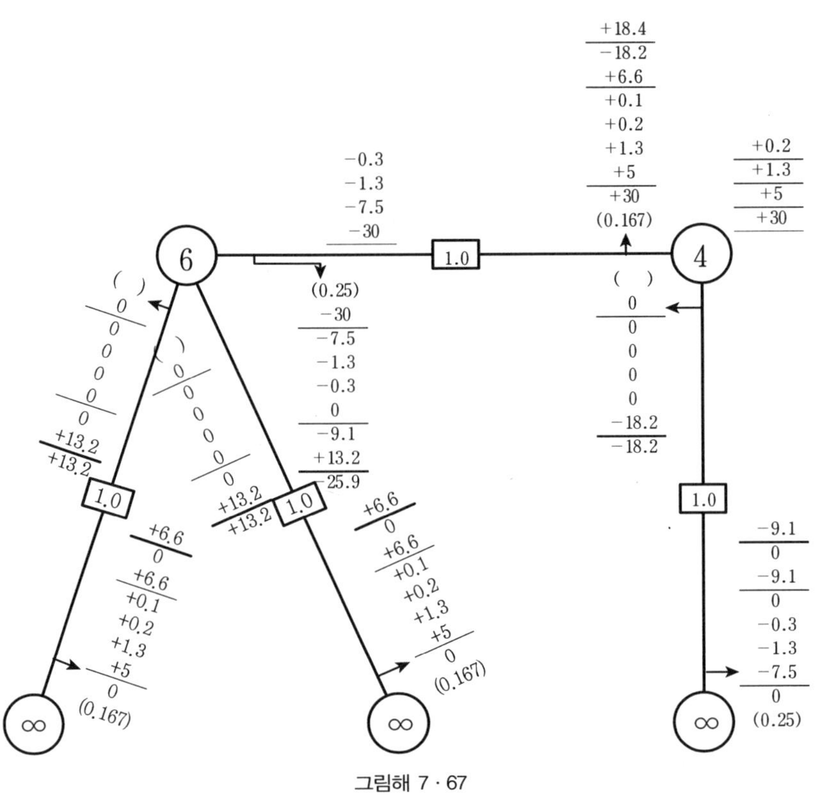

그림해 7 · 67

이상과 같은 계산결과에서 그림해 7 · 68과 같은 휨모멘트도를 구할 수 있다.

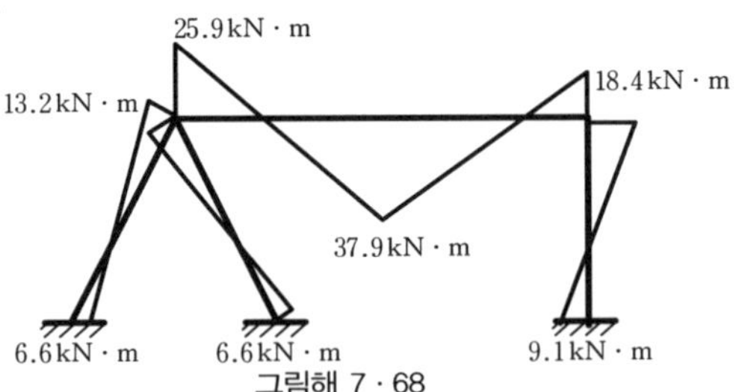

그림해 7 · 68

$$V_B = \frac{40}{2} - \frac{(25.9 - 18.4)}{6} = 18.75\,\text{kN}$$

$M_{(x=3)} = 18.75 \times 3 - 18.4 = 37.85\,\text{kN} \cdot \text{m}$

(i)

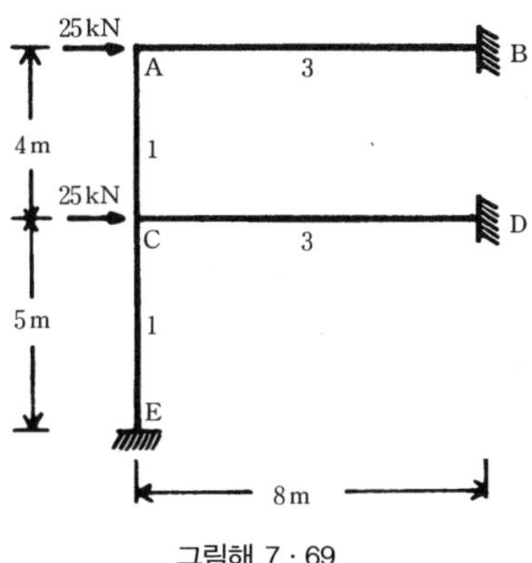

그림해 7 · 69

라멘이 대칭, 하중은 역대칭으로 보의 등가 강비 $\bar{k} = 1.5k$를 사용, 좌반부에 대해 계산한다.

1) 도달계수의 기입

A 절점 : $j = 2(1+3) = 8 \quad n_{BA} = 0.375 \quad n_{CA} = 0.125$

C 절점 : $j = 2(1+3+1) = 10 \quad n_{DC} = 0.3$

$n_{AC} = n_{EC} = 0.1$

2) 분담 계수

2층 : $r = -\dfrac{1}{2} = -0.5$

1층 : $r = -\dfrac{1}{2} = -0.5$

3) 층 모멘트

2층 : $25 \times 4 = 100\,\text{kN} \cdot \text{m}$

1층 : $50 \times 5 = 250\,\text{kN} \cdot \text{m}$

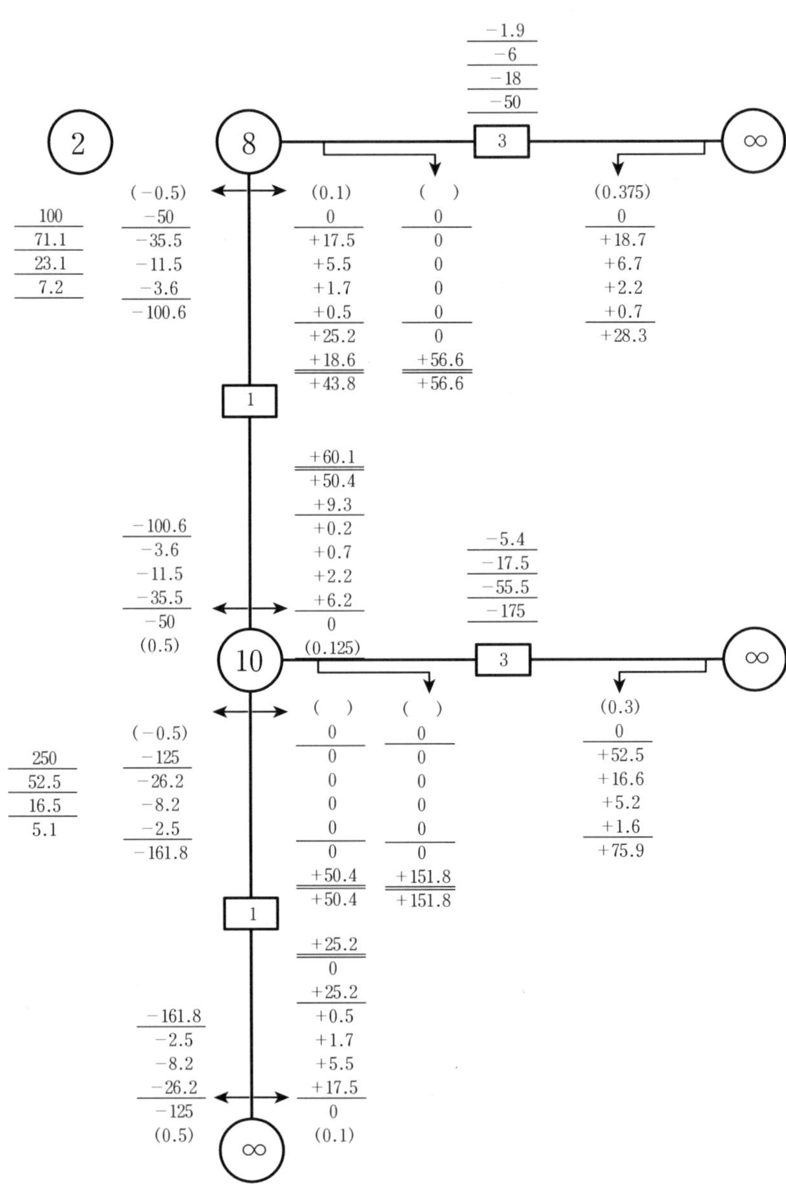

그림해 7 · 70

4) 분담 모멘트

2층 : 100 × (− 0.5) = − 50

1층 : 250 × (− 0.5) = − 125

5) 고정 모멘트

절점 A : − 50, 절점 C : − 125

6) 절점의 1차 해방

절점 A에 대해 B단 : C_1=18.7, C단 : C_1=37.5

절점 C에 대해 A 및 E단 : C_1=12.5, D단 : C_1=37.5

7) 1차 추가 층모멘트

2층 : 3(17.5+6.2)=71.7

1층 : 3(0+17.5)=52.5

8) 2차 분담 모멘트

2층 : 71.7 × (− 0.5) = − 35.5

1층 : 52.5 × (− 0.5) = − 26.2

9) 1차 추가 모멘트

절점 A : − 35.5+17.5= − 18

절점 C : − 35.5 − 26.2+6.2= − 55.5

10) 절점의 2차 해방

절점 A에 대해 B단 : C_2=6.7, C단 : C_2=2.2

절점 C에 대해 A 및 E단 : C_2=5.5, D단 : C_2=16.6

11) 반복계산

상기의 절차를 반복한다. (추가 모멘트가 0으로 수렴할 때까지)

12) 도달모멘트

각 도달모멘트를 총합한다. $CM = C_1 + C_2 + C_3 + C_4$ 예를 들어 AC부재에 대하여

A단 : 17.5+5.5+1.7+0.5=25.5

C단 : 6.2+2.2+0.7+0.2=9.3

13) 분할모멘트

$DM=2(CM)$ 예를 들어

AB 부재의 A단 : $28.3\times 2=56.6$

AC 부재의 C단 : $25.2\times 2=50.4$

14) 재단모멘트

보의 경우 : $M=$ (도달모멘트) + (분할모멘트)

기둥의 경우 : $M=$ (도달모멘트) + (분할모멘트) + (분담모멘트)

$M_{AB}=0+56.6=56.6\,\text{kN}\cdot\text{m}$

$M_{AC}=43.8-100.6=-56.8\,\text{kN}\cdot\text{m}$

$M_{CD}=151.8\,\text{kN}\cdot\text{m}$

$M_{CA}=60.1-100.6=-40.5\,\text{kN}\cdot\text{m}$

$M_{CE}=50.4-161.8=-111.4\,\text{kN}\cdot\text{m}$

$M_{EC}=25.2-161.8=-136.6\,\text{kN}\cdot\text{m}$

그림해 7 · 71은 이상의 계산 결과를 도시한 것이다.

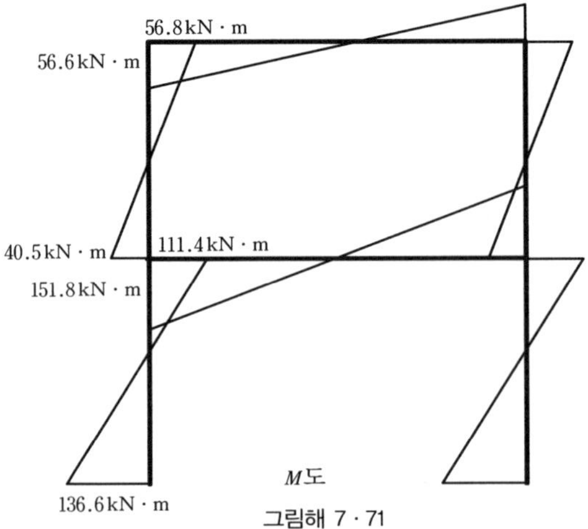

그림해 7 · 71

저자소개

김근덕 연세대학교 명예교수, 공학박사
박병용 고려대학교 명예교수, 공학박사
정일영 서울대학교 명예교수, 공학박사
김용부 성균관대학교 명예교수, 공학박사
김덕재 중앙대학교 명예교수, 공학박사

건축구조역학연습

2008년 3월 10일 개정판 1쇄 발행
2017년 8월 25일 개정판 2쇄 발행

저 자 김근덕 박병용 정일영 김용부 김덕재
발행인 강 해 작
발행처 기 문 당
주 소 서울시 성동구 무학봉 28길 4-1
전 화 2295-6171(대)~5
팩 스 2296-8188
출판등록 1976. 10. 7 (1-44)
홈페이지 http : // 기문당
http : // www.kimoondang.com
I S B N 978-89-6225-027-5 93540
정 가 9,000원